写真 1

個人が1個から入手できる部品で製作した電動バイク
「爆走! トラ技号」ソーラーバイクレース2012に参戦!

市販の電動自転車用計測器とタブレットPCで計器盤を構成. 速度・距離・消費電力・バッテリ残量などを集中表示

ベース車両は市販のマウンテンバイク. 前後サスペンション付き!

バッテリは制御弁式鉛蓄電池. 12V-5Ahを6個直列で車両後部に搭載. バッテリ・ケースは市販の工具箱を流用

ベニヤ板でカバーをかけてカッティング・シートで化粧

ライト類は市販の原付バイク部品を流用

モータ・コントローラなどの高圧電装部品が入っている

モータ・コントローラ強制冷却ファン

雨天でも確実な制動力を確保! 前後ともワイヤ駆動式ディスク・ブレーキ

モータはカナダ市場向けの電動自転車用ダイレクト・ドライブDCブラシレス・モータ

発注時にホイール・サイズを指定すれば写真の状態で発送してもらえるが, タイヤは付属しないので自分で用意して装着する

インターナショナル・スタンダードの6穴ブレーキ・ディスクがマウントできる

ネオジム磁石

B相給電線

A相給電線

C相給電線

回転子(ロータ)

A相・B相・C相の各巻き線が接続される中性点があるので, 巻き線はY結線だとわかる

（a）モータ外観(HS3540, Crystalyte)

固定子(ステータ)

A相・B相・C相の3巻き線(コイル)が巻かれている

・回転子がホイール・ハブを兼ねていて, 減速機構をもたないので, このモータはダイレクト・ドライブとわかる.
・回転子が固定子の外側にあるので, アウタ・ロータ式のDCブラシレス・モータであることがわかる

（b）Crystalyte HS3540の構造

トラ技号のモータ 写真 2

3

写真 高圧電装系の実装の様子

- 追加の入力コンデンサ
- モータ・コントローラの直流入力線
- モータ・コントローラの三相出力線
- モータの磁極検出センサ出力線
- ベニヤ板にカッティング・シートを貼った板に木ネジで部品を固定
- モータ (HS3540, Crystalyte)
- コンタクタ (CZ10-150/10, 温州三祐電気)
- 信号部に接続するスロットル・グリップなどは端子台を経由して接続した
- ANLヒューズ (200A)
- プリチャージ抵抗 (500Ω-10W×2)
- モータ・コントローラ (KBS72121 for Crystalyte 400 series, Kelly)

4

写真 外装はベニヤ板で作ってカッティング・シートで仕上げた

- サイズは現物あわせで日曜大工感覚で作った
- 形が決まったのちにカッティング・シートを貼って仕上げた

写真 **スプリント競技で「爆走」するトラ技号**（出典：ソーラーバイクレース実行委員会）
とにかく全開でスピードを出せるだけ出す．最高速度はCycle Analystに記録される
最高速度は65km/hを記録した

写真 **6時間耐久競技で「爆走」するトラ技号**（出典：ソーラーバイクレース実行委員会）
最後まで止まらず走りきれるように，バッテリの残量を気にしながらひたすら走る

バッテリ残量が確認できる
メータを見ながら走行のペ
ースを決めている

P.C.D（Prominence Commuting Device） 写真

最高速度75km/h，実用航続距離90km！　車体からモータまで市販の部品で作った1人乗りEV

- 方向指示器付きのバックミラー
- ワイパ
- ナンバの交付を受けたので公道も走行できる
- ホイール・カバーで電気抵抗を低減
- LED式のヘッド・ライト
- 車体は海外の3輪自動車レース用の市販品
- 量産ガソリン・バイク用のテール・ランプを流用

写真 **PCDの高圧電装部品のレイアウト**

8

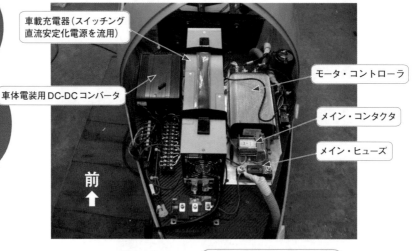

- 車載充電器（スイッチング直流安定化電源を流用）
- モータ・コントローラ
- 車体電装用DC-DCコンバータ
- メイン・コンタクタ
- メイン・ヒューズ

前 ↑

- 3輪自転車の一種リカンベント・トライクのフレームを流用
- 回生指令用スロットル・ポジション・センサ
- ➡ 前
- ハンドルはサイド・スティック式
- モータは後輪へ取り付ける．定格出力500Wなので原付きミニ・カーとして届出できる
- 電池は搭載スペースの関係で座席下とライダー膝下へ配置
- 力行指令用スロットル・ポジション・センサ

PCDのモータと電池のレイアウト 写真

9

ハードウェア・セレクション

モータ，パワー・インバータと
電池を積んでスタート・ダッシュ！

加速スイッチON！
電気自動車
の製作

街乗り！
チョイ乗り！
目立ちまくり！

宮村 智也 著

CQ出版社

まえがき

　2008年ごろから大手自動車メーカが相次いで電気自動車の市販を宣言し，2009年から2010年にかけて，一般向けの電気自動車が相次いで発売されました．電気自動車が注目を集めるのは，自動車の歴史上これが3度目，などといわれています．

　電気自動車の市販が相次いで宣言された2008年ころは，地球温暖化による気候変動問題が声高に叫ばれていましたし，在来型油田の産油量がピークを過ぎ，また当時はまだ北米のシェールガス・ブームが起こる前でしたから，石油資源の価格上昇や資源枯渇を懸念する議論も高まっていました．

　現在のところ，自動車やバイクの大部分は依然としてガソリンや軽油といった石油製品をそのエネルギー源としています．このため，国内の石油需要は，その35％を自動車が占めており，石油の用途としては自動車が一番多くなっています．自動車のエネルギー源として見ると石油はエネルギー密度が高い（軽い・かさばらない）うえに常温で液体であり取り扱いが簡便と理想的です．しかし，石油の価格は世界の景気の良し悪しや，各産油国や市場の思惑などで乱高下を繰り返していること，多くの産油国が地政学的にリスクの高い地域にあり，原油の安定供給が常に懸念されていることなどから，自動車やバイクも石油以外のエネルギー源を利用できるようにする努力が必要です．

　電気自動車はその名のとおり電気で走ります．電気は，石油や石炭，天然ガスといった化石燃料，原子力，水力や太陽光・風力といったさまざまな1次エネルギーから作り出す2次エネルギーです．これまで石油だけにエネルギー源を頼っていた自動車に，電気自動車がエネルギー源多様化の可能性を開くことを期待されています．

　社会が電気自動車に3度目の注目をし始めると，今度は「自動車メーカでなくとも電気自動車なら作れるようになる」ということも2008年頃よく耳にしました．自分で組み立てるパソコンのように，電池やモータなどを購入して組み立てれば電気自動車になるから，というわけです．あれから数年が経ちましたが，国内において電気自動車などを自分で作ってみようとする人が，取り立てて増えたという感じはあまりしません．

　筆者は，自らの興味本位でソーラーカーや小型電気自動車を製作して競技に出るといったことをはじめて，気がつけば20年あまりが経ってしまいました．ソーラーカーは，簡単に言えば太陽電池で起こした電気で走る電気自動車の一種です．筆者がソーラーカーの製作を始めた頃は，電気自動車用の部品も種類が少なく，また大変高価でしたので，一般産業用のモータを流用するなどしてソーラーカーを作っていました．

　それが近年は，インターネットのおかげで大きなものから小さなものまで，いろいろな電気自動車用の部品が，クレジット・カードで自宅に居ながら世界中から購入できるようになってきました．特に小型のものは，世界的に需要が高まっている電気自転車用の部品が廉価に購入できるようになっています．うまくすれば，組み立てパソコンのように好きな部品を組み合わせてオリジナルの電気自動車や電気バイクを自分で作れるようになっているのです．

　本書では，インターネットを通じて購入できる部品を使った電気バイクや電気自動車の製作例を紹介しています．また作例を通じて，モータやそのコントローラ，電池の選び方，部品の入手先などを紹介しています．これから電気バイクや電気自動車を自分で作ってみたいと考える読者諸氏のために，できるだけ平易に，かつ廉価に製作できるよう解説したつもりです．

　自分で作った乗り物を自分で運転するという体験は，大変楽しく，また刺激的です．このようなエキサイティングな体験を，ひとりでも多くの方に体験してほしいと思っています．また，自分で作って乗ってみると，電気自動車の良いところや，もっとどうにかしたいところが，実感を伴って理解できることと思います．

　本書が，これから電気バイクや電気自動車の製作を始めようと考える方々の参考となり，それが将来の高性能な電気自動車の出現につながれば，筆者にとってこれに勝る喜びはありません．

2015年4月

宮村 智也

CONTENTS

第3部：知識編　電気自動車の製作で知っておきたいこと

EVは誰でも作れる時代になった

市販の部品で
オリジナルEVを作ろう

宮村 智也
Tomoya Miyamura

EV（Electric Vehicle；電気自動車）への関心が高まっています．大手自動車メーカからEVが市販されるようになり，街を走るEVを見かけることも増えてきました．また，電動のスクータが家電量販店などで売っている様子も目にするようになりました．

EVというと，なんだか「未来の乗り物」「先端技術の塊」というイメージでとらえられがちですが，EVの歴史はガソリン車の歴史とほぼ同じ長さがありますので，発想としてさほど新しいわけではありません．

昔と違うのは，EVに適用できるいろいろな技術（パワー・エレクトロニクスをはじめとする半導体技術，電池の小型軽量化，モータに適用できる各種材料，制御技術など）が発展を遂げ，より身近なものになったこと，これによってEVを構成する機能部品が誰でも一つから購入できるようになってきたことなどが挙げられます．

自作EVを取り巻く現状

● 俺でも作れる？ EVのしくみ

読者の皆さんも経験があると思いますが，小学生になるとDCモータに電池をつなげてモータを回す，という実験が理科の教科書に出てきます．きっと，ただモータを回転させるだけではあきたらず，モータに車輪を付けて模型自動車を走らせるなどの工作をされた方も多いと思います．

EVも原理原則はまさにこれと同じで，サイズはだいぶ違いますが，「電池を電源にモータを回し，これで車輪が回れば前に進む」という点では同じといえます．実際のEVでは，モータの出力を調整するためのモータ・コントローラやコンセントから充電を可能と

するための車載充電器，ヘッド・ライトなどの12V電源となるDC-DCコンバータなどが追加されます．これらの要素を図1のように機能ブロック図として機能別に分解してみると，それほど難しい構成ではないことがわかります．

図1で示した各機能ブロック（駆動用バッテリやモータ・コントローラ，駆動モータなど）は，機能をまるごと部品として購入することができるようになってきました．購入してしまえば（極端なことを言えば）あとは付属の説明書を参考に適切な電線でつなぐだけです．

● 海外では電動バイクの自作がホビーになっている

海外では好きな自転車に電池とモータを搭載して電動自転車を自作することがホビーの一つになっている

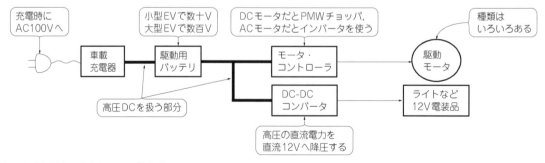

図1 意外と単純？ 代表的なEVの機能ブロック

表1　内外の電気自動車要件の比較

	日　本	アメリカ	カナダ	ヨーロッパ(EU)	中　国
出力要件	ペダル踏力の2倍以下	750 W	500 W	250 W	240 W
速度要件	24 km/hで アシスト・カット	32 km/h	32 km/h	25 km/hで アシスト・カット	20 km/h
モータのみ走行	不可	可	可	ペダルを止めたらアシスト・カット	可
その他	10 km/h以上からアシスト量漸減	ペダル機構は必要			

ようです．この背景には，乗用車のEV化よりも小出力でよいため個人が扱いやすいこと，多額の費用が掛からないこと，海外の法規が電動バイクに比較的寛容なことなどがあると見られます．

こうした自作のニーズに答えるため，海外では自転車への搭載が容易なモータなどを販売する通販サイトが多く存在します．

日本で電動自転車というと，いわゆる電動アシスト自転車がこれに相当しますが，海外の電動自転車は日本のそれとは内容が異なっています．表1に，おもな地域で運転免許なしで運転できる電動自転車要件を示します．

日本の電動自転車はご存知のとおりモータだけでの走行は認められていませんが，アメリカ，カナダ，中国ではペダルを漕がずにモータだけで走行できる電動自転車を運転免許なしで乗ることができます．

日本の電動自転車では，要件を満たすためにペダルの踏力とケイデンス(ペダルを漕ぐ回転数)を検出してモータ出力を決定する複雑なシステムが必要となりますが，海外の多くの地域ではこうしたシステムは必要とされず，図1で示すようなシンプルなシステムの電動自転車を免許やナンバなしで運転可能です．海外で電動自転車の自作がホビーの一つとなっているのは，こうした「作りやすさ」がその背景といえるでしょう．

● 意外と知らない？ 海外の電動自転車用部品事情

以前は国内で乗り物用のモータといえば，比較的小容量のものではソーラーカーなどの競技専用モータが少数流通する程度であり，価格は数十万円からと気軽に購入できるものではありませんでした．

ところが，近年流通している海外の電動自転車用モータとそのコントローラは，それぞれ送料込みで数万円程度までと，個人のホビーとして買って買えない値段ではなくなっています．また，これがインターネット通販で個人でも一つから購入可能なことも大きな魅力です．

本書で紹介する自作EVの製作例は，こうした海外の電動自転車部品をフル活用しています．

● レースに出て自信を付けよう！

初めてEVを製作される皆さんが，いきなり公道で走行することを筆者は決しておすすめしません．初めて製作した，テスト走行ろくにしていないEVで天下の往来を走るのはリスクが大きすぎるからです．このため第1部では，初心者でも参加しやすい競技会である「ソーラーバイクレース」に参加できる「電動バイク」の製作例を紹介します．

ソーラーバイクレースは，静岡県浜松市の浜松オートレース場で2005年から毎年開催されている電動バ

写真1　浜松で開催されている
ソーラーバイクレースの様子

イクの競技会です．2014年の大会で第10回目を数え，近年参加者も増えてきています．「ソーラーバイク」といってもバイクに太陽電池を搭載する義務はなく，競技開始から終了までは主催者が貸与する300Wぶんの太陽電池からのみ充電が許されるため，「ソーラーバイクレース」というわけです．

ソーラーバイクレースは，延べ6時間の走行距離を競う「6時間耐久競技」とオートレース場5周をできる限り速く走る「スプリント競技」，および1分間の持ち時間でライディング・パフォーマンスやファッションを競う「フリースタイル競技」の3種目を2日間で競います（**写真1**）．

一般にこの種の競技会は車両規定といって，車両の構造や性能に一定の要件を定めています．このソーラーバイクレースでは，その車両規定が国土交通省の定める保安基準に準じており，レース用とはいえライトや方向指示器，ホーン，バック・ミラー，速度計などの保安部品の搭載が義務付けられています．競技前に

はこれら保安部品の機能チェックやブレーキ性能テスト（車検という）も行われ，主催者に「走行するうえで安全上問題なし」と判断されないと競技に参加できません（**写真2**）．

初心者が競技会へ参加する目的は「レースに勝つ」というよりも，車両の各種テストを通じて「自信を付ける」ことにおくとよいでしょう．

とはいえ，あまりにゆっくりしか走れないのもつまらないので，先に述べたスプリント競技でそれなりの競争力を発揮できるよう，第1部で紹介する電動バイクは，最高速度50km/h以上を狙うこととしました．

ソーラーバイクレースのほかに，比較的予算をかけずに参加できる競技会の例を**表2**に示します．

部品の入手

● **どこから部品を入手するかを決める**

大まかな製作方針が決まったら，これをどうやって

写真2　車検の様子

表2　比較的低予算で参加でき，初心者も楽しめる競技会の例

名　称	URL	内　容
ソーラーバイクレース	http://www.solarbikerace.com/	毎年夏に浜松のオートレース場で開催．2輪車クラスと3輪車クラスがある．競技は2日間にわたって開催され，競技が始まると主催者が貸し出す太陽電池パネルからのみ充電が可能．2輪車クラスは自転車をベースにしたものからガソリン・バイクを電化したものまで多様
ワールドエコノムーブ	http://wgc.or.jp/WEM/	主催者が支給する小さな鉛蓄電池で，どこまで遠くまで走れるかを競う競技．ほとんどのチームが車体から手作りでマシンを作ってくる．年間に数回開催されている
Ene-1 GP	鈴鹿：http://www.suzukacircuit.jp/ene1gp_s/ もてぎ：http://www.twinring.jp/ene-1/	KV-40クラスの車両規定はワールドエコノムーブとほぼ同じだが，電源は単3のニッケル水素蓄電池40本に限定，車両も3輪以上が求められる

実現するかを考えます．こういうときには先達の実例が大変参考になります．

先に「海外では電動自転車の自作がホビーになっている」と述べましたが，世界中のEV愛好家が自作の愛車を披露しあうサイト "EValbum" (http://www.evalbum.com/) では，自慢の自作EVの写真のみならず，モータやモータ・コントローラ，バッテリに何を使用したかや性能データ（航続距離や最高速度など）が披露されており，世界中の愛好家がどんな部品を使ってどんな性能を実現しているかを知るうえで大変参考になります（**写真3**）．

このサイトの投稿主は，そのほとんどが個人の愛好家と見られ，使用パーツを調べてみると個人が一つから入手可能なものが多いことがわかります．これらパーツは残念ながら日本で取り扱うところはまだあまりありませんが，気になるパーツがあればインターネットでメーカ名や型番を検索することで通信販売しているサイトを見つけることができます．

電動バイクに限らず，何かを自作するときにどんなパーツを使用するかあれこれ考えるのは楽しいものです．時間の許す限り先達の作例をみたり，気になるパーツについて調べてみるのもよいでしょう．

● **主要部品は海外のネット通販サイトを活用する**

図1で示した各機能ブロック（駆動バッテリやモータ・コントローラ，駆動モータなど）は，機能をまるごと部品として購入することができます．購入してしまえば，（極論すれば）あとは付属の説明書を参考に適切な電線でつなぐだけです．

残念ながら，日本国内でこうした部品を扱うところはまだ少ないですが，ホビー向け（とはいえ人が乗って移動できるパワーはある）に部品を通信販売する海外サイトが多く存在します．海外の通販サイトですからだいたい英語サイトですが，私の場合は苦手な英語

写真3[(1)]　"EValbum" で紹介されている自作電動バイクの例

も興味をもって（？）勉強するきっかけにもなりました．

気になるのは代金の支払いですが，日本でもサービスが始まった "PayPal" (https://www.paypal.jp/jp/home/) を利用すると便利で安全です．**表3**に，私がよく利用する海外通販サイトを示します．

表3に示した通販サイトは筆者がよく利用する通販サイトで，ほとんどワン・クリックで部品の購入が可能です．国内の通信販売と大きく異なるのはその納期で，早ければ半月程度で品物が届きますが，遅いと1ヶ月半くらいの時間がかかることがあります．このため，海外のネット通販を利用する際は，1ヶ月半程度納期がかかるものと割り切って，納期に余裕をみて利用するのがよいでしょう．

> # やろうと思えばここまでできる!?
> # 市販部品を利用したEVの自作例

おもに海外サイトから購入した機能部品で自作したEVの例を**写真4**に，各部品の実装例を**写真5**に示します．

表3　筆者がEVを作る際にアテにしている海外部品通販サイト

取り扱い部品	サイト名	URL	説　明
モータ・コントローラ DC-DC コンバータ 充電器	Kelly Controls	http://kellycontroller.com/	各種モータ用コントローラ，ＤＣ－ＤＣコンバータ，充電器などの機能部品を扱っている．その他，スロットル・ペダルなど，ＥＶに必要な機器やコネクタ，コンタクタ（パワー・リレーの特に大きなもの）などの高圧電装部品も取り扱いあり
バッテリ	Batteryspace.com	http://www.batteryspace.com/	国内では個人が入手しづらい大容量のリチウム・イオン蓄電池セルやモジュール，安全装置であるBMS (Battery Management System) などが手に入る
	BMSBATTERY	http://www.bmsbattery.com/	
モータ	Grin Technologies	http://www.ebikes.ca/	カナダの電動自転車パーツ屋．自転車用のインホイール・モータを扱っている．取り扱いモータの出力計算シミュレータも用意しており，どのモータでどれくらいの性能が出るかの見積もりができて便利

写真4　個人が1個から入手できる部品だけで作ったEV "P.C.D."

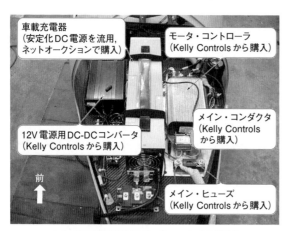

車載充電器
（安定化DC電源を流用，
ネットオークションで購入）

モータ・コントローラ
（Kelly Controls から購入）

メイン・コンダクタ
（Kelly Controls
から購入）

12V電源用DC-DCコンバータ
（Kelly Controls から購入）

メイン・ヒューズ
（Kelly Controls から購入）

前

（a）　高圧電装部品（Kelly Controls から購入）

（b）　駆動モータ（Grin Technologies から購入）

写真5　各部品の実装例

　写真4のEVは「個人が1個から入手できる部品だけで製作できること」を前提に，公道走行ができるよう製作した1人乗りのEVです．モータなどの電装部品はもちろんのこと，車体やシャーシなどの機構部品も個人が1個から買えるものだけで構成してあります．

　さすがに車体やシャーシはワン・クリックとはいかず，メーカと電子メールのやりとりで発注し，購入し

たものです．部品代は少々かさみますが，買い物部品だけでもこのくらいはやれるという見本として，応用編の第2章で紹介します．

◆引用文献◆

(1) Mike Chancey；The Electric Vehicle Photo Album（http://www.evalbum.com/type/BICY）

第2章

市販の部品だけで作れる

「爆走！ トラ技号」の全貌！

宮村 智也
Tomoya Miyamura

トラ技号を構成する五つの機能

トラ技号(**写真1**)は，機能別に**図1**に示す五つのブロックで構成されています．

(1) 駆動用モータ
(2) モータ・コントローラ
(3) 駆動用バッテリ
(4) 12 V 電装品
(5) DC - DC コンバータ

電源となるバッテリ，モータの動きを制御するためのモータ・コントローラ，電力を動力に換え推進力を生み出すモータがシステムの中核です．

モータとモータ・コントローラは，海外の通販サイ

市販の電動自転車用計測器とタブレットPCで計器盤を構成．速度，距離，消費電力，バッテリ残量などを集中表示

高圧電装部品に触れて感電しないようにベニヤ板でカバーをかけた

ライト類は市販の原付バイク部品を流用

・バッテリは制御弁式鉛蓄電池．12V-5Ah を 6 個直列で車両後部に搭載
・バッテリ・ケースは市販の工具箱を流用

ベース車両は市販のマウンテンバイク．前後サスペンション付き

モータ・コントローラなどの高圧電装部品が入っている

モータ・コントローラ強制冷却ファン

雨天でも確実な制動力を確保．前後ともワイヤ駆動式ディスク・ブレーキ

モータはカナダ向けの電動自転車用ダイレクト・ドライブDC ブラシレス・モータ

写真1 個人でも1個から入手できる部品だけで作れる電動バイク「爆走！トラ技号」
車体製作費：約26万円(ソーラーバイクレースに必要な装備も含む)

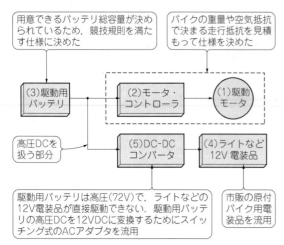

用意できるバッテリ総容量が決められているため，競技規則を満たす仕様に決めた

バイクの重量や空気抵抗で決まる走行抵抗を見積もって仕様を決めた

（3）駆動用バッテリ

（2）モータ・コントローラ

（1）駆動モータ

高圧DCを扱う部分

（5）DC-DCコンバータ

（4）ライトなど12V電装品

駆動用バッテリは高圧（72V）で，ライトなどの12V電装品が直接駆動できない．駆動用バッテリの高圧DCを12VDCに変換するためにスイッチング式のACアダプタを流用

市販の原付バイク用電装品を流用

図1　トラ技号の機能ブロック
メーカ製EVと構成は同じ．五つの機能ブロックで構成されている

トで売っている電動自転車向けの製品を使いました．バッテリは，製作コストと入手性から鉛蓄電池を使い，市販のマウンテンバイクに搭載しました．いずれも個人で一つから購入できます．

　トラ技号は最終的に公道での走行を目指しましたので，ヘッドライトなどの灯火器類や警音器（ホーン）などが必要でした．これらの電装品の電源にはDC12Vを使うので，電源にはDC-DCコンバータを搭載しました．手作りですが，**図1**の構成はメーカ製のEVと

基本的に同じです．

動力部の構成

● 電動自転車用のDCブラシレス・モータ

　電気モータといっても，模型用の小さなものから新幹線を走らせるような大きなものまで多種多様です．電動自転車はここ数年で世界的に普及台数が増えてきました．これに伴って自転車への搭載が簡単な電動自転車用モータが多数出回るようになりました．主流は既存の車輪と交換するだけで搭載できるハブ・モータ（日本ではインホール・モータとも呼ばれる）です．トラ技号では**写真2**のハブ・モータを採用しました．

　採用したモータ［**写真2(a)**］は，注文時にホイールのサイズを指定すればホイールにモータが組み込まれた状態で届きます．モータが届いたらタイヤを装着して自転車の後輪と交換するだけで，手軽にモータが搭載できます．

　トラ技号のモータは，三相巻き線とネオジム磁石で構成されるDCブラシレス・モータです［**写真2(b)**］．ネオジム磁石で構成される回転子が，巻き線が施された固定子の外側に配置されるアウタ・ロータ式で，回転子がそのままホイール・ハブを兼ねています．減速機構はもたない「ダイレクト・ドライブ」式のモータです．回転子の磁極検出には固定子に配置された三つのホール素子を使っています．

（a）モータ外観 HS3540（Crystalyte）

・モータの取り付け部寸法は，マウンテンバイクの標準寸法（ドロップエンド幅：13.5mm）に合わせて作られている
・インターナショナル・スタンダード規格の6穴ブレーキ・ディスクがマウントできる

・回転子がホイール・ハブを兼ねており，減速機構を持たないダイレクト・ドライブ式
・回転子が固定子の外側にあるアウタロータ式のブラシレス・モータ

写真2　既存の車輪と交換するだけで搭載できるハブ・モータ
注文時にホイールのサイズを指定するとホイールにモータが組み込まれた状態で納品される

発注時にホイール・サイズを指定すれば写真の状態で発送される．タイヤは付属しないので自分で用意して装着する

ネオジム磁石　　回転子（ロータ）　　磁極検出用ホール・センサ（ケーブルの先にある）

固定子（ステータ）

巻き線（コイル）

（b）[1] HS3540の構造（出典：http://electrotransport.ru/ussr/index.php?topic=13450.0）

● モータ・コントローラ…モータに供給する電力を制御

　図2に高圧電装システムの主回路を，写真3に高圧電装システムの部品レイアウトを示します．

　高圧電装システムの主役はモータ・コントローラです．モータ・コントローラは，モータへの供給電力を調整することでモータ出力を変化させるのが主な役割です．トラ技号のモータはDCブラシレス・モータなので，三相交流の供給が必要です．トラ技号のモータ・コントローラは直流を三相交流に変換するインバータとしての役割ももちます．

　バッテリとモータ・コントローラの間には電源スイッチとなるメイン・コンタクタを挟みます．さらに，万が一短絡などが起こっても火災に至らぬようにメイン・ヒューズを設けました．これらの高圧電装部品は写真3で示すとおり，まとめて車両下部に搭載しています．

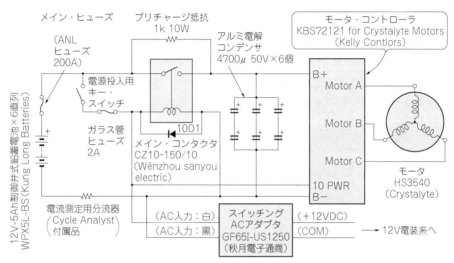

図2　トラ技号の高圧電装主回路

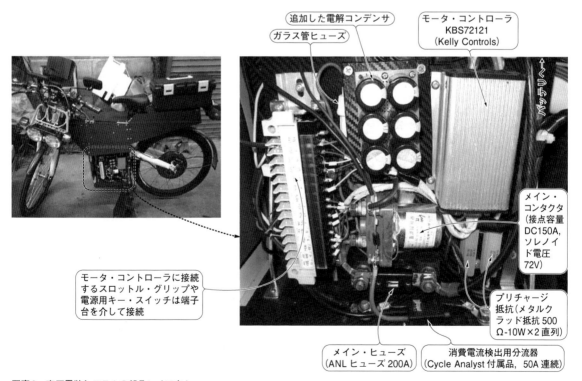

写真3　高圧電装システムの部品レイアウト
高圧電装部品には大電流が流れるので配線長を短くするためにまとめて配置した

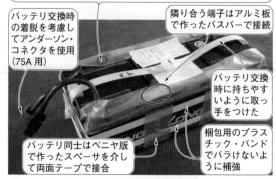

12V-5Ah の制御弁鉛蓄電池 WPX5L-BS（Kung Long Batteries）を6個直列にしたバッテリ・モジュール．電圧は72V

バッテリ交換時の着脱を考慮してアンダーソン・コネクタを使用（75A 用）

隣り合う端子はアルミ板で作ったバスバーで接続

バッテリ交換時に持ちやすいように取っ手をつけた

バッテリ同士はベニヤ版で作ったスペーサを介して両面テープで接合

梱包用のプラスチック・バンドでバラけないように補強

▶写真4　原付バイク始動用の12V鉛蓄電池でバッテリ・モジュールを構成

1個当たりの容量は5Ah．これを6個直列にした72V-5Ah，360 Whのバッテリ・モジュール．モジュール重量は約14 kg

(1) 計器盤
WinXP タブレット PC で構成．速度，距離，消費電力，バッテリ電圧，バッテリ残量・電費などを，Cycle Analyst から受信，演算して集中表示する

Cycle Analyst：市販の電動自転車用計測器．直流電力計の機能に加えて速度・距離が取得できる．取得データは UART で外部機器に送信できる

UART で
データ通信

●ハンドルまわりの構成

(2) 回生ブレーキ専用レバー
通常のブレーキに加えて回生ブレーキを独立して操作できる．回生量は無段階可変

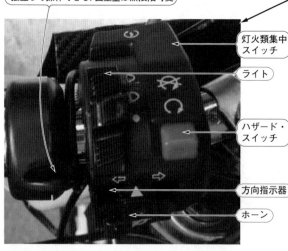

灯火類集中スイッチ

ライト

ハザード・スイッチ

方向指示器

ホーン

(3) スロットル・グリップ
手前にひねると前に進む．ホール素子式で無段階で速度調整できる．モータ・コントローラに接続

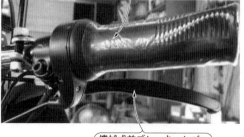

機械式前ブレーキ・レバー

写真5　計器盤と操作系

計器盤は，市販されている電動自転車用の直流電力計にWindowsタブレットPCを組み合わせて構成．車速，走行距離，消費電力，電費，バッテリ残容量などを一括表示できる．操作系の構成は，原付バイクをモデルにした

● バッテリは鉛蓄電池

　写真4のバッテリは手ごろな価格で入手でき，取り扱いが容易な鉛蓄電池を使いました．バッテリは原付バイク始動用の12V制御弁式鉛蓄電池を選びました．1個当たりの容量は5Ahです．これを6個直列にして72V-5Ah，360Whのバッテリ・モジュールにしました．モジュール重量は約14kgで同容量のリチウム・イオン電池の4倍以上の重さがありますが，価格が安く（リチウム・イオン電池の1/3以下），取り扱いが容易（少々の過充電でも壊れにくい）なので採用を決めました．

　バッテリの充電は，バイクからバッテリを取り出して車外で行うこととしたので，着脱しやすいように工夫しました．

高効率に走行するための装備

　ガソリン・バイクと電動バイクでは，航続距離が大きく異なります．エネルギー源に使用する電池は，同重量のガソリンと比べて蓄えられるエネルギー量が極めて少ないうえに，残量が容易に把握できません．このためガソリン・バイク以上に効率の良い走らせ方を知る必要があります．

　そこで，限られたエネルギーを効率良く使って航続距離を伸ばすために，トラ技号では(1)～(3)を装備しました．

(1) エネルギー残量を表示するモニタ

　市販されている電動自転車用の直流電力計にWindowsタブレットPCを組み合わせて構成した**写真5**の計器盤を搭載しました．この計器盤は，車速，走行距離，消費電力，電費，バッテリ残容量などを一括表示して，走行中の状態をライダにわかりやすく表示します．

(2) 回生ブレーキ

　モータを発電機として動作させ，運動エネルギーを電力に変換してバッテリへ戻す回生ブレーキ（このとき普通のブレーキと同じようにバイクは減速する）を装備しました．市販のEVやハイブリッド・カーでは，運転者が回生ブレーキだけを意識的に操作できませんが，トラ技号では回生ブレーキを体感できるように，回生ブレーキだけを単独操作できるよう設計しました．

(3) ハンドルやスイッチ…構成は原付バイクがモデル

　運転しやすさもエネルギー効率を上げる要因になると考えました．ハンドルやスイッチなどの操作系は，原付スクータのユーザが特にストレスなく運転できるように，極力原付スクータに近づけて構成しました．

性　能

　図3にトラ技号の出力性能をウェブ上のシミュレータ「Hub Motor and Ebike Simulator」（http://www.ebikes.ca/simulator/）で計算した結果を示します．

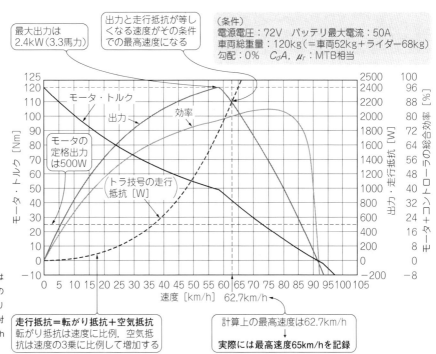

図3　トラ技号の走行性能
（全負荷・計算値）
レースで実際に記録した最高速度は65km/h．計算結果と実測値とのずれは3%程度．充電1回当たりの走行距離は，計算値26kmに対し実測値25km（いずれも30km/h一定・平地）

最大出力は2.4kW（3.3馬力）

出力と走行抵抗が等しくなる速度がその条件での最高速度になる

（条件）
電源電圧：72V　バッテリ最大電流：50A
車両総重量：120kg（＝車両52kg＋ライダ68kg）
勾配：0%　C_dA, μ_r：MTB相当

モータ・トルク
出力
効率
モータの定格出力は500W
トラ技号の走行抵抗［W］

速度［km/h］　62.7km/h

走行抵抗＝転がり抵抗＋空気抵抗
転がり抵抗は速度に比例，空気抵抗は速度の3乗に比例して増加する

計算上の最高速度は62.7km/h
実際には最高速度65km/hを記録

太陽電池の「台」は大会本部が貸してくれる
単管パイプで構成. 参加者が組み立てる

発電電力量とバッテリへの充電量を知るために市販
の電動自転車用計測器「Cycle Analyst」を車両用と
は別に用意. これを介してバッテリに充電した. こ
の計測器で太陽電池モジュールとバッテリの電圧,
電流, 発電電力がどれだけ充電できたかわかる

大会本部から住宅用の太陽電池パネルが6枚貸し出される. 多結晶シリコ
ン・タイプと単結晶シリコン・タイプのどちらかを選べる. トラ技号は単
結晶タイプを選択. パネルの仕様は最適動作電圧16V, 最大出力50W. 6枚
直列に接続して太陽電池モジュールを構成

●ピットインの様子

制御弁式鉛蓄電池(12V-5Ah)
6個直列でバッテリ・モジュー
ルを構成. 今回はレース用に
5セット用意

バッテリはバイクから
降ろして充電する

バッテリを使い切ったら
ピットインして充電済み
バッテリと交換する

写真6　ソーラーバイクレースで使用した充電システム
競技期間中に使うバッテリへの充電は, 太陽光での発電電力に限定

　最高速度の計算結果は63 km/h程度ですが, 後述す
るレースで実際に記録した最高速度は65 km/hでし
た. 計算結果と実測値とのずれは3%程度で, 1回の
充電で走れる距離は, 計算値26 kmに対し実測値
25 km(30 km/h一定, 平地)でした. 加速も良いので,
近所に出かけられる程度の性能は十分に備えています.

性能テスト…レースに参戦!

　トラ技号の性能テストを兼ねて, 2012年9月15日・
16日に浜松市の浜松オートレース場で開催された「ソ
ーラーバイクレース2012」に参加しました. 電動の2
輪車・3輪車で競う競技会で, 6時間を2日間4ヒート
に分けて走る「6時間耐久レース」, オートレース場
の走路5周(1周約500 m)を可能な限り速く走る「ス
プリントレース」, 60 mを1分間で走行しながら余興
を行う「フリースタイル」で争う競技会です.

　競技期間中に使うバッテリの充電は, 太陽光での発
電電力に限定されています. 写真6にソーラーバイク
レース2012で使用した太陽光充電システムを示しま
す. 2日間で計140 kmほど走りました.

コラム　海外ではフツウの趣味？　電動自転車の自作

● 部品は海外のインターネット通信販売で個人輸入

　海外でホビー用に販売されている電動自転車用のモータやコントローラは，ほとんどが中国製です．

　図Aに示すように中国の電動自転車生産は2000年代に入ってから爆発的な成長を遂げ，2011年には年間生産台数が約3,100万台で，日本の70倍以上（2010年の日本の生産台数は42万台）です．膨大な生産台数を背景に，電動自転車用部品もコスト・ダウンと性能向上が進んでいます．

　以前は国内で乗り物用のモータといえば，ソーラーカーなど競技専用の小容量なモータが少数流通する程度で，価格も数十万円からと気軽に購入できませんでした．近年流通している海外の電動自転車用モータとコントローラは，それぞれ送料込みで数万円程度と，個人でも購入できる価格帯です．個人がインターネット通信販売で一つから買えるようにな

ったことも大きな変化です．トラ技号の製作では，海外から電動自転車用の部品を個人輸入してフル活用しています．

● 海外では電動自転車の自作がホビーになっている

　海外では好きな自転車に電池とモータを搭載する電動自転車の自作がホビー化しています．「乗用車のEV化よりも小出力で個人が扱いやすい」「多額の費用が掛からない」「海外の法規が電動自転車に比較的寛容なこと」が背景です．自作のニーズに答えるため，海外では自転車への搭載が容易なモータなどを販売する通信販売のサイトが数多く存在します．

　日本で電動自転車というと，電動アシスト自転車を思い浮かべますが，海外の電動自転車は内容が異なります．表Aに運転免許なしで運転できる電動自転車要件を示します．

　日本の電動自転車は，モータだけの走行は認められていませんが，アメリカ，カナダ，中国ではペダルを漕がずにモータだけで走行できる電動自転車を運転免許なしで乗れます．日本の電動自転車では要件を満たすためにペダルの踏力とケイデンス（ペダルを漕ぐ回転数）を検出してモータ出力を決定する複雑なシステムが必要です．しかし海外の多くの地域ではこうしたシステムは不要で，本文中の図1で示すシンプルなシステムの電動自転車を，免許やナンバなしで運転できます．

　海外で電動自転車の自作が根付いているのは「作ったら乗れる環境が整っている」ことが背景にあります．

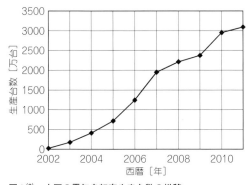

図A[2]　中国の電気自転車生産台数の推移
中国の電動自転車生産は2000年代に入ってから爆発的な成長を遂げている

表A[3], [4]　国内外の電動自転車要件の比較
日本では電動自転車の要件を満たすために複雑なシステムが必要

	日　本	アメリカ	カナダ	ヨーロッパ(EU)	中　国
出力要件	ペダル踏力の2倍以下	750 W	500 W	250 W	240 W
速度要件	24 km/hでアシスト・カット	32 km/h	32 km/h	25 km/hでアシスト・カット	20 km/h
モータのみ走行	不可	可	可	ペダルが回っていればモータ出力が可能	可
その他	10 km/h以上からアシスト量漸減	ペダル機構は必要（ついていればOK）			

◆参考・引用＊文献◆

(1) ＊Электротранспорт：Crystalyte HS3540 новые приключения electrobiker'a
http://electrotransport.ru/ussr/index.php?topic=13450.0 ロシア語ウェブサイト

(2)＊財団法人自転車産業振興協会 国際業務部：2011年中国自転車・電動車産業概況

http://www.jbpi.or.jp/_data/atatch/2012/04/00000639_20120530152427.pdf

(3) Wikipedia：Electric bicycle laws
http://en.wikipedia.org/wiki/Electric_bicycle_laws#Federal_Safety_requirements

(4) Grin Technologies
http://ebikes.ca

第3章

電動自転車開発用
シミュレータをフル活用

駆動モータと
モータ・コントローラの選び方

宮村 智也
Tomoya Miyamura

● ガソリン車のエンジンに相当する最重要部品！

モータ

モータ・コントローラ

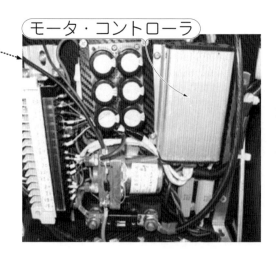

（機能ブロック図）

今回は，バイクの重量や空気抵抗で決まる走行抵抗から，駆動モータとモータ・コントローラを選ぶ方法を紹介

```
駆動用        ┌──────┐      ┌──────┐
バッテリ ──┬── モータ・    ──── 駆動
          │   コントローラ       モータ
          │
          └── DC-DC ──── ライトなど
              コンバータ      12V電装品
```

図1 「爆走！ トラ技号」で使用したモータ，モータ・コントローラ

無料で
使える！

電動自転車開発用の
シミュレータでモータを決める

● 本解説における「モータ・コントローラ」と「インバータ」の位置づけ

「モータ・コントローラ」は，駆動モータの出力を制御するパワーエレクトロニクス・デバイスを示します．特に，DCブラシレス・モータなどの交流モータを制御するモータ・コントローラは「インバータ」とも呼ばれます．

● トラ技号が目指す性能はガソリン原付バイク並み

トラ技号の最終目標は，ナンバーをもらって公道を走行することです．また，テスト走行を兼ねた競技会（ソーラーバイクレース2012）への出場も目標に置きました．この競技会では，6時間の耐久競技と2.5kmを全力疾走するスプリント競技があります．スプリント競技では，最高速度が50km/hくらい出れば勝負できると考えました．市販の50ccガソリン・バイクの最高速度もこれくらいの速度は出ることから，トラ技号の最高速度は50km/h以上を目指しました．

● 電動自転車開発用のシミュレータ「Hub Motor and Ebike Simulator」

カナダのGrin Technologies（以下Grin社）は，さまざまな電動自転車用のモータを取り扱っています．同社のウェブ・サイト「ebikes.ca」（http://www.ebikes.ca）では，ベースとなる自転車の種類，使用するモータなどを指定するだけで完成時の性能を計算できる図2の電動自転車開発用シミュレータ「Hub Motor and Ebike Simulator（以下シミュレータ）」（http://www.ebikes.ca/

simulator/）を提供しています．このシミュレータはモータ特性だけでなく，バイクの走りづらさにつながる「走行抵抗」も簡単に求められます．

● 最高速度や消費電力，登坂性能を求める

トラ技号は，このシミュレータを使って使用するモータなどの部品を選びました．モータを選ぶ場合は，シミュレータにはGrin社が現在取扱い中，または過去に取り扱っていた電動自転車用モータの各種パラメータ（誘起電圧定数，巻き線抵抗，巻き線インダクタンス）と，代表的な自転車の走行抵抗を決定するパラメータ（転がり抵抗係数 μ_r，抗力係数 C_d，前面投影面積 A）*コラム参照がプリセットされています．

ユーザは，使用する自転車のタイプ（ロードバイク，マウンテンバイクなど）と使用するモータ，モータ・コントローラ，バッテリを選ぶだけで完成したバイクの最高速度や消費電力，登坂性能などを簡単に予測できます．

● シミュレータの使い方…設定に必要な四つの項目

車体の性能をシミュレーションするときには，図3に示す(1)～(4)の項目を設定します．

(1) モータ

Grin社の取り扱い品（または過去取り扱いのあったもの）がリストに入ってるのでこの中から選択します．

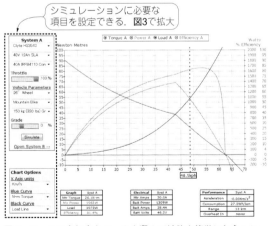

シミュレーションに必要な項目を設定できる．図3で拡大

図2　ベースの自転車とモータを選んで性能を簡単にシミュレートできる

［Hub Motor and Ebike Simulator（http://www.ebikes.ca/simulator/）］

(1) モータ
（リストから選択）

(2) バッテリ
（リストから選択，
任意の電圧指定可）

(3) モータ・コントローラ
（リストから選択，任意の
電流容量指定可）

・アクセルの状態
最高速度を求めたいので
全開時の100%を設定

(4) 車両のパラメータ

(a) ホイール・サイズ
（リストから選択，任意の
サイズ指定可）

(b) ベース車
（リストから選択，任意の
パラメータ指定可）

(c) 車両重量
（ライダー乗車時の
総重量を設定）

(d) 路面勾配
（プラスで登り勾配，
マイナスで下り勾配）

図3　シミュレーションに必要な項目と設定ダイアログ

（2）バッテリ

代表的な種類・組み合わせをリストから選んでもよいですし，「custom battery」を選択して任意の電圧・内部抵抗を設定することも可能です．

（3）モータ・コントローラ

バッテリと同様にリストから選択するか「custom controller」から任意の電流容量・内部抵抗を設定できます．

（4）車両のパラメータ

- （a）ホイールのサイズ
- （b）自転車の形式（マウンテンバイク・ロードバイク・リカンベント）
- （c）車両重量
- （d）路面こう配

を指定します．

自転車の形式をリストから選択することで調査や予測の難しい μ_r, C_d, A に各形式の代表値がセットされますし，リストにない形式の乗り物の場合は μ_r, C_d, A に任意の値を設定できます．トラ技号は，ベース車に市販のマウンテンバイク（MTB）を採用したの

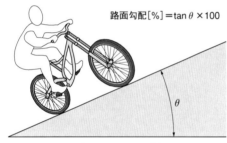

路面勾配[%]＝tan θ ×100

図4　こう配の角度と百分率表記の関係
路面こう配は，百分率表記でシミュレータに入力する

で，自転車の形式はマウンテンバイクを選択して性能予測を行いました．車両重量はライダーが乗車し，走行可能な状態の重量を指定します．リストには100 kgから50 kg刻みで350 kgまでプリセットされています．総重量がリストの範囲から外れても，「Custom Weight」から任意の値を設定できます．路面こう配は，百分率表記で入力します．こう配の角度 θ と百分率表記は，**図4**の関係にあります．

● 最高速度50 km/hが実現可能な部品を暫定的に設定

図2のシミュレータを使って，マウンテンバイクの走行抵抗で最高速度50 km/hが出せる部品の仕様を検討します．まずは，**図3**に示すようにシミュレータにプリセットされているパラメータを必要に応じて設定し車両性能を検討します．

モータは，Grin社から販売中のモータの中から26インチのホイールが選べ，比較的大型のものとしてCrystalyte HS3540（**図5**）を選択しました．

バッテリは，手ごろな組み合わせとしてシール式鉛蓄電池（SLA = Sealed Lead Acid）4個直列の48 V仕様にしました．モータ・コントローラはプリセットされたものの中で，一番容量の大きいものを検討しました．

「Vehicle Parameters」では車両のタイプや車両総重量を設定します．今回はベース車にマウンテンバイクを選択したので，車両のタイプは「Mountain Bike」にしています．これで事前に把握しづらいパラメータである空気抵抗を決定する C_d（抗力係数）と A（前面投影面積）およびタイヤの転がりにくさを表す μ_r（抵抗係数）にマウンテンバイクの一般的な値が自動的に設定されます．車両総重量は少々余裕をもたせ

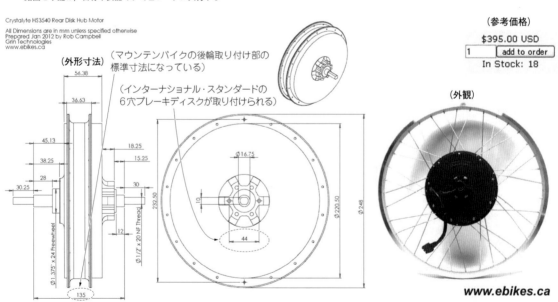

（参考価格）
$395.00 USD
1 add to order
In Stock: 18

図5　候補として選んだ比較的大型のモータ「Crystalyte HS3540」 [3] [4]

てリストから2番目に軽い150kgに設定しました.

● **走行抵抗を踏まえてモータの出力を目標値に近づける…バッテリ電圧はモータの出力を満たす仕様で検討**

　バイクが前に進む際は，図6に示すような前に進むのを邪魔する力が必ず発生します．電動バイクの場合，「前に進むのを邪魔する力（以下，走行抵抗）」と同じかそれ以上の力を発生するのがモータの役目です．したがって，バイクの走行抵抗の程度を把握しておけば，どんな特性のモータが必要かわかります．

　図7に走行抵抗と，モータ出力の計算結果を示します．このグラフでは走行抵抗とモータ出力が縦軸共通で，ともに仕事率の単位「W（ワット）」で描かれています．走行抵抗の線とモータ出力の線の交点が，設定した計算条件でのモータ動作点になります．

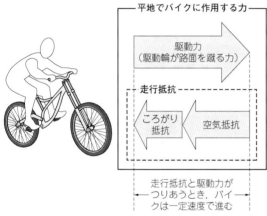

図6　バイクが前に進む力とそれを邪魔する力の関係
電動バイクは「前に進むのを邪魔する力」と同じかそれ以上の力をモータで発生させる

　アクセル（シミュレータではスロットルと表記）全開の条件で計算した最高速度は，このグラフから48.5［km/h］になると予測しました．最高速度が48.5［km/h］というシミュレーション結果では，目標の50km/hに到達しないので対応法を考えました．

■ モータ選択のポイント…インバータの仕様が車両性能に大きく影響

● **モータの出力はインバータの仕様で変わる**

　Grin社取り扱いのモータはすべて永久磁石を使用したDCブラシレス・モータです．モータ・コントローラは，直流を三相交流に変換するインバータとなる

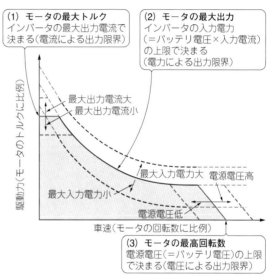

図8　モータの最大トルクや最高回転数はインバータの電気的仕様（電流容量電源電圧）で大きく変わる

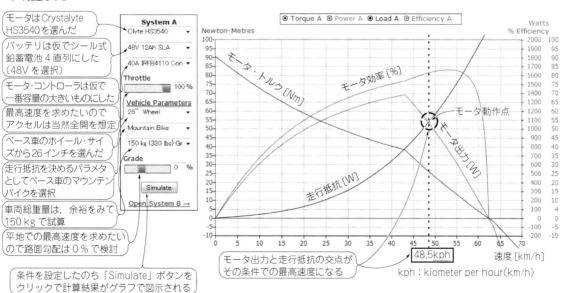

図7　パラメータを設定した理由と計算結果の見方

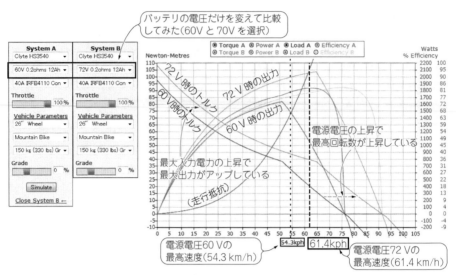

図9　バッテリ電圧だけを変えた計算結果…目標は達成できそう

ので，DCブラシレス・モータの駆動範囲はインバータの仕様で大きく変わります．

図8に示すのは，あるインバータとモータを組み合わせたときに引き出されるモータのパフォーマンス（トルクと回転数）を示しています．（1）は最大トルクで，インバータが出力できる最大電流で決まります．（2）は最大出力で，インバータの最大入力電力で決まります．（3）は最高回転数で，インバータの電源電圧で決まります．このグラフに，車両の走行抵抗の特性を重ね描くと，実際の走行性能（スピードとトルク）との関係が分かります．これはEVの仕様を検討する際に押さえておきたいポイントです．

（1）～（3）で示すモータの駆動範囲は，インバータの仕様で大きく変化します．

（1）モータの最大トルク：インバータ出力電流の最大値で決まる

低速域の登坂性能と加速性能を決定する最大トルクは（モータを一つに決めると）インバータの最大出力電流で決まります．後述しますが，Grin社シミュレータではこれが考慮されていないように見えます．

（2）モータの最大出力：インバータの入力電力最大値で決まる

中速域の登坂性能と加速性能を決定する最大出力は，インバータに入力できる最大電力で決まります．インバータの最大入力電力にはバッテリの仕様（主にはバッテリ電圧）も関係してきます．このシミュレータではインバータ（モータ・コントローラ）の容量を電流容量で表現していますが，これはインバータ入力電流の最大値（＝バッテリ最大電流）を示しています．

（3）モータの最高回転数：インバータの電源電圧で決まる

車両の最高速度に関わるモータの最高回転数は，イ

ンバータの電源電圧で決まります．これは主にバッテリの仕様で決まりますが，インバータの耐圧も検討項目なので，インバータの仕様が車両性能に影響するといえます．

図7の計算結果ではバッテリ電圧48Vで試算したので，最高速度が目標未達になりました．最高速度は図8の（3）に示すインバータの電源電圧の数値を上げることで対応しました．シミュレータの入力項目をバッテリ電圧60V（鉛電池なら5直列）と72V（同6直列）に変えて再度計算しました（図9）．

目標の最高速50km/hに対し，60Vなら54.3km/h，72Vなら61.4km/hとなりました．いずれも当初の性能目標を達成できます．したがって，モータは「Crystalyte HS3540」と26インチ・ホイールの組み合わせで使い，電源は鉛電池5直列・60V以上に決めました．

モータ・コントローラを選ぶ…バッテリ電圧とモータの最大電流を考える

採用するモータが決まったら，これに組み合わせるモータ・コントローラについて検討します．これまでの経緯から，耐圧は60V以上であることがモータ・コントローラに求められる最低要件になります．また，これまでのシミュレーション条件では，インバータの最大入力電流は40Aで検討していたので，これ以上の容量であれば図9に示した性能は確保できます．Grin社が取り扱うモータ・コントローラで，これらの要件に適合しそうなものは図10に示す製品でした．

残念なことに，このモータ・コントローラについて，筆者が事前に入手できた情報は図10に示す情報だけでした．この情報からわかることは，

・電源電圧は88Vまで大丈夫

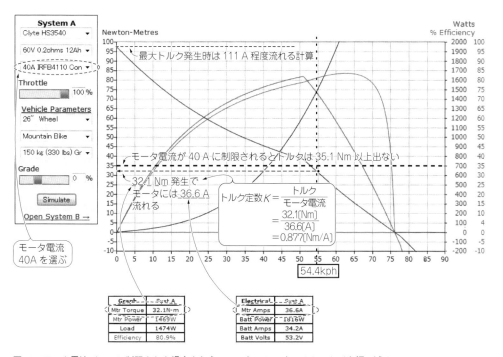

図10 要求性能が満たせそうなので最初に選んだ
モータ・コントローラ[5]（Crystalyte社製）
製品に関する情報が少ないので取り扱いが困難．結局，
情報が多いほかの製品を採用

図11 モータ電流が40Aに制限された場合をシミュレーション…出せるトルクが大幅に減る

・モータの正逆回転が可能
・モータを発電機として動作させブレーキをかける
「回生ブレーキ」機能はあるがON/OFFしかできない

程度です．一番の懸念材料は「Current Limit：
40 Amps」の記載があることで，これが直流側（入力側）
だけの電流リミットなのか，交流側（出力側）もこの値
にリミットされるのかが不明なことです．その理由を
図11に示します．

　Grin社のシミュレータでは，計算した各種パラメ
ータをグラフ下部に表示します．DCブラシレス・モ
ータなどの永久磁石式モータはモータ電流と出力トル
クに比例の関係があり，この比例定数を「トルク定数」

と呼んでいます．図11はHS3540モータを60Vで駆
動した際の最高速度における計算結果ですが，このと
きモータ・トルクが32.1［Nm］，モータ電流が36.6［A］
ですので，これからトルク定数Kを計算すると$K =$
0.877［Nm/A］となります．このためモータに40Aし
か供給できない場合，その最大トルクT_{max}［Nm］は，

$$T_{max} = K × モータ電流 = 0.877 × 40 = 35.1[Nm] \cdots (1)$$

となり，これ以上のトルクは期待できないことになり
ます．

　トラ技号は，最終的に公道での走行を目指している
ので登坂性能も必要です．国内では10％こう配まで
みておけばおおかたの坂道がカバーできるので，10

%こう配の坂を登れること，をもう一つの性能目標にしました．10％こう配登坂時のモータ電流をシミュレータで求めた結果が**図12**です．

速度を落とせば**図12**の計算結果より必要なトルクは減少しますが，筆者の計算では10％こう配登坂の条件では車速3［km/h］でも52［Nm］程度のトルクは必要でした．先の懸念（出力電流リミット＝40 A）が的中すれば，目標の登坂性能は満たせなくなります．

● **公開情報が多いモータ・コントローラを選ぶ**

図10で示したモータ・コントローラはMOSFETのIRFB4110（International Rectifier）が使用されていま

す．このMOSFETの最大ドレイン電流は120 A（12個採用で1アームあたり2個並列とみられる）なので，出力電流もこのくらい出せるのかもしれませんが，その保証はどこにもありません．したがって，出力電流容量が明記されているモータ・コントローラを別のメーカから買うことにしました（**図13**）．

このモータ・コントローラは，米国に本社を置くKelly Controls社（http://kellycontroller.com/）製の電動自転車用DCブラシレス用モータ・コントローラです．モータ電流は最大120 A/連続48 Aと明記されていますし，バッテリ電圧も90 Vまで可と明記されています．さらに，**図13**の製品はCrystalyteモータに

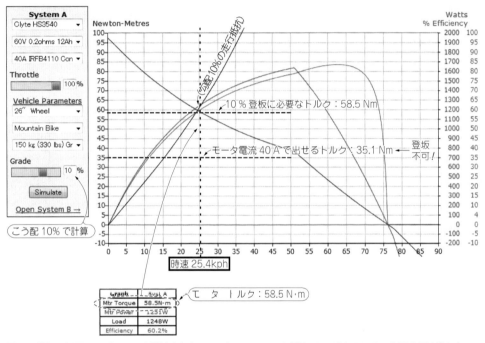

図12 登坂こう配10％時のモータ電流をシミュレーション…モータ電流40 Aでは10％のこう配の坂は登れない…目標性能未達

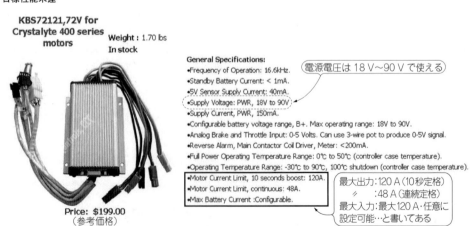

図13 要求性能を満たすために選んだモータ・コントローラ[7]
仕様検討に必要なすべての項目から，取り扱い説明書までウェブ・サイトに公開されている

そのまま接続可能なコネクタを備えていたので，この製品をトラ技号のモータ・コントローラに採用しました．

これで，目標とする最高速度50 km/h以上が達成可能なモータとモータ・コントローラを選ぶことができました．

◆参考・引用＊文献◆

(1) 特集「手作り電気自動車＆バイクの世界」，トランジスタ技術2011年8月号，CQ出版社
(2) Grin Technologies：Hub Motor and Ebike Simulator http://www.ebikes.ca/simulator/
(3) ＊Grin Technologies：Crystalyte HS3540 Rear Hub Motor in 26 inch wheel, with hall sensors http://ebikes.ca/store/photos/M3540R26.jpg
(4) ＊Grin Technologies：Dimensional Diagrams for 5300 series Crystalyte Hub Motors/HS35XX Rear http://ebikes.ca/store/diagrams/HS3540RD.pdf
(5) ＊Grin Technologies：36 - 72 V, 40 A controller, 12xIRFB4110 mosfet, ON/OFF button, Fwd/Rev, regen, and CA connectors http://ebikes.ca/store/photos/C7240 - NC.jpg
(6) International Rectifier：IRFB4110PbFデータシート http://www.irf.com/product - info/datasheets/data/irfb4110pbf.pdf
(7) ＊Kelly Controls：Product Description, KBS72121, 72 V for Crystalyte 400 series motors http://kellycontroller.com/kbs7212172v - for - crystalyte - 400 - series - motors - p - 634.html

コラム　「走りづらさ」を決めるのはバイクの重量と空気抵抗

自転車に乗ってみると重い荷物を背負って乗るより荷物なしのほうが楽にスピードが出ますし，坂も楽に上れます．また，速く走ろうとするほど一生懸命ペダルを漕がなければなりません．一定の速度で走るバイクの「走りづらさ」＝走行抵抗をF_d [N]とすると，次の式で表すことができます．

$$F_d = \mu_r \, Wt \, g + \frac{1}{2} \, \rho \, C_d \, A \, V^2 + g \, W_t \sin \theta \cdots (A)$$

ここで，式(A)の各記号についてまとめたのが表Aです．式(A)と表Aより，車両重量W_tが増加すると走行抵抗は増え，車両の速度Vが上がっても走行抵抗は増加します．また，こう配θの登坂でも走行抵抗は増加する式になっており，自転車に乗ったときの感覚と一致します．

式(A)はバイクが走るのを邪魔する「力」を示していますが，これと大きさが同じで前に進む方向の力(駆動力)を発生すればバイクは一定速度で走り続けることができます．一定の駆動力を発生しながら速度Vで進めるということは，モータが仕事をしているということですから，モータの仕事率＝出力E [W]は，式(A)に車両速度Vを掛けることで表され，

$$E = \mu_r \, W_t \, g \, v + \frac{1}{2} \, \rho \, C_d \, A \, V^3 + g W_t \sin \theta \, V \cdots (B)$$

式(B)よりモータに求められる仕事率＝出力も計算できます．

また，表Aよりバイクのつくりで決まるパラメータはμ_r, W_t, C_d, Aであることもわかります．したがって，電動バイクに限らずEVを製作する際には，これら四つのパラメタを知ることで，モータに必要な出力・トルクを計算できます．式(A)は必要トルクや登坂性能，加速力の見積もりに便利で，式(B)はモータ出力の見積もりに便利です．

紹介したGrin社シミュレータではμ_r, C_d, Aが，代表的な自転車についてはプリセットされており便利です．

表A　「走りづらさ」の計算に必要なパラメータ

記号	意味	単位	解説	
F_d	走行抵抗	N（ニュートン）	バイクが前に進むのを邪魔する力. これに等しい力を発生すればバイクは一定速で前に進む	
μ_r	転がり抵抗係数	N/N	タイヤの「転がりにくさ」を示す係数. タイヤによって異なる	タイヤの「転がりにくさ」を決定する
W_t	車両重量	kg	車両の重さ. 計算は人が乗った状態で行う	
C_d	抗力係数	（なし）	無次元数で, 空気抵抗の大きさを表す係数. 車両の形状で決まる	空気抵抗の大きさを決定する
A	前面投影面積	m²	車両を真正面から見たときの面積.	
ρ	空気の密度	kg/m³	定数で, 1気圧・20℃の密度は1.205 [kg/m³]	
g	重力加速度	m/s²	定数で, 物が自由落下する際の加速度. 9.8 [m/s²].	
V	車両の速度	m/s	計算は秒速で行う	
θ	路面勾配	rad	車両が走行する路面の勾配	

第4章

DC72VとDC12Vの電装系
パワー回路の構成ポイントと部品の使い方

宮村 智也
Tomoya Miyamura

宮村 智也
Tomoya Miyamura

モータ・コントローラ/DC-DCコンバータを含む「DC72V高圧電装系」と、ライトなどDC12Vを電源に動作する「DC12V電装系」の構成

● 機能ブロック図

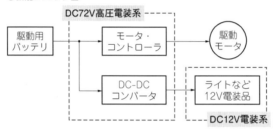

図1 「爆走! トラ技号」の電気系

モータ・コントローラの直流入力線

追加の入力コンデンサ

各部品はベニヤ板にカッティング・シートを貼った板に木ネジで固定

コンタクタ CZ10-150/10（温州三佑電気）

信号部に接続するスロットル・グリップ等は端子台を経由して接続した

ANLヒューズ（200A）

モータ・コントローラの三相出力線

モータの磁極検出センサ出力線

モータ HS3540（Crystalyte）

モータ・コントローラ KBS72121 for Crystalyte 400 series（Kelly）

プリチャージ抵抗（500Ω-10W×2）

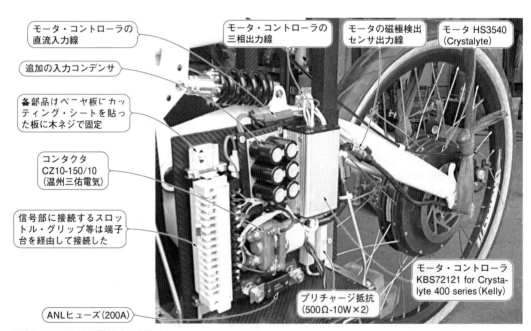

写真1　DC72 V高圧電装系の実装部

DC72 V高圧電装系

● 回路構成…主回路と信号部に分かれている

　図1に「爆走! トラ技号」（以下，トラ技号）の高圧

電装系の機能ブロック，図2にその回路を，写真1に実装のようすを示します．

　トラ技号の高圧電装系は，大電力を扱う「主回路」と，モータ・コントローラに制御用の信号を送るためのスロットル・グリップや，動作状況の把握に使う複数の

LEDからなる「信号部」で構成しています. 図2の破線で囲む二つの回路は, 72 Vのバッテリを電源としましたで, 本稿ではこれらの回路をまとめて「DC72 V高圧電装系」と呼ぶことにします.

■ 主回路

● ポイント1…電源スイッチはキー・スイッチとコンタクタで構成

バイクの電源スイッチは, 操作しやすいところに置くのが理想的です. 適当な位置に大きなスイッチを置いても, 目的は達成できます. しかし, 大電流が流れる太い配線を引き回すのは, 軽量化や, 配線に発生する浮遊インダクタンスなどの観点から避けたいところです.

トラ技号では, 図2の主回路部に示すように, キー・スイッチとコンタクタで電源スイッチを構成し, 大電流が流れる太い配線を短縮しています. 写真2に示すコンタクタの構造は, リレーと同じように大電流を断続する機械式の接点と, これを駆動するソレノイドで構成されていて, ソレノイドに電流を流すと機械式接

点が閉じる構造になっています. ソレノイドに流れる電流はわずかなので, ライダーが操作するキー・スイッチをどこに配置しても, 太い配線を引き回す必要がなくなります.

▶コンタクタの使い方
(1) プリチャージ抵抗を必ずつけよう

図2に示すコンタクタの接点には, 「プリチャージ抵抗」を並列接続します.

プリチャージ抵抗は, コンタクタ接点が閉じて導通状態になったときに, 突入電流が流れるのを防止するために設けます. 今回は, 手持ちのメタル・クラッド抵抗[注(1)]を使用しました.

図2に示すモータ・コントローラは, その入力部に大きなコンデンサ(図3)を配置しています. もしプリチャージ抵抗がないと, キー・スイッチをONにしてコンタクタ接点が閉じたときに入力コンデンサに突入電流が流れ, コンタクタの接点が溶着する恐れがあります.

これを防止するため, コンタクタ接点と並列に接続した抵抗を介してあらかじめ入力コンデンサに充電(プリチャージ)を行い, 接点を閉じた際に突入電流が

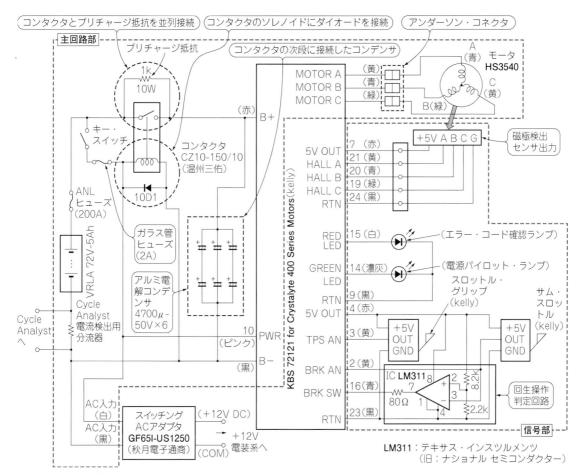

図2　DC72 V高圧電装系の回路

注1：絶縁した上で金属製の外装が取り付けてある巻き線抵抗の一種.
　　　放熱板に取り付けて大電力用に使用する.

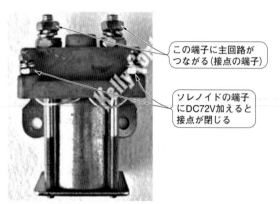

この端子に主回路がつながる（接点の端子）

ソレノイドの端子にDC72V加えると接点が閉じる

参考価格：$29.00

写真2[(3)]　購入したコンタクタ．接点容量は100 A，ソレノイド電圧は72 V（http://kellycontroller.com/main - contactor - cz - 72 vdc - coils - 100amps - p - 75.html）

流れるのを防止します．

（2）ソレノイドにダイオードを並列接続する

　コンタクタのソレノイドには，**図4**のようにダイオードを並列に接続します．キー・スイッチの接点保護と，他の高圧電装品に異常な高電圧がかかるのを防ぐことが目的です．

　ソレノイドに流れる電流はキー・スイッチで断続しますが，キー・スイッチをOFFにしたときは，ソレノイド電流をダイオードで還流してキー・スイッチの接点を保護します．

● ポイント2…入力部にコンデンサを追加してモータ・コントローラを壊れにくくする

　自作EVの世界では「モータ・コントローラは消耗

品」などといわれます．仕様の範囲で使っていても原因がわからず故障してしまうことがよくあります．

　今回採用した**写真3**のモータ・コントローラ「KBS 72121（Kelly社）」でも心配なことが出てきました．

　KBS72121の仕様では，10秒定格で最大120 Aを扱えるとあったので，電源電圧72 Vで使用した場合は，72 V×120 A ≒ 8.6 kVAが扱えることになります．しかし，それにしては外形が小さかったので，次の2点に注意しました．

（1）高負荷で温度が急上昇した場合に対応できる冷却性能をもっているか？
（2）入力コンデンサ容量が足りているか？

　（1）は，電動ファンを追加して冷却能力を強化するなど対策がイメージしやすいのですが，（2）は見逃しがちです．特に「KBS72121」は仕様に対して外形が小さく（2）の心配があったので，入力コンデンサを強化しました．

● モータ・コントローラを壊れにくくする対策

▶1…配線は太く，短く！

　図3に示すモータ駆動回路まわりでは，バッテリとモータ・コントローラ間をつなぐ配線の引き回しに注意が必要です．ジュール損と浮遊インダクタンスを考えると，配線は太く短いほうが得策です．また，浮遊インダクタンス低減の観点から配線の作るループは極力小さくしたほうが良いです．

▶2…アルミ電解コンデンサを外部に追加

　モータ・コントローラの直流入力部にある入力コンデンサは，バッテリとモータ・コントローラ間の配線

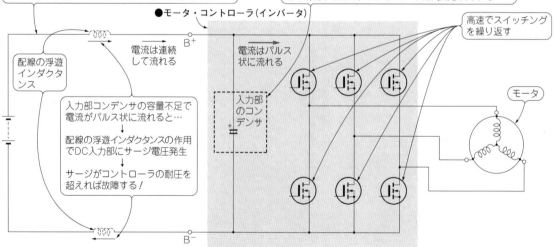

バッテリとコントローラの配線間で発生するジュール損と浮遊インダクタンスを小さくするために極力太く・短く・配線が作るループが小さくなるように配線する

バッテリとコントローラ間の配線で発生するサージ電圧を低減させる狙いで，バッテリとコントローラ間の電流を平滑化するため，コントローラに内蔵されている

●モータ・コントローラ（インバータ）

高速でスイッチングを繰り返す

B+

電流は連続して流れる

電流はパルス状に流れる

配線の浮遊インダクタンス

入力部のコンデンサ

モータ

入力部コンデンサの容量不足で電流がパルス状に流れると…

配線の浮遊インダクタンスの作用でDC入力部にサージ電圧発生

サージがコントローラの耐圧を超えれば故障する！

B−

図3　主回路の浮遊インダクタンスと入力コンデンサの働き

に発生する浮遊インダクタンスに起因するサージ電圧を抑圧するために設けられます．しかし，コンデンサは容量が大きいほど，また耐圧が高いほど大型化します．

写真3のような小型サイズのモータ・コントローラで最大120 Aを扱う場合は，配線の仕方によっては内蔵の入力コンデンサの容量が不足する可能性があります．このため，**図5**に示すように入力コンデンサを追加しました．追加の入力コンデンサは，アルミ電解コンデンサ（50 V - 4700 μF×6個）で構成しています．

■ 信号部

図2に示す信号部は，モータ・コントローラの動作に必要な各種信号を扱う回路です．このモータ・コントローラ（KBS72121）は＋5Vの信号用電源を内蔵しており，これで力行トルク指令を発生するスロットル・グリップ，回生トルク指令を発生するサム・スロットル，モータ内蔵の磁極検出センサを動作させます．

● ポイント…回生動作させたい！

回生動作をさせるときは，**図2**に示すモータ・コン

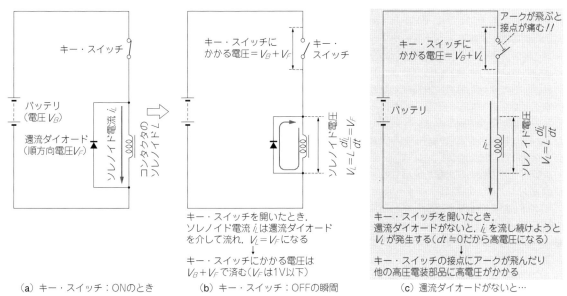

(a) キー・スイッチ：ONのとき　　(b) キー・スイッチ：OFFの瞬間　　(c) 還流ダイオードがないと…

図4　コンタクタのソレノイドに接続する還流ダイオードの役目

写真3[7]　モータ・コントローラが小さいことはうれしいが，冷却性能と入力コンデンサ容量が心配

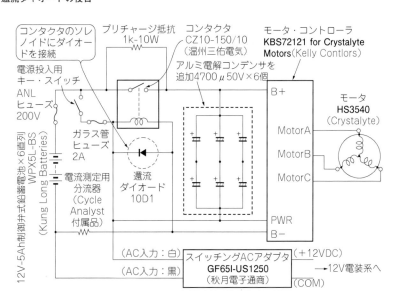

図5　トラ技号のDC72 V高圧電装主回路
バッテリとモータ・コントローラの間で発生するサージ電圧の抑制効果を狙って電解コンデンサを追加した

トローラのBRKスイッチ端子を "L" にする必要があるので，コンパレータLM311を使った回生操作判定回路を追加した．

DC12V車体電装系

■ 回路構成

● ポイント1…市販バイクのライトやウィンカを流用

トラ技号の最終目標は「街乗りできる電動バイク」です．電動アシスト自転車と異なり，モータだけで走行できる二輪車なので，街乗りするにはナンバーの交付を受けることが必要です．ナンバーの交付を受けるには市販のバイク同様，ヘッド・ライトやテール・ランプ／ブレーキ・ランプ，方向指示器などの保安灯火と警音器(ホーン)の装備が必要です．

目標として掲げた静岡県浜松市で開催の「ソーラーバイク・レース」に参加するバイクにも保安灯火・警音器の装備が競技規則で義務付けられています．このため，トラ技号にも市販のバイクと同じ保安灯火と警音器を取り付けました．

市販バイクの保安灯火類を流用したので，電源電圧は直流12Vです．回路は，ライトなどの負荷部品とスイッチを組み合わせて構成しました(図6)．

● ポイント2…スイッチングACアダプタで安価に！

72Vのバッテリを電源にしているのにトラ技号のDC12V電源には，図7に示すようにDC-DCコンバータに「ACアダプタ」を使いました．

Kelly社のウェブ・サイトでは，灯火器類の電源用として専用のDC-DCコンバータも取り扱っていますが，電動バイクに使うにはサイズが大きいうえに高価です．国内では，似たような仕様でもACアダプタに

なると大変廉価に提供されています．

ACアダプタでもスイッチング方式のものは，AC100Vをダイオード・ブリッジで受け，平滑コンデンサで平滑したのちスイッチング降圧回路で所用の電圧の直流を得る方式が一般的です．

入手性が良く廉価なため12V-5A出力(60W)のスイッチングACアダプタに着目しました．しかし，直流入力72Vでの動作は保証されていないので，まずは実物を入手し，実験用の直流安定化電源を使って動作テストを行いました．この結果，48V以上の直流で問題なく動作しましたので，これを12V電装系の電源にすることにしました．

> 注意) ACアダプタをDC-DCコンバータとして流用する際は，バッテリに接続する前に必ず直流安定化電源で動作テストを行ってください．トランス入力型のACアダプタだった場合，バッテリに直接接続すると内蔵のトランスが焼損し火災の恐れがあります．

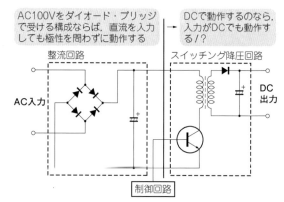

図7 基本的なスイッチングACアダプタの主回路構成

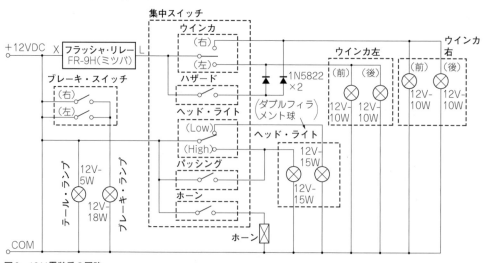

図6 12V電装系の回路

スロットル・グリップの先にエンジンの吸入空気量を調整するスロットル・バルブがつながっていて，エンジンの出力を調整している

グリップのひねり量を電圧に変換してモータ・コントローラに送り，モータに流れる電流を調整する

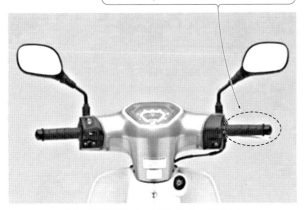

（a）市販の原付バイク（ガソリン・バイク）

（b）トラ技号（電動バイク）

写真5　力行指令用のスロットル・グリップをひねって速度を調整する

■ 部品の使い方と入手先

　トラ技号では，**写真5**に示す力行指令用のスロットル・グリップと，回生指令用に親指でレバーを押し下げるタイプのサム・スロットルをそれぞれ購入しました（**写真4**）.

● スロットル・グリップ…力行指令用

　電動バイクのアクセルは，スクータなどのガソリン・バイクと同じようにスロットル・グリップを手前にひねるように操作し，ひねる量に応じてモータ出力が変化するように作ります（**写真5**）. グリップから手を放したときに，出力を絞る方向に戻るようにしておくことも安全上必要です.

　トラ技号では，スロットル・グリップの操作量に比例したアナログ電圧（1～4V）をモータ・コントローラに送ることでモータ出力を制御します.

　以前は，この部分に適当な部品がみあたらず，ガソリン・バイクの部品と可変抵抗器を組み合わせるなど苦労して製作していましたが，近ごろはこの機能を丸ごと廉価に買えるようになりました.

● サム・スロットル…回生指令用

　サム・スロットルをハンドルの左側に取り付けて回生ブレーキの利き具合をライダーが任意に可変できるようにしました.

　回生ブレーキの利き具合は，モータ・コントローラへ入力するアナログ電圧で制御します. サム・スロットルで，無段階のアナログ電圧（1～4V）を作ります.

　いずれもKelly社の通信販売ウェブ・サイトから購入しました. リターン・スプリングを内蔵しており，手を放すと元の位置に戻るように作られています.

● フラッシャ・リレー…ランプの点滅に使う

　自己点滅機能を有するリレーで，電源と負荷の間に挿入するだけでランプの点滅が可能になります. 今回は2端子型のFR-9H（ミツバ）を使用しました.

価格：$15.00

（a）[4] 力行指令用

価格：$19.00

（b）[5] 回生指令用

写真4　スロットル・グリップとサム・スロットル
(http://kellycontroller.com/pedalssensors-c-36.html)

パッシング（裏側）

ヘッド・ライト（High/Low切替）

ハザード

ウィンカ

ホーン

写真6[8]　灯火器などのスイッチが統合されている集中スイッチ

ウィンカとテール・ライト/ブレーキ・ランプが一体化していて都合がよい

ヘッド・ライトとウィンカが同じステーで一体化していて都合がよい

写真7 採用した灯火器類

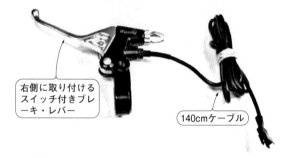

写真8[9] Grin社取り扱いのスイッチ付きブレーキ・レバー
写真は右側用レバー. 左側用もある

● **保安灯火のスイッチ**

インターネット・オークションで4輪バギー用として出品されていた集中スイッチ(**写真6**)を購入しました. ピン・アサインなどの説明書きは付属していなかったので, スイッチを分解してどこに何がつながっているかを見ながら, テスタで各スイッチと電線の対応を確認しました.

● **灯火器類**

市販原付バイクの中古部品を同じくインターネット・オークションで購入しました. ウィンカやライトが一体化されているほうが車体への取り付けが簡単だったので, ヘッド・ライト周りの灯火器類はホンダのZoomer用を選びました.

● **テール・ランプ周辺部品**

ホンダのジャイロキャノピー用を選びました(**写真7**).

● **ブレーキ…操作を検出するスイッチ付き**

自転車用のブレーキ・レバーでありながらブレーキ操作を検出するスイッチが付いたものを, Grin社で取り扱っていたので, モータを購入するときにスイッチ付きのブレーキ・レバーも一緒に購入しました(**写真8**).

スクータ・タイプのブレーキは自転車と同じ操作系で, 右のレバー操作で前輪にブレーキが掛かり, 左のレバー操作で後輪のブレーキが掛かります.

いずれのブレーキを掛けたときもブレーキ・ランプを点灯させる必要があります. ブレーキ・レバーと, スイッチが一体化されているのでレバーにスイッチを追加する手間が省けました.

カナダのGrin Technologiesのウェブ・サイトでは, モータやモータ・コントローラの他にも電動自転車に関連する便利な各種部品を扱っています.

◆**参考・引用*文献**◆

(1) 特集「手作り電気自動車＆バイクの世界」, トランジスタ技術2011年8月号, CQ出版社.

(2) ＊ Kelly Controls : Kelly Controller for Xlyte Motor http://kellycontroller.com/mot/downloads/Kelly_controller_for_Xlyte_motor_Model.zip 中のKelly controller for Xlyte motor.pdf

(3) ＊ Kelly Controls : Product Description, Main Contactor CZ 72VDC Coils 100Amps http://kellycontroller.com/main-contactor-cz-72vdc-coils-100amps-p-75.html

(4) ＊ Kelly Controls : Product Description, Throttle Hall 0-5V Twist Grip(WUXING)http://kellycontroller.com/throttle-hall-5V-twist-gripwuxing-p-134.html

(5) ＊ Kelly Controls : Product Description, Thumb Throttle http://kellycontroller.com/thumb-throttle-p-648.html

(6) 特集「時代はエコ！ 見比べてセンスアップ アナログ＆パワー回路」, トランジスタ技術2011年5月号, CQ出版社.

(7) ＊ Kelly Controls : Brushless DC Motor Controller/Mini Brushless http://kellycontroller.com/images/product/KBS.jpg

(8) ＊ カラメル｜通販 掘り出し物が見つかるショッピングサイト: 中華バギー ATV四輪バギー左側集中スイッチ汎用品 1598. http://calamel.jp/go/item/48198280

(9) ＊ Grin Technologies : Left Wuxing Ebrake lever, long pull for V or disk brakes. Uses tactile push button, all metal. http://ebikes.ca/store/photos/EbrakeWuXL.jpg

(10) ＊ Grin Technologies : Stand Alone Cycle Analyst, now a V2.3 CA-DPS with a separate molded shunt. http://ebikes.ca/store/photos/CA-SA.jpg

(11) ＊ Grin Technologies : GRIN Universal Rear Torque Arm, thick 1/4 inch stainless steel. Made in Vancouver. http://ebikes.ca/store/photos/TorqArmRev4.jpg

(12) ＊ Grin Technologies : Torque Arm Introduction http://ebikes.ca/torque_arms/

部品はまとめて発注！費用と時間を節約！

　モータ・コントローラはKelly Controls（http://kellycontroller.com）社のインターネット通信販売（以下，ネット通販）で購入でき，本文で紹介したような高圧電装部品も扱っています．海外のネット通販を利用すると，割安な単価で部品を購入できますが，送料が発生します．また，納期は半月から1ヵ月くらいかかります．事前に必要な部品を決めておき，1ヵ所の販売店でまとめて買えるものは一括で発注し，費用と時間を節約します．

　トラ技号のモータは，カナダのGrin Technologies（http://ebikes.ca）のネット通販で入手できます．Grin社から購入できるその他の部品を紹介します．

● 電動自転車用メータ

　ソーラーバイク・レースに出場するにしても，ナンバーの交付を受けて街に出るにしても必要になる装備に速度計（スピード・メータ）があります．

　自転車ブームもあり，自転車用の速度計としてさまざまなものが「サイクル・コンピュータ」として市販されていますが，電動自転車用に電圧や電流が計測可能なものは国内では見つかりませんでした．

　Grin社では，電動自転車用の計測器として「Cycle Analyst」（写真A）を製造・販売しています．

　速度，距離はもちろんのこと直流電力計としての機能を搭載し，バッテリの電圧・電流，消費電力はもちろんのこと，バッテリの残量を知るための積算電流・積算電力も計測可能です．夜間の使用も考慮されており，表示部にはバックライトもついています．

　このCycle Analystは，モータ，ブレーキ・レバーと一緒にGrin社から購入しました．

● トルク・アーム

　モータの取り付け部には，モータが発生するトルクと逆向きのトルクが作用します（図A）．

　電動自転車用のハブ・モータは，既存のホイールと置き換えができるようにモータ軸が自転車の車軸と同じ形状になっています．しかし，自転車のフレームでは，モータの取り付けなどは考慮されていないので，車軸取り付け部の強度が不足します．

　このため，トルク・アームを追加して補強をします．

　Grin社では，写真Bの「トルク・アーム」も販売しています．トラ技号で採用した「インホイール・モータ」と一緒に購入しました．

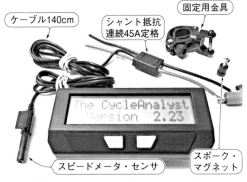

写真A[10]　電動自転車用計器「Cycle Analyst」
普通のサイクル・コンピュータの機能と直流電力計の機能を持っている

写真B[11]　モータ取り付け軸の回り止め「トルク・アーム」

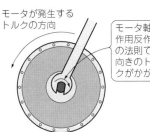

（a）モータ軸にトルクがかかる

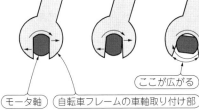

（b）トルク・アームがないと，モータ軸が自転車フレームの車軸取り付け部（口が開いている）をこじって，開口部が広がる

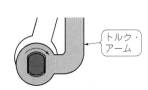

（c）トルク・アームは車軸取り付け部の変形を防ぐ

図A[12]　トルク・アームの働き

第5章

EVを製作する際に
最初に考慮すべき点
バッテリの選定と車両への搭載

宮村 智也
Tomoya Miyamura

搭載位置

ケース（樹脂製工具箱を流用）

バッテリ・モジュール

バッテリ・モジュール本体

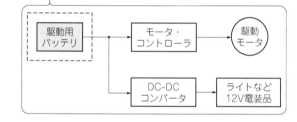

図1　バイクの電源となる「駆動用バッテリ」をトラ技号に実装

バッテリを選ぶ

● 入手性・価格・取り扱いやすさの点で鉛蓄電池を選定

　図1に流すトラ技号のような自作EVにおいて，バッテリに何を使うかを考えることは，モータやモータ・コントローラに何を使うのかを考えるのと同じくらい大事なポイントです．

　バッテリは容量当たりの単価，重量・容積，取り扱いの難易度の観点から幅広い選択肢があり，車両の製作コンセプトによって着地点が大きく異なってきます．このため，まず最初にどの種類のバッテリを使用するのかを決める必要があります．

　個人レベルで入手可能な2次電池を対象に，トラ技号では次のように考えました．

▶鉛蓄電池… 採用

　2次電池として歴史が長く，現在でも幅広い分野で利用されていることから大小さまざまなものが入手可能です．多くは単電池（公称電圧2V）を6個直列にして，公称電圧12Vの組電池の状態で販売されています［写真1(a)］．このため，高い電圧を得たい場合でも配線の手間が少なくて済みます．過充電に強く取り扱いも比較的容易であること，そして何より価格が安いことは大きな魅力です．

　入手性，価格，バッテリ・モジュールの製作性，取り扱いの容易さの観点から，トラ技号のバッテリには鉛蓄電池を採用することにしました．

▶リチウム・イオン電池… 不採用

　性能だけを追い求めれば，実用化された2次電池では最も小型・軽量であるリチウム・イオン電池が筆頭

候補となります［**写真1**(b)］．しかし，国内では個人レベルでの入手がまだ難しいこと，入手できたとしても価格が高いこと，安全に使用するには取り扱いが難しいことから入門編としてはハードルが高いと考え，トラ技号のバッテリ候補から外しました．

▶ニッケル水素電池…不採用

　現状，国内でだれもが入手可能な2次電池（充電可能な電池）として比較的小型・軽量なものにニッケル水素電池があります［**写真1**(c)］．

　ニッケル水素電池で入手が容易なものに乾電池と同じ大きさ・形状の単電池（セル）があり，公称電圧は1.2 Vです．

　電動バイクを走らせるためには，セルを複数接続し

てバッテリ・モジュール（組電池）を組み立てる必要がありますが，セル同士を電気的にどう接続するかが課題になります．トラ技号ではモジュール電圧で60 V以上を要しますので，少なくともセルを50個は直列に接続する必要があります．また，負荷電流は数十アンペアに達するため，市販の乾電池用ホルダを使用するのは現実的ではありません．

　トラ技号は「日曜大工レベルで製作できる」ことを基本コンセプトとしたので，モジュール製作性の観点からニッケル水素電池も候補から外しました．

目標値の容量を満たす バッテリ・モジュールの作り方

● **トラ技号は，レースで定められた電気的要件から バッテリ・モジュールの仕様を仮設定**

　トラ技号は，試運転と性能テストをするために「ソーラーバイクレース2012」に参加することを目標としました．したがって，参加にあたってはそのレギュレーション（競技規則）に従う必要があります．

　手作り系の電動車両の競技会では必ずといっていいほどバッテリに関するレギュレーションが定められています．ソーラーバイクレースのレギュレーション[1]では，バッテリについて次のように規定しています．

（a）鉛蓄電池

単セルの公称電圧は2 Vだが，市販品は6セルを直列接続して公称電圧12 Vの電池としたものが多い．廉価で種類が豊富

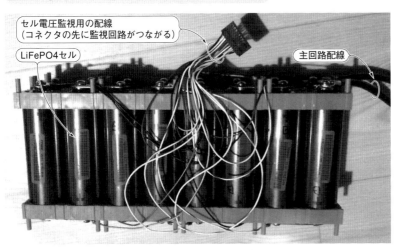

セル電圧監視用の配線（コネクタの先に監視回路がつながる）

LiFePO4セル

主回路配線

（b）リチウム・イオン電池

3.2 V–9 AhのLiFePO4（リン酸リチウム・イオン電池）セルをモジュール化したもの．セルを含め各部品は海外通販で入手できる．安全に使用するためには全てのセル電圧を常時監視する必要がある

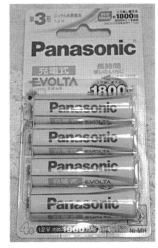

（c）ニッケル水素電池

簡単に入手できるのは乾電池と同形状のもの．公称電圧は1.2 V

写真1　市販されている2次電池の例

▶ソーラーバイクレースでのバッテリに関する規定

- バッテリ総容量は2kWh以内とすること*
- 鉛蓄電池の場合は3セット以上に分割すること(1セット660Wh以下とすること)
- 鉛蓄電池以外の場合は，4セットに分割すること
- バッテリの分割は，同容量で分割すること

　トラ技号ではバッテリに鉛蓄電池を使うことにしたので，レギュレーションから660Wh以下のモジュールを3セット以上用意しなければなりません．

　一方，トラ技号ではバッテリ・モジュールに求める要件を，第3章で検討した結果から，モジュール電圧60V以上としました．これは12Vの鉛蓄電池を5個直列接続すれば満たすことができます．

● バッテリ容量の計算方法

　バッテリのカタログでは，定格容量Cはアンペア時（Ah）で表されていることがほとんどです．これは時間t［h］の期間で放電し続けられる電流I_b［A］の積で表されており，

$$C = I_b\, t \cdots\cdots\cdots\cdots\cdots\cdots (1)$$

の関係にあります．

　レギュレーションではバッテリ容量の単位をワット時（Wh）で表記しています．これは式(1)に公称電圧V_b［V］を掛けることで求められ，Wh表記のバッテリ容量をE［Wh］とした場合，

$$E = C\, V_b \cdots\cdots\cdots\cdots\cdots\cdots (2)$$

の関係にあります．

　上記の諸要件から，モジュール公称電圧を60Vにしたとき，アンペア時表記のトラ技号モジュールの容量C_mは(2)式より，

$$C_m = 660\,\text{Wh} \div 60\,\text{V} = 11\,\text{Ah} \cdots\cdots\cdots (3)$$

となり，バッテリ・モジュールを構成する鉛蓄電池には公称容量11Ah以下のものを選べばよいことになります．

● レギュレーションで定める容量を満たすバッテリをつくる…並列接続・直列接続を組み合わせる

　11Ahの12V鉛蓄電池を5個直列に接続すれば，計算上は60V-660Whのバッテリ・モジュールが得られます．

　今回は，製品ラインアップの豊富さ，販売価格の点

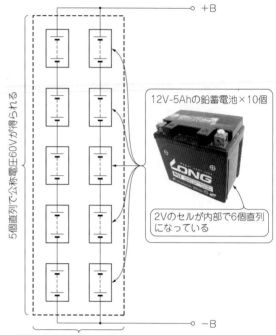

5個直列で公称電圧60Vが得られる

12V-5Ahの鉛蓄電池×10個

2Vのセルが内部で6個直列になっている

2並列で公称容量10Ahが得られる

- モジュール容量の計算
  E［Wh］＝公称電圧×公称容量
  ＝60V×10Ah
  ＝600Wh
- モジュール3個分の総容量
  600Wh×3pcs＝1800Wh
▶ソーラーバイクレースのレギュレーションである「モジュールは3分割以上」，「2000Wh以下」を満足する

図2　仮設定したトラ技用バッテリ・モジュールの構成

から秋月電子通商から鉛蓄電池を購入しましたが，公称容量11Ahという都合の良い鉛蓄電池はありませんでした．しかし，製品ラインアップには5Ahの鉛蓄電池がありました．これを2個並列にすれば10Ahになります．5個直列にしたものを2セット並列にすればモジュール電圧60Vが得られます．この場合，モジュール容量は600Whとなり，レギュレーション上限の660Whに対し10%減となりますが，ひとまずこれを仮仕様として検討を始めました(図2)．

▶同じ鉛蓄電池でも用途別に種類がある…大電流が扱えるものを選択

　秋月電子通商の製品ラインアップには，同じ5Ahでも通信工業用のWP-5-12とエンジン始動用のWPX5L-BS（共にKung Long Batteris Indutstrial Co., Ltd.）の2種類がありました．

　通信工業用の鉛蓄電池は，身近なところではパソコン用の無停電電源装置などに使われています．このような使用目的から，自己放電を小さくするような電極

＊：2014年大会から，放電時間率5時間での容量で2kWh以内とすることが追加された．

端子はボルト締め．
丸端子を使ってモジ
ュール配線できる

重量：2.25kg

写真2　トラ技号で採用した鉛蓄電池

（外径寸法）

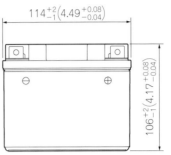
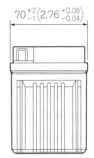

［単位：mm（インチ）］

$114^{+2}_{-1}(4.49^{+0.08}_{-0.04})$　$70^{+2}_{-1}(2.76^{+0.08}_{-0.04})$

$106^{+2}_{-1}(4.17^{+0.08}_{-0.04})$

図3　トラ技号で採用した鉛蓄電池[2]の外形寸法
WPX5L-BS（KUNG LONG BATTERIES）．電気的な仕様と外形寸法か
らこのバッテリにした

材料を使っているため内部抵抗が高くなる傾向にあり，
大電流放電には適さないとされています．

　一方，エンジン始動用の鉛蓄電池は，ガソリン・エ
ンジンを始動するスタータ・モータを回すことを主な
目的としており，瞬時最大でバイク用で数十アンペア，
自動車用で数百アンペアの大電流放電ができるよう設
計されています．

　トラ技号では負荷電流が数十アンペアに達すること，
端子がボルト・ナット式でモジュール配線がしやすい
ことから，70Aレベルの放電を前提としているエンジ
ン始動用のWPX5L-BS（写真2，図3）を使用するこ
とにしました．

　図2より，一つのモジュールあたり10個の鉛蓄電
池が必要なので，三つのモジュール分，計30個を購

入しました．一つのモジュールは車載して走行に使い，
残り二つのモジュールは指定場所で充電しておき，ス
ペアとして使用することとしました．

バッテリを車両に取り付ける

■ 車両中央に重心が低くなるよう吊り下げた

● 形や大きさを考慮して搭載する場所と方法を考える

　トラ技号のベース車両には，市販のマウンテンバイ
ク（写真3）を使用しました．マウンテンバイクは人力
での走行を前提に設計されていますので，バッテリを

ソーラーバイクレースではペダルの装備は認め
られないため，ペダルはこのあと取り外した

写真3　トラ技号のベース車は市販のマウンテンバイク
バッテリ・モジュール搭載には追加の構造物が必要

フタを車両側へ固定すれば，フタのロック金具の開閉で
モジュールが分離可能な構造になると考えた

フタ

ロック金具

サイズは13号

コンテナ本体
（モジュールを
収納する）

写真4　60V-10Ahモジュール用ケースとして用意したプラス
チック製コンテナ
WPX5L-BS10個がちょうど収まるサイズだった

搭載できる構造ではありません. このため, 何らかの構造物を追加してバッテリを搭載する必要があります.

今回は, エンジン始動用のバッテリ(WPX5L-BS)を10個搭載したいので, バッテリ重量だけで22.5 kg, 容積は8リットルにおよびます. 車両の操縦安定性も考えると搭載する場所にも配慮が必要です. このため, 車両の重心を下げることと重量物を車両中央に配置することを主眼にWPX5L-BSが10個入るプラスチック製の13号コンテナ(写真4)を車両中央に吊り下げることを考えました.

2輪車の場合, 一般に重心が高いほうが操縦性(曲がりやすさ)は高まり, 重心が低いほうが安定性(ふらふらしずらい)が高まるといわれています. また, 重量物はできるだけ車両の中央においたほうが操縦性は向上します.

● 構造材には, 入手性・加工性が良い木材を使う

20 kgを超える重量物を車両中央に吊り下げることを考えたので, バッテリ・モジュールを吊り下げる構造物をどう製作するかも考える必要があります.

この際に, 次のようなポイントを考慮することが, この手の自作を行ううえで重要です.

(1) 構造として必要な強度・剛性を確保できるか
(2) 材料は入手できるのか
(3) 自分で切削加工・接合ができるのか

トラ技号はコンセプトとして「日曜大工レベルで製作できること」を掲げましたので, 車両に追加する構造材料には主に木材を使用しました. 木材はホーム・センタなどでさまざまな種類のものが入手可能です.

金属材料に比べて切削加工が容易であること, 木ねじと木工用接着剤を併用することで比較的簡単に接合可能なことが採用の主な理由です.

■ 実際に搭載するバッテリを使って
　早めにチェックしないと大変なことが…

● バッテリの仕様を再検討

バッテリ・モジュールの搭載方法とその妥当性を検証することは, 車両の成立性を左右する重要項目です. 写真5にバッテリ・モジュール搭載検討中のようすを示します. 「成立性」とは, 「車両として形にできるのか(作れるのか)」と, 「はしる・まがる・とまる」がちゃんと実現できるのかの2点を指しています. どれが欠けても車両としては成り立ちません.

バッテリ・モジュールを吊り下げる構造は木材で製作

コンテナのフタは集製材の板で補強して車体に固定した

バッテリ・モジュールを収容するコンテナ

路面とのクリアランス(隙間)が確保できず, 旋回時にコンテナが路面に接触することがわかった

写真5　バッテリ・モジュール搭載性の検討
実際に作ってみて初めてわかる課題が多い

車両への搭載性その他を検討するため，バッテリ・モジュールのケースとなるプラスチック製の13号コンテナを車両下部に吊り下げる構造で試作してみました．実際にバッテリをコンテナに搭載して乗車すると，サスペンションが沈み込んで路面との隙間が必要量確保できず，旋回時に車両を倒すと，比較的浅い角度でコンテナと路面が接触し，運転に支障をきたすことがわかりました．

写真5ではコンテナを進行方向に対し横置きとしていますが，縦置きにすると今度はサスペンションの動作により，前後の車輪とコンテナが接触するおそれがあることもわかりました．

以上の結果から，最初に検討したバッテリ・モジュール（WPX5L-BS×10個で構成・60V-10Ah）の搭載は断念し，モジュール仕様を再検討することにしました．

● **方針変更！ 72V–5Ahバッテリ・モジュールを5個作る**

5Ahの12V鉛蓄電池「WPX5L-BS」30個を適宜組み合わせれば，ソーラーバイクレース用のバッテリ・モジュールを複数個構成できることは，前述した電気的仕様の検討からわかっています．

車両への搭載性の観点から，最初に検討したバッテリ・モジュール仕様（60V-10Ah/WPX5L-BS×10個）より更に小型化を図り，かつトラ技号の要件であるモジュール電圧60V以上を満たす組み合わせとして，鉛電池「WPX5L-BS」を6個直列に接続したバッテリ・モジュールを5個用意することに方針を変更しました（**図4**）．

こうすることで，バッテリ重量13.5kg，容積5リッ

トル弱となりますので，これを車体後方に搭載することにしました．ケースには市販のプラスチック製工具

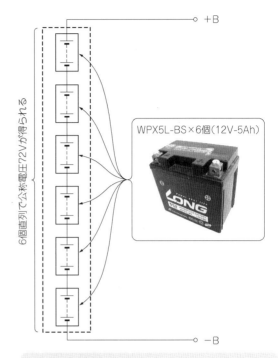

6個直列で公称電圧72Vが得られる

WPX5L-BS×6個（12V-5Ah）

+B

−B

- モジュール容量の計算
  E[Wh]＝公称電圧×公称容量
  　　　＝72V×5Ah
  　　　＝360Wh
- モジュール5個分の総容量
  360Wh×5pcs＝1800Wh
- ▶ソーラーバイクレースのレギュレーションである「モジュールは3分割以上」，「2000Wh以下」を満足する

図4 再検討したバッテリ・モジュールの構成

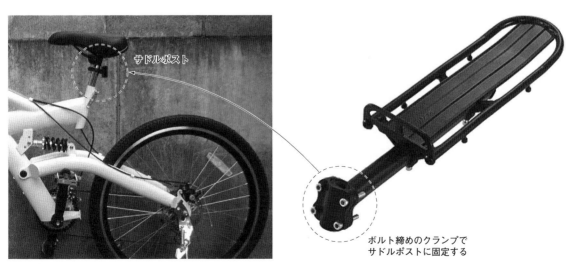

サドルポスト

ボルト締めのクランプでサドルポストに固定する

写真6[4]　バッテリ・モジュール搭載用に使用したサドルポスト止めキャリア
本来は荷台のない自転車に荷台を加えるための商品．自転車店で購入できる

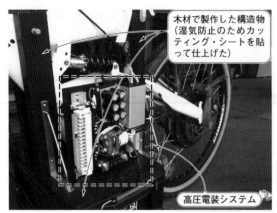

写真7　電池の吊り下げ用に作った構造物は電装部品の架台として利用

写真8　トラ技号で採用したバッテリ・モジュール

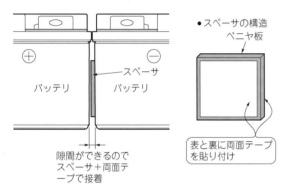

図5　バッテリ・モジュール同士の接着方法

箱を使用し，これをサドル止めキャリア（**写真6**）にボルト締めし，**図1**で示すように搭載しました．また，バッテリ・モジュールを車体下部に吊り下げるために作った木製の構造物は，高圧電装部品などを搭載する台にも使えるのでそのまま残すことにしました（**写真7**）．

▶72 V‐5 Ahバッテリ・モジュールの組み立て

トラ技号に搭載したバッテリ・モジュールの外観を**写真8**に，バッテリ同士の接着方法を**図5**に示します．バッテリ同士をベニヤ板で作ったスペーサを介して両面テープで貼り合わせ，さらに梱包用のプラスチック・バンドで結束して，持ち運びなどでバッテリ・モジュールがばらばらにならないようにしました．

バッテリ端子同士の電気的接続には，市販のアルミ平角棒を使用しました．ホームセンタなどで入手できるアルミ平角棒は，腐食防止のためアルマイトが被覆されています．アルマイトは抵抗率が高いため，バッテリ端子との接触面はヤスリをかけてアルミ地金を露出させ，バッテリ端子にボルト締めしています．

● バッテリ・モジュール交換を手早くするための工夫

ソーラーバイクレースでは車両走行中でもピットに設置した太陽電池から充電できるよう，複数のバッテリ・モジュール（鉛蓄電池では三つ以上のモジュール）を用意することが義務付けられています．また，競技中は適宜ピットインして使用済みバッテリ・モジュールと充電済みバッテリ・モジュールを交換しながら走り続ける必要があります．

バッテリ・モジュール交換の時間を短縮することでピットインの時間を最小限にする工夫が必要です．トラ技号のバッテリ・モジュールは，車両から取り出しやすいように梱包用のプラスチック・バンドで持ち手を作ったり，アンダーソン・コネクタで主回路配線の脱着を手早くできるようにするなどして，モジュール交換時間の短縮に対応しています．

＊

以上，バッテリ仕様の検討をトラ技号製作でたどった経過に沿って紹介しました．バッテリは電動バイクを含むEVを製作するうえで，電気的仕様も大事ですが，車両への搭載性や車両の操縦性に影響を及ぼす，重くかさばる部品です．EVを製作する際にはまずバッテリの検討から着手することが肝要であることが，読者の皆さんに伝わるとうれしいです．

◆参考・引用＊文献◆

(1)＊ ソーラーバイクレース 2012公式ホームページ：2012年度レギュレーション
　　http://www.solarbikerace.com/e2881150.html

(2) 秋月電子通商ウェブ・サイト：小型シール鉛蓄電池 12 V 5 Ah　WPX5L‐BS
　　http://akizukidenshi.com/catalog/g/gB‐04966/

(3) BMSBATTERYウェブ・サイト
　　http://www.bmsbattery.com/

(4)＊ Foglia サドルポスト止めキャリア アルミ，㈱カスタムジャパンのウェブ・ページ

第6章

モータ・コントローラに
最適なパラメータを設定する

性能を引き出す
セッティングの方法

宮村 智也
Tomoya Miyamura

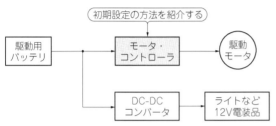

図1 モータ・コントローラの設定方法

写真1 モータ・コントローラの動作を設定している
各種設定はパソコンから行う

安全にモータ・コントローラを設定する

■ 必要な機材

● 実験用直流安定化電源

電動バイクなどのEVでは，通常の電子工作と比べて高電圧と大電流を取り扱います．電源には大きなバッテリを使います．バッテリを電源としたとき，その内部抵抗は他の電源装置に比べ大変低くなっています．ひととおりの配線が終わって初めて電源を入れるとき，電源にバッテリを使用した場合，部品の極性間違いや短絡などの不具合があったら大変です．部品が壊れて使えなくなってしまうくらいならまだよいほうです．**配線が過熱して火災が発生するなど取り返しのつかない事故が発生する恐れがあります．**

このため，**初期設定や動作チェック時の電源には，実験用の直流安定化電源を使うことを強く推奨します．**実験用の直流安定化電源は出力電圧を変えられるだけでなく，出力電流に任意のリミットをかけられます．出力電流に適当なリミットをかけることで，回路に短絡箇所などがあっても火災などの重大事象を防止できます．

筆者は**写真2(a)**の電源をネット・オークションで購入しました．

● バイク・スタンド

動作チェックでは駆動モータを回転させる必要がありますが，トラ技号のように駆動モータが駆動輪に内蔵されたタイプの場合は駆動輪も回転します．動作チェックをする際は駆動輪を地面から浮かせる必要があります．

このため，適当なバイク・スタンドを用意しましょう．トラ技号では**写真2(b)**のバイク・スタンドを用意しました．

■ 必要なソフトウェアのセットアップ

● パソコンからモータ・コントローラを設定する環境

トラ技号で採用したモータ・コントローラ（KBS72121：Kelly Controls社）は，使用するセンサの種類の選択・動作電圧範囲や出力電流のリミット値・モータの制御モードなどを，パソコンから専用のソフトウェアを使って設定します．パソコンからの設定に必要な環境を次の手順で用意します．

（1）設定用ソフトウェアを用意する

モータ・コントローラの設定用ソフトウェアを入手して，インストールします．

Kelly Controls社のウェブ・サイトからダウン

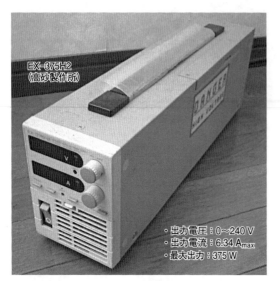

EX-375H2
（高砂製作所）

・出力電圧：0～240 V
・出力電流：6.34 A$_{max}$
・最大出力：375 W

（a）実験用直流安定化電源…試運転時にバッテリの代わりに使う

（b）バイク・スタンド…駆動輪を地面から浮かせるために使う

駆動モータ

駆動輪

バイク・スタンド

写真2　モータ・コントローラを安全に設定するために必要な機材

ロード・サイト（http://kellycontroller.com/support.php）から，「Download Kelly KBS User Configuration Program Setup V4.1」をクリックしダウンロードします．

「Kelly KBS User Program Setup - En.zip」というzipアーカイブがダウンロードされるので適当な場所に展開し「Setup.exe」をダブルクリックしてインストールします（図2）．

（2）モータ・コントローラの主回路配線を外す

図3のようにバッテリ配線とモータ配線を取り外します．理由は，①モータ・コントローラの設定中に予期せず車両が動き出すのを防止するためと，②設定中はモータ・コントローラ内部が通常と異なる状態となり，意図せず主回路のスイッチング素子が点弧する（インバータのMOSFETがONして導通する）恐れがある

ダブルクリックしてソフトウェアをインストール

Kelly KBS User Program Setup.msi
Windows インストーラ パッケージ
5,245 KB

setup.exe
Setup

（a）ダウンロードしたzipファイルを展開する

設定プログラムを起動できる

Kelly KBS User Program.lnk

（b）インストールが完了するとデスクトップにショートカットが作成される

図2　モータ・コントローラ KBS72121 設定用ソフトウェアをインストールする

Setup.exe をダブルクリックする

ためです．

（3）モータ・コントローラとパソコンを接続する

モータ・コントローラ KBS72121 は，パソコン用インターフェースとして RS-232-C ポートをもっています．これをパソコンと**ストレート・ケーブル**でつなぐわけですが，RS-232-C ポートを備えるパソコンは今や珍しくなってしまったので，**写真1**に示すように USB-RS-232-C 変換ケーブルを使って接続しました．

Kelly Controls 社は純正の変換ケーブルでの接続を推奨していますが，筆者の環境では秋月電子通商で購入した USB-シリアル変換ケーブルでも問題なく動作しました．

（4）設定用の電源を供給する

図3に示すように，DC18 V 以上を設定用電源として供給します．モータ・コントローラの PWR 端子をプラス，RTN 端子をマイナスとします．正常に電源を供給できれば電源パイロット・ランプが点灯します．同時にエラー・コード確認ランプが点滅しますが，問題ありません．

（5）設定用ソフトウェアを起動する

インストールした設定用ソフトウェアを起動します．起動すると図4に示す Warning のダイアログが表示され，モータが回転していないことを確認するよう求められます．［はい］をクリックして次に進みます．

モータ・コントローラに設定用電源が正しく供給され，パソコンとモータ・コントローラが正常に接続されていれば設定用のダイアログが表示されますが，そうでないと図5のダイアログが表示されます．その場合は，次のことが疑われます．

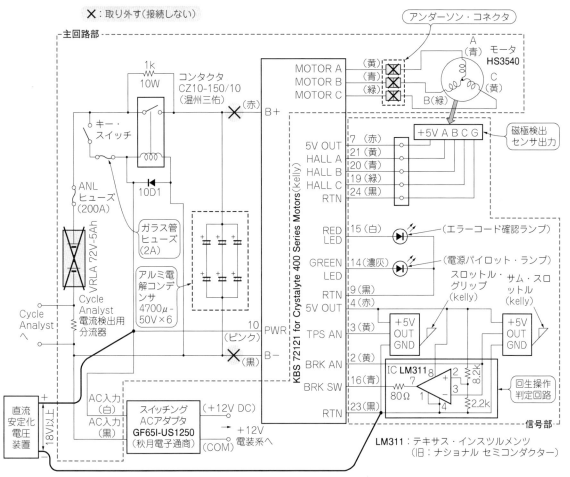

図3　モータ・コントローラ設定時のトラ技号の配線
コントローラのB＋，B−，モータの3相線は接続せず，PWR端子とRTN端子に電源を供給

- 設定用電源が正しく供給されていない
- パソコンとモータ・コントローラが正しく接続されていない
- USBアダプタを使っているときは，アダプタのデバイス・ドライバがうまくインストールされていない

図5のダイアログが表示されたら，供給用電源を切って原因を修正します．パソコンとモータ・コントローラの間で通信が確立すると，図6のダイアログが表示され，モータ・コントローラの設定ができるように

なったことがわかります．

モータ・コントローラの初期設定

モータ・コントローラは，ダイアログに従って次の五つのステップで初期設定します．

● ステップ1：スロットル・センサの設定
　図6のパソコンとモータ・コントローラ間の通信が

図4　設定ソフトウェア起動時に表示されるダイアログ
モータが停止中であることの確認を促すメッセージが表示される

図5　パソコンとモータ・コントローラで通信が確立されないと表示されるダイアログ
パソコンとモータ・コントローラがつながらないと次にすすめない

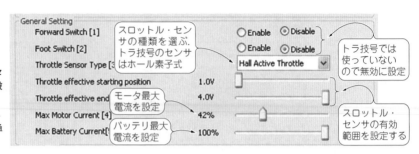

図6 【ステップ1】スロットル・セ
ンサ関連と入出力電流の最大値を設
定する
モータ・コントローラ設定ダイアログ.
パソコン-モータ・コントローラ間の通
信が正常にできると表示される

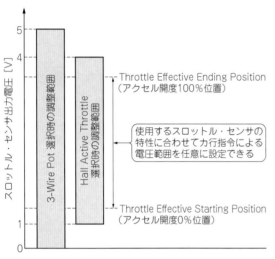

図7 スロットル・センサ有効範囲
使うスロットル・センサに合うようにモータ・コントローラを調整できる

確立されてから最初に表示されるダイアログでは，ア
クセル周辺のセンサ類と，各種電流リミット値を設定
します．

▶スロットル・センサの種類

トラ技号のスロットル・グリップ(第4章で紹介)は
ホール素子式なので，「Throttle Sensor Type」には
「Hall Active Throttle」を選びます．

▶スロットル・センサ有効範囲の設定

スロットル・センサはその種類や構造，または部品
のバラツキなどによって，操作量に対する出力電圧の
幅が異なります．このため，図7のように使用するス

ロットル・センサに応じてスロットル・センサの有効
範囲を任意に設定できます．

スロットル・センサの特性は，図3のTPS AN端子
とRTN端子間の電圧を，スロットル・センサを操作
しながら実測すればわかります．トラ技号のスロット
ル・グリップ出力電圧は1～4Vの範囲にありました
ので，工場出荷時設定のまま(1～4V)としました．

● ステップ2：モータとバッテリに関する設定

図8に示すダイアログで設定する内容を紹介します．

▶モータ磁極位置検出センサの設定

ホール素子を磁極検出に使うDCブラシレス・モー
タには，図9に示すようにセンサの配置に120°配置と
60°配置の二つの方式があります．使うモータの方式
に合わせて「Hall Sensor Type」で設定します．

トラ技号の駆動モータ(HS3540 Crystalyte社)は
120°配置ですので「120degree」を選びます．

▶モータ制御モードの設定

トルク制御/速度制御/トルク・速度複合の三つの
モードから選びます．各モードの特徴は，KBS72121
のマニュアルによれば次のとおりです．

- トルク制御：最も鋭いレスポンスと強い加速が
得られる
- 速度制御：速度調整がしやすく，スムーズに運転
できる
- トルク・速度複合制御：レスポンスと速度調整
のしやすさを両立

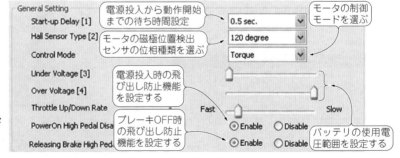

図8 【ステップ2】モータの磁極位置セ
ンサや電源電圧範囲の設定
使うモータやバッテリに合わせて設定する

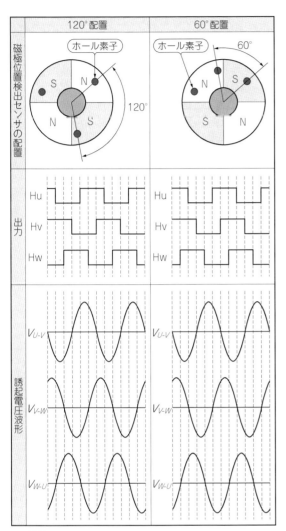

	120°配置	60°配置
磁極位置検出センサの配置	ホール素子	ホール素子 60°
出力	Hu Hv Hw	Hu Hv Hw
誘起電圧波形	V_{U-V} V_{V-W} V_{W-U}	V_{U-V} V_{V-W} V_{W-U}

図9$^{(2)(3)}$　磁極位置検出センサの配置
120°配置と60°配置の2方式がある

　車両の駆動モータ制御ではトルク制御を用いることが多く，乗ったときのフィーリングも良いため今回はトルク制御モードを選びました．

▶バッテリの使用電圧範囲の設定

　バッテリを過充電・過放電から保護するため，モータ・コントローラが動作する電源電圧範囲を指定できます．モータ・コントローラ動作中に，バッテリ電圧が設定した電圧範囲から外れた場合，コントローラは自動的に動作を停止します．「Upper Voltage」で動作上限電圧を，「Under Voltage」で動作下限電圧を設定します．工場出荷時はモータ・コントローラが動作可能な電圧限度（KBS7212では18〜90V）に設定されています．

　トラ技号では12Vの鉛蓄電池を6個直列の72Vバッテリ・モジュールとしましたので，上限を84V，

下限を60V程度にすると，バッテリ寿命上好ましい設定となります．ただ，直近の目標をレース参加に置きましたので，まずは工場出荷時状態のままとしました．コントローラが許す限り回生ブレーキを最大限使えるようにするためと，バッテリを可能な限り使いたいためです．

▶飛び出し防止の安全設定

　車両が意図せず発進するのを防止するため，二つの機能が提供されています．

　一つは「High Pedal Disable」です．電源投入時にスロットル・センサ出力がモータを回転させる状態にあった場合，コントローラはエラー・コードを出力して動作を停止します．スロットル・センサの故障などにより，電源投入とともに車両が発進するのを防ぐことを目的としています．

　もう一つは「Releasing Brake High Pedal Disable」です．ブレーキ解除の瞬間（BRK SW端子がL→Hに変化するとき）スロットル・センサ出力がモータを回転させる状態にあった場合，コントローラはエラー・コードを出力して動作を停止します．ブレーキを解除すると同時に車両が意図せず発進・加速するのを防ぐことを目的としています．

　いずれも安全側の動作となるため，「Enable」（有効）にしました．

● ステップ3：モータの回転数リミットと回生制動時のABS設定

　図10に示すダイアログの設定内容を紹介します．

▶モータ最高回転数の設定

　DCブラシレス・モータの最高回転数はバッテリ電圧に依存しますが，最高回転数をバッテリ電圧で決まる値以下に制限する場合は「Motor Top Speed」で設定します．設定範囲は30〜100％で，100％はバッテリ電圧で決まる最高回転数に相当します．トラ技号では，可能な限りの速度を出したいので100％に設定しました．

▶回生制動時のABS設定

　KBS72121は，駆動モータを発電機として動作させ，車両の運動エネルギーを電力に変換してバッテリに回収する回生制動機能を有しています．回生制動時，モータはブレーキとして動作し車両を減速させますが，強い回生をかけたときに駆動輪がロックする場合があります．意図せず駆動輪がロックすると，車両のふるまいが不安定になって転倒する恐れがあります．

　これを解消するのがABS（Anti-lock Brake System）機能です．回生制動時に駆動モータがロックしそうになると，自動的に回生量を絞って駆動モータがロックするのを防止します．

　この機能も安全上の配慮となるので，トラ技号では「Enable」（有効）としました．

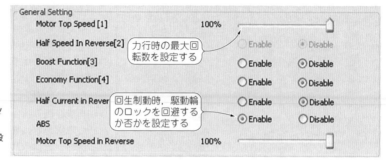

図10 【ステップ3】モータの回転数リミットと回生時ABSの設定
後退時の回転数設定などもこのダイアログで設定できる

▶後退時の設定など

ABS設定のほかに，後退時の回転数や，力行時は回転数制限をかけておいて必要時だけ回転数制限を解除する「Boost Function」などを設定できます．

トラ技号ではこの機能は使いませんので，工場出荷時設定のまま（Disable）としています．

● ステップ4：回生機能を利用するための設定

図11に示すダイアログの設定内容を紹介します．

▶回生制動の許可／禁止

回生制動機能を利用するには，「Regeneration」をEnable（有効）にします．

▶ブレーキSW式回生の選択

有効にすると，スロットル全閉でブレーキSW ON（BRK SW端子は "L"）で回生制動を開始します．回生制動を，BRK SW端子に取り付けたスイッチのON/OFFで行うときに使います．トラ技号では，回生制動をホール素子式のブレーキ・センサで行うので，この項目は動作に影響しません．

▶エンジン・ブレーキ的回生動作の設定

アクセルを全閉にしたときの回生トルクを設定します．これを設定しておくと，エンジン車のエンジン・ブレーキと同じ減速効果が得られます．設定値を0とした場合，スロットル全閉で車両は惰行します．トラ

技号では，航続距離を伸ばす目的で惰行運転モードを設けたかったので，この機能は「Disable」（無効）としました．

▶ブレーキSW式回生モード時の回生量設定

ブレーキSW式回生モードを選択した際の，最大回生トルクを設定します．

▶最大回生トルクの設定

回生制動トルクを可変抵抗器やホール素子式のブレーキ・センサで調整した際の，最大回生トルクを設定します．モータの発生トルクはモータに流れる電流で決まりますが，これは回生時も同じで，システムとしてはモータ・コントローラの最大電流値で決まります．

トラ技号の場合，設定値100 %でモータ電流は120 Aまで流れます．

▶回生量を調整する制御器種類の設定

BRK AN端子に接続して回生量を調整するブレーキ・センサの種類を選択します．ブレーキ・センサを使わないとき「No used（使用しない）」を選択します．

トラ技号では，ホール素子式のサム・スロットル（第4章で紹介）をブレーキ・センサとして使いましたので，「Hall Active Throttle」を選択します．この場合，BRK SW端子がLの状態で，サム・スロットルによる回生トルクの調整ができます．

▶ブレーキ・センサ有効範囲の設定

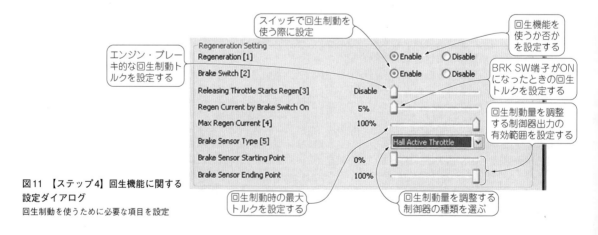

図11 【ステップ4】回生機能に関する
設定ダイアログ
回生制動を使うために必要な項目を設定

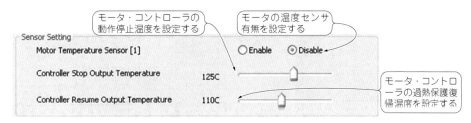

図12 【ステップ5】過熱保護関連の設定
モータ・コントローラの過熱保護のほか，オプションでモータの過熱保護も可能

ステップ1で行った「スロットル・センサ有効範囲の設定」と同じように，ブレーキ・センサの有効範囲を設定します．設定の要領はスロットル・センサと同じです．

● ステップ5：過熱保護関連
　図12に示すダイアログの設定内容を紹介します．
▶モータ・コントローラ過熱保護温度の設定
　KBS72121は温度センサを内蔵しており，自身の温度を常に監視しています．過熱による故障を防ぐため，モータ・コントローラが出力を停止する温度を設定します．
　トラ技号では工場出荷時設定(125℃)のままとしました．
▶モータ・コントローラ過熱保護復帰温度の設定
　モータ・コントローラが過熱保護から復帰して，再び動作を開始する温度を設定します．
　トラ技号では過熱保護温度と同様，工場出荷時設定(110℃)のままとしました．
▶モータの過熱保護設定
　使用する駆動モータに温度センサが装備されている

場合，モータの過熱保護動作を利用可能です．
　トラ技号の駆動モータは温度センサは装備されていないので「Disable」（無効）としています．

● 設定した諸項目をモータ・コントローラに書き込む
　ステップ5までの項目を設定すると，最後に表れるダイアログで［Finish］ボタンをクリックすると，設定した諸項目がモータ・コントローラに書き込まれます．書き込みが完了したら設定プログラムが終了し，設定用電源を取り外してバッテリ配線とモータ配線を元に戻します．
　これでモータ・コントローラの初期設定ができました．

◆参考・引用＊文献◆
(1) Kelly Controls, LLC : Kelly KBS Controllers User Manual V4.1, http://kellycontroller.com/mot/downloads/KellyKBSUserManual.pdf
(2) ＊特集「トコトン実験！モータ制御入門」，トランジスタ技術 2013年1月号，CQ出版社.
(3)＊ Kelly Controls, LLC : "How to adjust hall timing?", Frequently Asked Questions, http://kellycontroller.com/faqs.php

電動自転車用モータ・コントローラは大きく分けて2種類ある

　トラ技号で採用したモータ・コントローラ以外にも，数多くのメーカからさまざまな電動自転車用モータ・コントローラが販売されています．これらは機能的な特徴から大きく二つに分類できます．
　一つはトラ技号で採用したような，停止状態からトルクが発生できる「インスタント・スタート型」（スタート・イミディエート型と表記するものもある）です．もう一つは，車両の発進はライダがペダルをこいで行い，車速が数 km/hになったところからモータがトルクを発生する「ペダル・ファースト型」です．
　ペダル・ファースト型のモータ・コントローラは

そのほとんどがセンサレス式のモータ・コントローラで，磁極検出センサを必要としません．インスタント・スタート型よりも装置構成が簡単ですが，ロータの磁極位置検出にモータの誘起電圧を使用するため，誘起電圧が発生しない停止状態では安定したトルクの発生ができません．
　ペダル・ファースト型の製品は，ペダルが回転しているときだけトルクの発生が認められているヨーロッパ市場向けの製品に多く見られます．モータ本体もDCブラシレスでありながら磁極検出センサを装備しないものが販売されています．

〈宮村 智也〉

第7章

ステップごとに安全を確認しながら行う

試運転とありがちなトラブルへの対処法

宮村 智也
Tomoya Miyamura

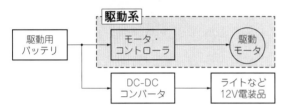

図1 トラ技号の機能ブロック
駆動系の動作チェックと，用途に合わせたモータ・コントローラの調整方法を解説

写真1 試運転時にバッテリの代わりに使った実験用直流安定化電源装置

最初の電源投入…壊す可能性大

● 最初はバッテリじゃなく実験用安定化電源装置がいい

　初めて駆動系の動作チェックを行う際は，**写真1**に示すような実験用の直流安定化電源装置を使用しましょう．トラ技号に限らず，EVはバッテリを電源として設計しますが，電源としてのバッテリは内部抵抗が他の電源装置に比して大変小さく，EVの主回路に短絡箇所があったりすると，最悪は火災などの重大事故につながります．

　最初の動作テスト時は電源に実験用の直流安定化電源を使用することで，こうした重大事故を未然に防ぐことができます．バッテリの接続は，動作テストを一通り行って，主回路に不具合がないことを確認してからにしましょう．

　モータ・コントローラと駆動モータで構成される駆動系の動作チェックでは，モータを無負荷で回転させますので，**写真2**に示すバイク・スタンドなどで駆動輪を浮かせることも必要です．

行くぜ！ 電源ON

■ ステップ1：実験用安定化電源をつないでキー・スイッチを入れる

　図2で示すように，バッテリの代わりに実験用安定化電源を接続し，キー・スイッチをONにします．このとき実験用安定化電源の出力電圧は，前章で解説した初期設定で設定した電源電圧範囲にします．前章の解説ではモータ・コントローラの工場出荷時設定のままとしたので，18 〜90 Vの範囲にあれば良いです．

　正しく電源が供給されていれば，キー・スイッチをONにしたときに，**図2**の電源パイロット・ランプが点灯します．点灯しない場合は，コントローラに電源が正しく供給されていないということなので，実験用安定化電源の極性と電圧を確認します．これに問題がなければ電源からコントローラ間の主回路の配線に問

題がないか確認します．キー・スイッチの操作でコンタクタが動作しているかも確認します．

トラ技号で採用したモータ・コントローラ（KBS72121 for Crystalyte 400 Series : Kelly Controls製）は，異常個所の自己診断機能（ダイアグノーシス）を備えています．

モータ・コントローラ周辺の駆動システムに異常がある場合，エラー・コード確認ランプを点滅させ，ユーザに異常の内容を知らせます．異常がなく正常に運転できる状態のとき，エラー・コード確認ランプは消灯します．異常の内容と場所の特定はエラー・コード確認ランプの点滅パターンから判別します．エラー・コード確認ランプの点滅パターンと自己診断可能な異常内容を表1に示します．

● 確認項目：エラー・コード確認ランプの点滅はないか？

電源投入時にモータ・コントローラ周辺に誤配線などの異常があると，モータ・コントローラはエラー・コード確認ランプを点滅させて動作せず，モータを回転させません．配線がひととおり終了し，初めて電源を投入した際に起こりがちな不具合とその対処法を紹

写真2 試運転時に用意しておくと便利！バイク・スタンド
駆動輪を地面から浮かせるために使う

介します．

▶その1：スロットル・センサ周辺の不具合

トラ技号では，ホール素子式のスロットル・センサを使っています．このタイプのセンサはDC5Vを電

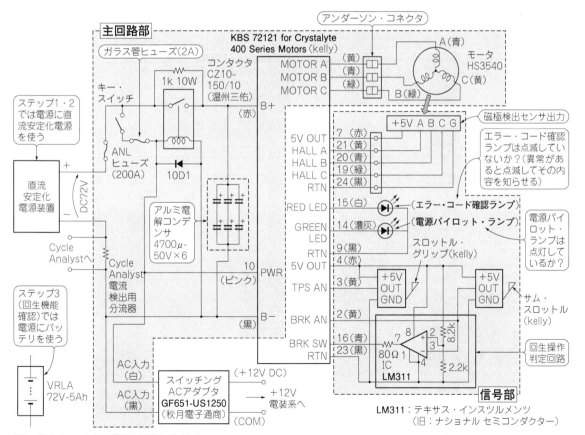

図2 動作チェック時の電源と確認のポイント
ステップ1・2は直流安定化電源装置を，ステップ3ではバッテリを電源にして動作確認

表1　モータ・コントローラ KBS72121 エラー・コード一覧
エラー・コード確認ランプの点滅パターンから異常内容を判別して対策する

エラー・コード	LED点滅パターン	エラーの内容	解　説
1.2	○　○○	過電圧異常	1. 電源電圧が高すぎる. 電源電圧およびコントローラ設定を確認する. 2. 回生制動中に電源電圧が設定値を超えた. このとき, コントローラは動作を停止する. 3. コントローラの電源電圧測定誤差は設定値の ±2% 以内.
1.3	○　○○○	低電圧異常	1. 電源電圧が正常範囲に復帰した5秒後にエラーを解除する. 2. 電源電圧を確認し, 要すればバッテリを充電する.
1.4	○　○○○○	温度上昇警告	1. コントローラのケース温度が90℃を超えている. このとき, コントローラは出力電流を制限する. 負荷を減らす, あるいは電源を切ってケースが冷えるのを待つ. 2. ヒートシンクの清掃または冷却装置を改善する.
2.1	○○　○	モータ始動不可	モータ始動から2秒以内に相回転数で25 rpm 以上にならなかった. 磁極検出センサおよびモータ三相線の不具合を確認する.
2.2	○○　○○	内部電圧異常	1. B＋～B－端子間および PWR端子～RTN端子間の電圧および配線を確認する. 2. コントローラ信号部の＋5V電源が過負荷になっている. 接続されたスロットル・センサの誤配線を確認する. 3. コントローラ内部回路の故障.
2.3	○○　○○○	過昇温	コントローラ温度が100℃を超えている. コントローラは動作を停止するが, 80℃以下になると再起動する.
2.4	○○　○○○○	電源投入時スロットル信号異常	電源投入時に, スロットル入力が設定した不感帯を超えている. スロットル入力が不感帯に戻るとエラーは解除される.
3.1	○○○　○	リセット頻発	配線不良により, 電源がたびたび途切れたりモータ不良のため過電圧が頻発すると発生する.
3.2	○○○　○○	内部リセット	瞬間的な過電流や過渡的に電源電圧が上下限を超えた時に発生する.
3.3	○○○　○○○	ホール式スロットル短絡または断線	ホール素子式スロットル・センサが短絡または断線している.（スロットル・センサにホール素子を選択した場合）
3.4	○○○　○○○○	回転方向切換時にスロットル指令がゼロでない	回転方向切換時に, スロットル指令がゼロでなかったときにエラーを発生し, コントローラは回転方向を切り替えない. スロットルを全閉にするとエラーは解除される.
4.1	○○○○　○	回生時／起動時過電圧	回生時または電源投入時に過電圧を検出すると発生するエラー. コントローラの上限電圧設定を確認する.
4.2	○○○○　○○	磁極検出センサ異常	1. 磁極検出センサ配線の接続不良. 2. 磁極検出センサそのものの故障. 3. 磁極検出センサ設定（60°／120°）が適切でない.
4.3	○○○○　○○○	モータ過昇温	モータ温度が設定値を超えた. コントローラはモータが冷えるまで動作を停止する.

源とし, スロットル全閉位置で約1V, 全開位置で約4Vの電圧を出力します（無操作時と全開時の出力には通常数百mVのばらつきがある）.

　したがって, スロットル・センサが無操作の状態（手を触れていない状態）でもモータ・コントローラのスロットル・センサ入力端子（TPS AN端子）には1V程度の電圧がかかります（**図3**）. 電源投入時, モータ・コントローラはTPS AN端子の電圧を見に行きます

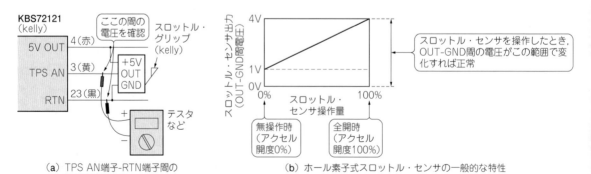

（a）TPS AN端子-RTN端子間の電圧を確認する

（b）ホール素子式スロットル・センサの一般的な特性

図3　ホール素子式スロットル・センサ確認のポイント
全閉（無操作）時で約1V, 全開操作時で約4Vを出力する

が，電源投入時にTPS AN端子が0Vであった場合，モータ・コントローラはスロットル・センサ周辺の異常と判断して「ホール式スロットル短絡または断線」エラー（エラー・コード3,3）を表示して動作を停止します．

このエラーはスロットル・センサの誤配線でも発生しますので，電源を切ってスロットル・センサ周辺の配線は正しいか，断線はないかを確認し，電源を再投入してエラーが発生しないことを確認します．

スロットル・センサ周辺の配線に問題がなく，操作量に応じたセンサ出力もあるのにこのエラーが発生する場合は，モータ・コントローラの設定値が使っているスロットル・センサに合っていないことが原因ですので，スロットル・センサ有効範囲を使用部品に合わせて設定し直します（設定法は第6章を参照）．

▶その2：磁極位置検出センサ周辺の不具合

モータ・コントローラは，モータに内蔵の磁極位置検出センサの信号を基にモータの通電パターンを決定します．このためモータ・コントローラは常時磁極位置検出センサの出力を監視していますが，正常な状態では磁極位置検出センサの出力は六つのパターンしか存在しないため，これを逸脱したパターンが発生するとモータ・コントローラは「磁極検出センサ異常」（エ

ラー・コード4,4）を出力して動作を停止します．

初めて電源を投入した際にこのエラーが発生する場合は，まず磁極検出センサ周辺の配線に誤りがないか確認します．配線に問題がない場合，モータに内蔵の磁極検出センサが正しく動作しているかを確認します．確認の方法を図4に示します．

■ ステップ2：スロットル全開

キー・スイッチで電源を入れ，電源パイロット・ランプが点灯しモータ・コントローラのエラー確認ランプが消灯していれば，ひとまず駆動系の準備が整っていることになります．直流安定化電源の電圧をトラ技号のバッテリ・モジュール（第5章で紹介）の公称電圧である72Vに合わせ，写真2に示すように駆動輪をバイク・スタンドなどで地面から浮かせた状態でスロットル・グリップを加速方向に操作してみます．

スロットル・グリップの操作量に応じてモータの回転数が上昇し，スロットル・グリップを全開まで操作したときにモータの回転数が所定の回転数まで上昇すれば，駆動系システムは正常に動作しているといえます．このため，事前に無負荷最高回転数を把握しておくとよいでしょう．

信号部周辺の配線は端子台を使うとなにかと便利

図2で示した回路図の信号部の配線には，端子台（写真A）を使用しました．KBS72121の各種配線はケースから電線の束が生えていて，その先にコネクタが取り付けられた状態で届きます（車両側配線用に，受け側の未配線コネクタもちゃんと付属されてくる）が，トラ技号ではコネクタを切断して端子台にわざわざ配線しなおしています．

端子台には大抵，どの配線がつながっているかを記入するラベルが付属しますのでこれに各配線の名前を記入して配線作業を進めます．こうすると後で配線のチェックが大変やりやすいです．また，この手の工作は一発でうまく動かないことがままありますし，後日トラブルがおこることもあります．

特にレース中のトラブル対応は，時間との戦いになることが多いので，トラブル・シューティングが容易な構造というのも考慮したいところです（とかくレース会場でトラブルに見舞われる）．端子台を使って配線を組み立てておくと，確認したい場所にテスタなどを直接接続できるので，コネクタで配線するよりも後でトラブル・シューティングがしやすいため，筆者は好んで端子台を使っています．

コネクタ配線よりもスペースを必要とすることと，重量が増すことが難点ですが，メリットも多いので，レース参加を目標にするのであれば端子台の採用も検討してみてはいかがでしょうか．

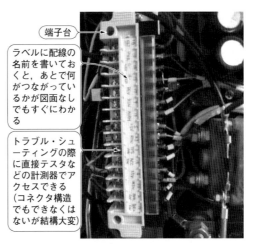

端子台

ラベルに配線の名前を書いておくと，あとで何がつながっているかが図面なしでもすぐにわかる

トラブル・シューティングの際に直接テスタなどの計測器でアクセスできる（コネクタ構造でもできなくはないが結構大変）

写真A　信号部の配線に端子台を使用
大型化するが，組み立て時のミスが減ったりメンテナンスがしやすいなどメリットも多い

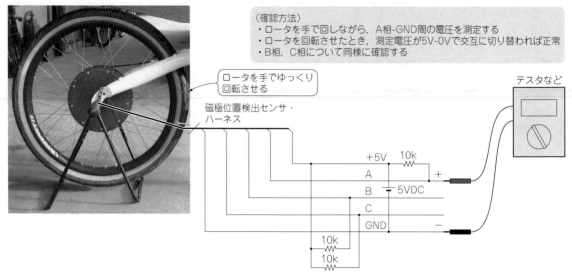

（確認方法）
・ロータを手で回しながら，A相-GND間の電圧を測定する
・ロータを回転させたとき，測定電圧が5V-0Vで交互に切り替われば正常
・B相，C相について同様に確認する

ロータを手でゆっくり
回転させる

磁極位置検出センサ・
ハーネス

テスタなど

+5V 10k

A

B　5VDC

C

GND

10k

10k

図4　磁極位置検出センサの動作確認方法
モータのロータを手でゆっくり回しながらセンサ出力を確認する

● 補足

　トラ技号では，モータとモータ・コントローラの仕様検討（第3章で紹介）でGrin Technologies社がウェブ上で提供しているシミュレータ「Hub Motor and Ebike Simulator」（http://www.ebikes.ca/simulator/）を使用しましたが，このシミュレータで無負荷最高回転数も知ることができます．

　図5(a)に本シミュレータを使った無負荷最高回転数の求め方を示します．

　手元に適当な回転計（タコメータ：回転機械の回転数を計測する計測器）があれば，それを使って実際の無負荷最高回転数を計測します．無負荷最高回転数はロータの磁石温度やモータの製品ばらつき，スポークの空気抵抗などで変動するので，計算値と実測値の差が1割以内であれば正常と筆者は判断しています．

　回転計がない場合，トラ技号ではモータ回転数＝駆動輪回転数なので，市販のサイクル・コンピュータ（自転車用の速度計）を駆動輪にとりつけ，無負荷最高回転数を速度［km/h］で測定し，**図5(b)**のようにシミュレータを使って無負荷時の車両速度の計算を行って比較してもよいでしょう．

● 確認項目：無負荷で所定の最高回転数が得られることを確認…モータがうまく回らないときはモータの三相線をチェック！

　電源投入時にモータ・コントローラがエラーを出していなくても，モータがうまく回転しないことがあり

ます．初回の動作チェック時に，筆者がトラ技号以外の案件も含めて経験したことがあるのは次に示す(a)〜(c)の3点です．

(a) ロータが振動するだけで回転しない
(b) ロータが逆回転する
(c) 回転方向は正しいが無負荷最高回転数が計算値と大きく異なる（このときモータから大きな音がする）

　DCブラシレス・モータの磁極検出センサは，モータの回転で発生する誘起電圧の位相情報を矩形波で出力します．センサ出力・誘起電圧のいずれも三相ですが，正常にモータを回すには双方の相回転の方向および位相が正しい関係にある必要があります．

　(a)の現象はセンサ出力・誘起電圧双方の相回転の方向がそれぞれ逆になっている，(b)はセンサ出力・誘起電圧とも相回転方向が逆回転，(c)は相回転の方向はセンサ出力・誘起電圧共に正しいが磁極検出センサ位相がモータの誘起電圧位相とずれているのが原因であり，いずれもモータの三相線の相順か磁極検出センサの相順のどちらかが正しくない，または双方とも正しくないのが原因で発生します．

　トラ技号では，モータ・コントローラにCrystalyte社製モータがそのままつながるコネクタがついたものを採用しました．このため，不良品でもない限り磁極検出センサの相順は間違いようがありませんので，初回の動作チェック時に上記(a)〜(c)の現象が起これ

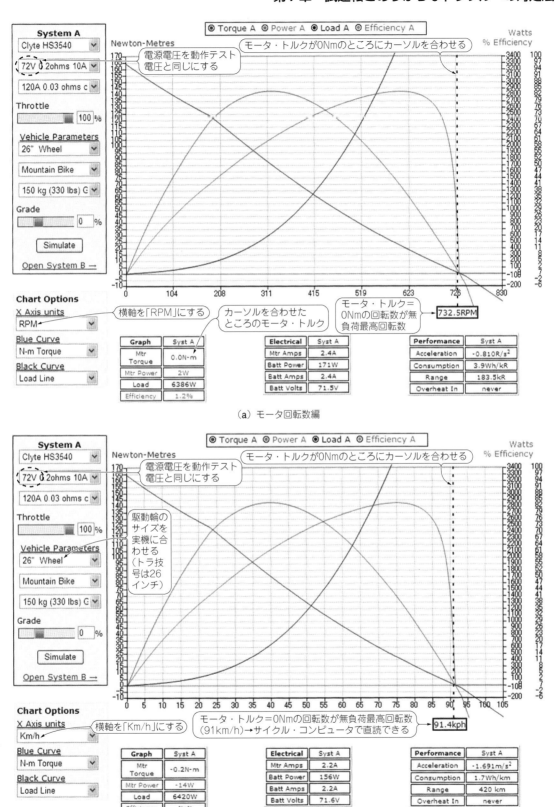

（a）モータ回転数編

（b）車両速度編

図5 ウェブ上で提供されているシミュレータHub Motor and Ebike Simulator（Grin Technologies）を使った無負荷最高回転数の求め方

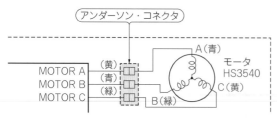

図6 モータの三相線とコントローラの三相線との接続部の回路図

表2 モータの三相線とコントローラの三相線の配線色

相の呼び名	KBS72121for Crystalyte400 Series(モータ・コントローラ)	HS3540 (モータ本体)
A	黄	青
B	青	緑
C	緑	黄

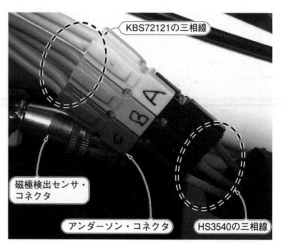

写真3 要注意！ モータの三相線とコントローラの三相線は，配線色が異なる

ば，それはモータの三相線の相順が正しくないことになります．特に，トラ技号のモータ・コントローラであるKBS72121 for Crystalyte 400 Series(Kelly Controls製)の出力側三相線のコネクタの色は，**図6**，**表2**，**写真3**に示すようにモータ側三相線のコネクタの色と相順が合っていないので注意が必要です．

■ ステップ3：回生制動機能の確認… バッテリを電源にして動作を確認する

ステップ2までの動作チェックが確認できたら，いよいよ電源をバッテリにつなぎかえて動作テストをします．このときバイクの駆動輪は，**写真2**に示すバイク・スタンドなどで地面から浮かせたままで行います．

ステップ3では回生制動の機能を確認します．回生制動はモータを発電機として動作させ，車両の運動エ

ネルギーを電気エネルギーに変換して電源へ回収する機能です．

この機能チェックでは，電源側に回生電力を吸収する機能が必要となりますので，普通の直流安定化電源では回生制動の機能チェックができません．

回生制動のテストで電源にバッテリを用いれば，回生制動中はバッテリが充電状態となる(回生電力を吸収する)ので回生制動の機能が確認できます．**電源に直流安定化電源を使用したまま回生制動を行うと，回生電力が行き場を失って高圧電装系の電圧が急上昇し，高圧電装の各部品や直流安定化電源装置を壊す恐れがあるので気を付けてください．**

初回の回生制動の機能チェックは駆動輪を地面から浮かせた状態で以下の(A)～(C)の手順で行います．

(A) スロットル・グリップを操作してモータ回転数を上げる

(B) スロットル・グリップから手を放す

(C) 回生指令用サム・スロットルを操作する

(C)の操作を行ったとき，モータ回転数が(機械式ブレーキを掛けたときのように)急激に下がれば，回生制動が機能していることになります．

● 確認項目：回生制動が機能しない場合の確認ポイント

ステップ2までの機能チェックで問題がなければ駆動システムは正常といえるので，回生指令用サム・スロットル周辺と回生操作判別回路の異常を確認します．

トラ技号で採用のサム・スロットルは力行指令用のサム・スロットルと同じホール素子式なので，確認方法はスロットル・グリップ周辺のチェック法と同じです．サム・スロットルに問題がなければ，**図7**の回生操作判別回路の動作を確認します．

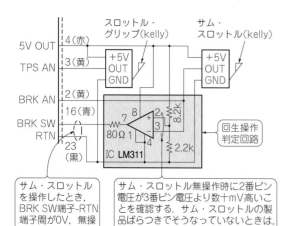

図7 回生制動が動作しないときのチェック・ポイント
ハードウェアが正常ならモータ・コントローラ設定を再確認

回生操作判別回路の役割は，サム・スロットルが操作されたときに，モータ・コントローラのBRK SW端子を "L"（≒0 V）にして，モータ・コントローラを回生制動モードに切り替えることです．サム・スロットルから手を放しているときにBRK SW端子とRTN端子間が "H"（≒5 V），サム・スロットルを操作したときにBRK SW端子とRTN端子間が "L"（≒0 V）になるかを確認します．

回生操作判定回路の動作が正常であれば，モータ・コントローラの設定値をパソコンから確認し，回生制動に関する設定を確認します（第6章を参照）．

お好みの乗り味に
モータ・コントローラを設定する

ステップ1〜3の機能チェックが完了すれば，駆動システムとして必要な機能はすべてそろったことになります．いよいよ実際にトラ技号に乗車して走ってみるわけですが，実際に走らせてみると「ここはもうちょっとこうだったらいいのにな」と思う点が出てきます．

トラ技号で採用のモータ・コントローラは各種パラメータを任意に設定可能なので，仕様の範囲内でバイクの乗り味を変更できます．やみくもに各パラメータを変更するよりは，DCブラシレス・モータの基本的な性質を理解していたほうが効率よく好みのセッティングに近づくことができます．

● 目的に合わせたセッティングの必要性

仕様の範囲で最大限の動力性能を発揮する設定として試乗した際の筆者の印象は次のとおりでした．

● 加速はひと言で言って125 ccバイク並み（これほどの加速性能は必要ない）．

● 相当気を付けてアクセル操作しないとすぐバッテリ切れになる印象

トラ技号の動力性能面のポテンシャルは充分だと感じましたが，それと引き換えに消費電力は目標としているソーラーバイクレース向けとしては大きい印象でした．また，スロットル・グリップの操作量に対し加速のレスポンスが鋭く，車両のふるまいが神経質でやや乗りづらい印象もありました．

400 mの距離をできる限り短い時間で走りきるドラッグレースを目標とするならばこのままでよい気もしますが，トラ技号は目標として6時間耐久競技のあるソーラーバイクレース出場を掲げていましたので，消費電力が大きい傾向はどうにかしたいところです．したがって，図8のようにセッティングを変更してバイクの性質を目的に合わせる作業が欠かせません．

● パワー重視か電費重視か？電流リミットの変更で自由自在

トラ技号で採用したモータ・コントローラ（KBS72121）は，入力電流（＝バッテリ電流）と出力電流（＝モータ電流）の最大値をそれぞれ変更できます．図9に示すように，入力電流と出力電流の最大値を変更すると，バイクの駆動力（＝路面をタイヤが "蹴る" 力）の最大値が変化します．

モータ電流を変更すると，停止状態からのダッシュ力を決定する最大トルクが変わります．

バッテリ電流を変更すると，ある程度車速がのった状態での加速力（この加速が良いと追い越しがしやすくなる）が変化します．加速力は大きいほうが良いのですが，それだけ消費電力も大きくなりますし各部の

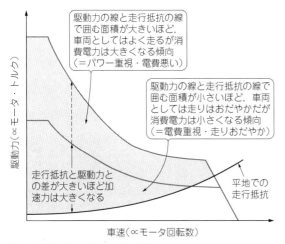

図8　駆動力線図の形と車両の性質
何を重視するかでセッティングの方向は変わる

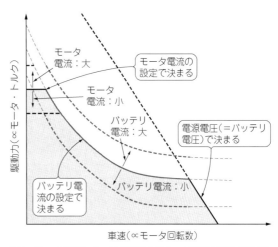

図9　モータ電流とバッテリ電流のリミット変更で駆動力線図の形が変わる
どのパラメータを変更するとどう駆動力線図の形が変わるかイメージしながらセッティングしよう

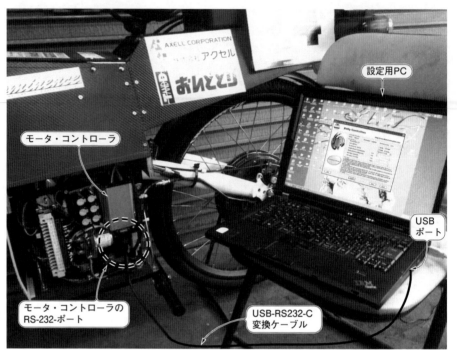

▶写真4 モータ・コント
ローラとパソコンを接続し
て電流のリミット値を設定
する
詳細は第6章で紹介

設定用PC

モータ・コントローラ

USB
ポート

モータ・コントローラの
RS-232-ポート

USB-RS232-C
変換ケーブル

温度上昇も大きくなりますので，目的や各部の冷却性能に合わせて適宜調整しましょう．

トラ技号で採用したKBS72121は，**写真4**と**図10**に示すようにモータ電流とバッテリ電流の制限値をパソコンから設定可能です．トラ技号ではバッテリ電流・モータ電流共に最大50 Aとしましたが，それでも筆者所有の古い50 ccバイク同等以上のフィーリングを得ました．

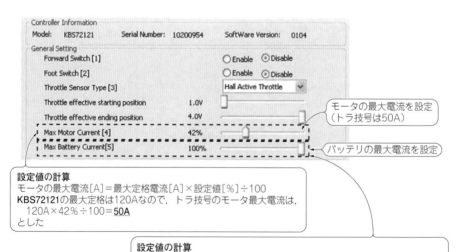

モータの最大電流を設定
（トラ技号は50A）

バッテリの最大電流を設定

設定値の計算
モータの最大電流[A]＝最大定格電流[A]×設定値[%]÷100
KBS72121の最大定格は120Aなので，トラ技号のモータ最大電流は，
　120A×42%÷100＝**50A**
とした

設定値の計算
バッテリの最大電流[A]＝モータの最大電流設定値[A]×設定値[%]÷100
モータの最大電流を「Max Motor Current」の項で50Aに設定したので
トラ技号の最大バッテリ電流は，
　50A×100%÷100＝**50A**
とした．（バッテリ電流＞モータ電流の設定はできない）

図10　モータ電流とバッテリ電流のリミット変更方法
バッテリ電流の設定は，モータ電流の設定値をベースに計算して設定する

バッテリから供給される電流よりもモータに流れる電流のほうが大きくなる理由

　トラ技号で採用したモータ・コントローラKBS72121は，パソコンからモータ電流やバッテリ電流のリミット値を設定できますが，電源であるバッテリ電流よりも，負荷であるモータに流れる電流のほうが大きなリミット値を設定できます．本当にモータにはバッテリ電流よりも大きな電流が流れるのでしょうか？

　DCブラシレス・モータの端子電圧は，モータに流れる電流とモータの回転数で決まります．なぜモータの回転数が関係するかというと，ロータの永久磁石が発する磁束がステータの巻き線を横切るとき，フレミングの右手の法則で巻き線に誘起電圧が発生するからです．図Aに示すように誘起電圧は磁束が巻き線を横切る速さに比例して大きくなりますから，モータの回転数はモータの端子電圧を決定する要因の一つとなるわけです．

　モータ・コントローラは一種の電力変換器なので，モータの回転数が低く，モータ端子電圧＜バッテリ電圧であるとき，モータ電流＞バッテリ電流となり

ます．

　降圧型のDC-DCコンバータで，電源電流よりも負荷電流を大きくとれるのと理屈は同じです．

〈宮村 智也〉

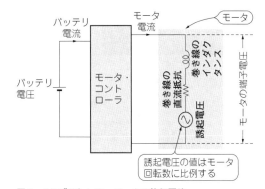

図A　DCブラシレス・モータの等価回路
モータの端子電圧は誘起電圧が大きく影響する．低回転ではモータ端子電圧＜バッテリ電圧となってモータ電流＞バッテリ電流となる

第8章

計器盤からバッテリ残量を推定する

車両の状態を知って
より速く！ より遠くへ！

宮村 智也
Tomoya Miyamura

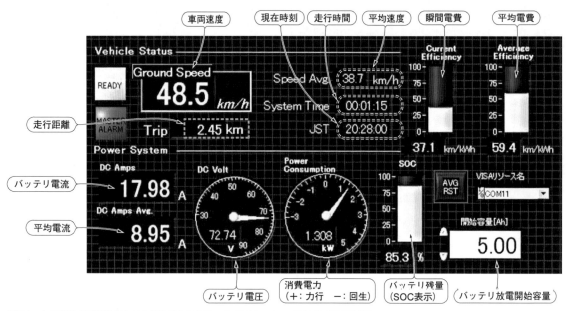

写真1　トラ技号に取り付けた二つの計器のうちの一つ タブレット・パソコンの表示画面
受信データから必要項目を演算，一括表示する．パソコンでデータを収集してうまい走り方やバイクの性能を解析する

写真2　トラ技号に取り付けた二つの計器盤
車両速度や高圧電装系の電圧・電流は Cycle Analyst，計測データの処理と表示はタブレット・パソコンで行う

① 計器盤の構成

海外のEV自作で定番のメータ「Cycle Analyst」

　トラ技号の計器盤は，カナダの Grin Technologies 社が製造販売する，写真2の電動自転車用のメータ「Cycle Analyst」を中心に構成しています．一般のサイクル・コンピュータ（自転車用の速度計）の機能に加え，直流電力計としての機能をあわせもつ高機能メータです．表1に計測可能な項目を示します．この項目をベースに，装着した電動車両の電力消費率（単位距離を走行するのに要した電力量）や，回生制動によって回収した電力で走行距離がどれだけ延びたかを示す指標などを演算・表示できます．これらの指標を確認

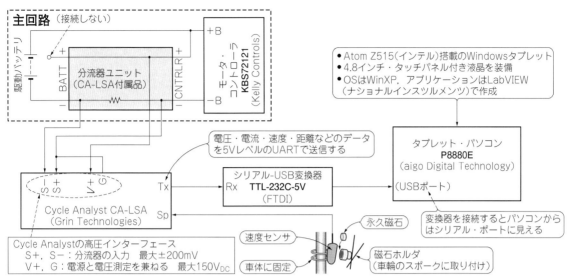

図1　トラ技号の計器盤構成
Cycle Analystの計測データをタブレット・パソコンで受信して演算・表示することで機能を拡張

することで製作したEVの特性や効率的な運転方法を知ることができます.

もともとは電動自転車用に販売されているのですが, バッテリ電流を計測するための分流器は交換できます. また, 計測したい電流の大きさに応じて適当な分流器を選ぶことで数百アンペア・オーダの計測もできるので, 電動バイクなどの小型EVだけでなく, 4輪車のような数十kW級のEVにも適用できます.

走り方やバイクの性能をパソコンで解析

● 乗車中にモニタしたい項目を1画面で表示

Cycle Analystは単体でもEV用のメータとして十分に使用できますが, 表示エリアが限られているために速度や走行距離などの車両情報と, 直流電力計としての表示機能は画面を切り替えないと確認できません.

表1　Cycle Analyst　計測項目の一覧
サイクル・コンピュータと直流電力計の機能が1台にまとめられている

	項　目	内　容	単　位
サイクル・コンピュータ機能	現在速度	走行中の車両速度	kph(km/h)かmph(mile/h)のどちらかを選択
	平均速度	走行中の平均速度. 停車中はカウントされない	
	最高速度	走行中に記録した最高速度をホールド	
	走行距離	車両が走行した距離を積算	kmかmileのどちらかを選択
	走行時間	車両が走行した延べ時間. 停車中はカウントされない	*hh:mm:ss*で表示
直流電力計機能	バッテリ電圧	最大150Vまでの直流電圧を計測可	V
	バッテリ電流	接続する分流器仕様により計測できる最大値が変化する	A
	バッテリ電力	走行中のバッテリ端電力の瞬時値	W
	積算電流	バッテリ電流の時間積算値	Ah
	積算電力	バッテリ端電力の時間積算値	Wh
	最大放電電流	バッテリの最大放電電流をホールド	A
	最大充電電流	バッテリの最大充電電流をホールド	
	最低電圧	運転中に記録した最低電圧をホールド	V

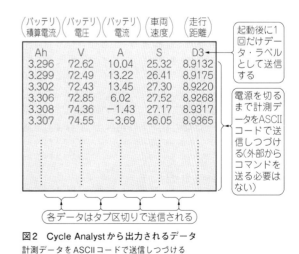

図2　Cycle Analystから出力されるデータ
計測データをASCIIコードで送信しつづける

通信速度：9600 bps	ストップ・ビット：1ビット
データ長：8ビット	パリティ　：なし

乗車中にモニタしたい項目を1画面にまとめて表示することなどを目的に、トラ技号ではタブレット・パソコンを追加してCycle Analystの機能を拡張しました。

Cycle Analystは、計測データを外部機器で利用できるよう、5VレベルのUARTポートから計測データを送信する機能をもっています。

● Cycle Analystの送信データ・フォーマット

Cycle Analystは、計測データを外部機器で利用できるように信号のレベルが5VのUART出力を備えています。図2に示すように、送信データのフォーマットは9600 bps、データ長8ビット、パリティなし、ストップ・ビット長1ビットで、電源投入と同時に計測データをタブ区切りのASCIIコードで送信し続けます。

データの送信は、Cycle Analystが起動すると自動的に開始され、電源を切るまでデータを送信し続けます。外部からデータ要求などのコマンドを送る必要はありません。

Cycle Analystが送信するデータは、バッテリ積算電流、バッテリ電圧、バッテリ電流、車両速度、走行距離の5項目です。この五つの項目を適宜組み合わせて演算することで、バッテリの残容量や電費などを求めることができます。

● タブレット・パソコンによるデータ受信

Cycle AnalystのUART出力は5Vレベルのため、PICマイコンやArduinoなどには直接接続できて都合がよいのですが、パソコンに繋ごうと思うとそのままでは接続できません。

パソコンとのシリアル通信ではRS-232-Cポートによる接続やBluetoothによる接続などの手段がありますが、トラ技号ではシリアル-USB変換ケーブル

自作EV用の定番計器Cycle Analystとその付属品

● 専用の分流器と速度センサ付きのタイプを選んだ

Grin Technologiesではさまざまな自作EVのニーズに応えるために、4種類のCycle Analystをラインアップしています（2013年5月現在）。違いは付属品の種類であり、Cycle Analyst本体はどれも同じです。トラ技号では、分流器と速度センサが付属するタイプの「CA-LSA」型を選びました。CA-LSA型は、図Aに示す分流器ユニットと速度センサがCycle Analyst本体に接続された状態で届きます。

付属の分流器ユニットは、主回路のバッテリとモータ・コントローラの間に挿入するだけで使えます。

● トラ技号の主回路に分流器ユニットを取り付ける

Cycle Analystのマニュアルでは、分流器ユニットはバッテリとモータ・コントローラの間に挿入するだけですが、分流器ユニットのプラス側配線は、図Aに示すようにCycle Analystの電源供給に使用されているだけなので、トラ技号ではBATT+端子は配線せず、主回路配線を簡略化しました。

● 速度センサを取り付ける

速度センサは、Cycle Analystが車両の速度を検出するために取り付けます。速度センサそのものは一般のサイクル・コンピュータと同じ磁気ピックアップです。

車輪に取り付けた永久磁石が磁気ピックアップ近傍を通過するとパルスを発生し、このパルスをCycle Analystがカウントすることで車両の速度を検出します。取り付け方法は、一般のサイクル・コンピュータと同じです。

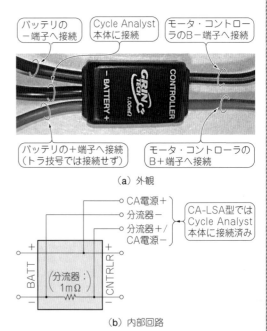

（a）外観

（b）内部回路

図A Cycle Analystに付属している分流器ユニット
付属のユニットは、電流検出と本体への電源供給を行っている

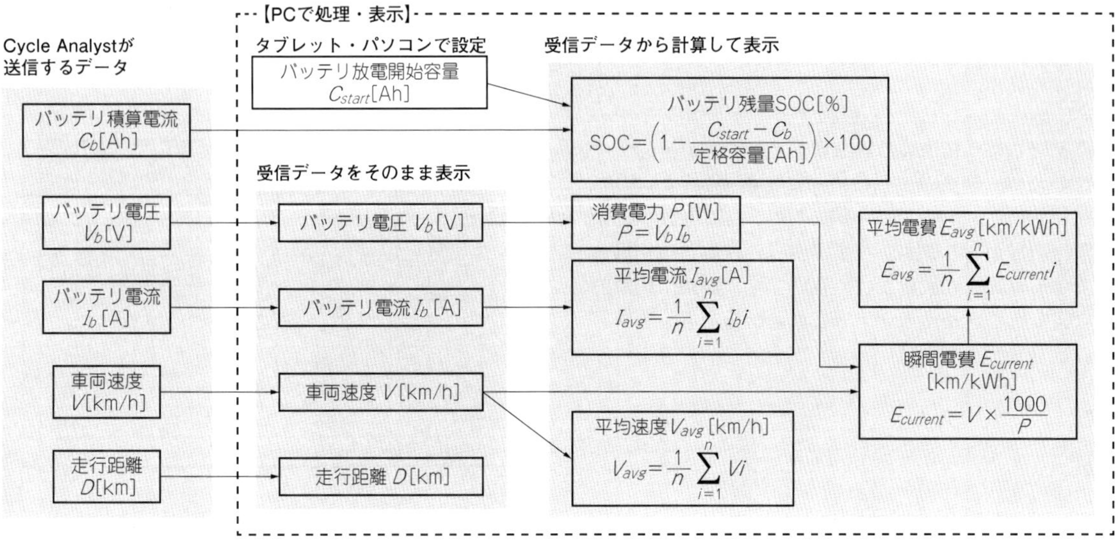

図3　タブレット・パソコンでの表示項目と計算内容
Cycle Analystから受信した五つのデータから必要項目を計算・表示

(USB-232C-5V：FTDI製)を使って，USBポートを介して接続しました．これでタブレット・パソコン側からはCycle Analystがシリアル・ポートにつながっているように見え，**図2**に示すようなデータをWindows標準のハイパーターミナルなどを通して観察できます．

タブレット・パソコン側のアプリケーションをLab VIEW（ナショナルインスツルメンツ）で作成し，シリアル・ポートで受信したデータを適宜演算して**写真1**に示すようにタブレット・パソコンの液晶画面に表示させています．

● タブレット・パソコン側での表示項目と計算内容

Cycle Analystがタブレット・パソコンに送信するデータは，**図2**に示す5項目です．タブレット・パソコンが，受信したデータと，走行中に確認できると便利な項目を都度計算して表示させています．Cycle Analystから受信するデータと，タブレット・パソコンでの処理内容を**図3**に示します．

消費電力や平均電費，平均速度はCycle Analyst内部でも計算していますが，送信データにはこれらの項目が含まれないため，タブレット・パソコンで再度計算しています．

最近のガソリン車では，走行中の燃費(瞬間燃費)や，任意の区間を走行したときの燃費(平均燃費)を表示する燃費計を装備するものが多くなってきました．

燃費は，ガソリン1リットルで何キロ・メートルを走ったかを示すのが一般的ですが，EVの場合は1kWhの電力量で何キロメートル走ったかを示す「電費」で示します．電費がわかると，どんな乗りかたが効率の良い乗り方なのかがわかります．

トラ技号でも瞬間電費と平均電費をライダーに提供することにしました．また，耐久レースにあると便利な項目の「平均電流」を設けました．これはバッテリ放電電流の平均値を随時計算して表示するものですが，レースのように走行時間があらかじめわかっていて，その時間内でバッテリを過不足なく使い切りたいとき，走行ペースをつかむために便利です．

＊　　＊

バッテリ積算電流は，バッテリの残量を知るのに便利な指標です．

Cycle Analystは，汎用性をもたせるためにバッテリ積算電流そのものを表示したりデータを送信したりしますが，このままだとバッテリ残量のイメージがつかみづらいため，バッテリ残量をパーセント表示(満充電状態で残量100％，放電しきった状態で残量0％)するように計算・表示することにしました．

◆参考文献◆

Justin Lemire-Elmore：The Cycle Analyst Large Screen Edition User Manual:, Grin Technologies, 2011

Cycle Analystの初期設定

　Cycle Analystは，一般のサイクル・コンピュータと同じように車輪の回転数から速度を算出します．このため，**図B**のように最初に車輪周長（車輪の外周長）を設定する必要があります．他にも数多くの設定項目がありますが，まず使ってみるという場合では車輪周長の設定だけで良いです．**表A**に代表的な自転車用タイヤ・サイズと車輪周長を示します．

表A　自転車のタイヤ・サイズと車輪周長

タイヤ・サイズ	車輪周長 [mm]	タイヤ・サイズ	車輪周長 [mm]
16×1.50	1185	26×1.25	1953
16×1−3/8	1282	26×1−1/8	1970
20×1.75	1515	26×1−3/8	2068
20×1−3/8	1615	26×1−1/2	2100
24×1−1/8	1795	26×1.50	2010
24×1−1/4	1905	700c×23	2097
24×1.75	1890	700c×28	2136
24×2.00	1925	700c×32	2155
24×2.125	1965	700c×38	2180

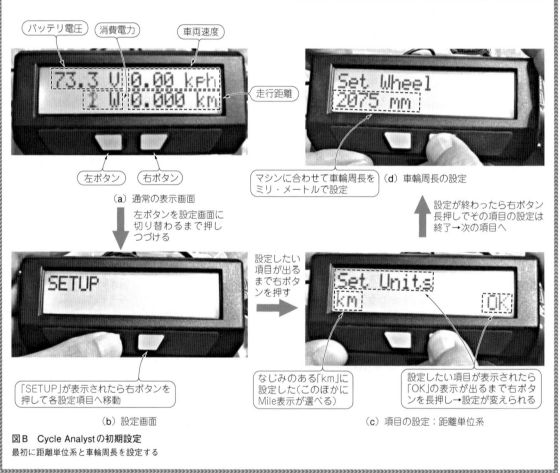

バッテリ電圧　消費電力　車両速度

走行距離

左ボタン　右ボタン

（a）通常の表示画面

左ボタンを設定画面に切り替わるまで押しつづける

マシンに合わせて車輪周長をミリ・メートルで設定　（d）車輪周長の設定

設定が終わったら右ボタン長押しでその項目の設定は終了→次の項目へ

「SETUP」が表示されたら右ボタンを押して各設定項目へ移動

（b）設定画面

設定したい項目が出るまで右ボタンを押す

なじみのある「km」に設定した（このほかにMile表示が選べる）

設定したい項目が表示されたら「OK」の表示が出るまで右ボタンを長押し→設定が変えられる

（c）項目の設定：距離単位系

図B　Cycle Analystの初期設定
最初に距離単位系と車輪周長を設定する

② バッテリ残量の推定法

● バッテリの残量は直接観察できない

ガソリンや軽油で走る車両とEVの大きな違いの一つに，使えるエネルギーの残量（EVではバッテリに残っている電力，ガソリン車では燃料タンクに残っているガソリンの量）の計測方法があります．

ガソリン車の場合は，燃料タンク内のガソリン量を直接目で見て確認できますし，燃料タンク内の油面の高さを計測するなどして残量を正確に知ることができます．しかし，**図4**に示すようにバッテリの場合は，バッテリ内に残っている電力量を示す決定的な指標がありません．これを測ればOKというパラメータが事実上ないのです．もしバッテリの中身が目で見えたとしても，バッテリ自体には見た目の変化はないので，何らかの計測可能な項目を利用して間接的にバッテリ残量を推定するしかありません．

バッテリの残量推定方法は各種提案されていますが，今回はトラ技号で採用した方法を解説します．

定石！「Ah法」

● バッテリから取り出した電荷の量を測る

バッテリが蓄電できる量は，一般に定格容量Cで表されます．単位には，アンペア時［Ah］が用いられます．ここで定格容量Cの単位に注目すると，Cの単位は電流［A］と時間［h］の積で表された組み立て単位であり，満充電時にバッテリに入っている電荷の量であるといえます．**図5**に示すように，バッテリの中身（＝電荷の量）は直接観察できなくても，バッテリから取り出した電荷の量を測ることができれば，バッテリに残っている電荷の量が分かるだろうと考えます．

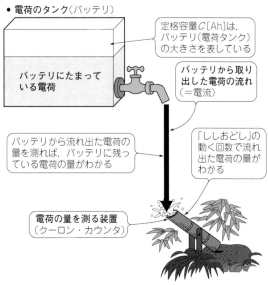

図5　Ah法のイメージ
バッテリを「電荷のタンク」と考えれば，流れ出た電荷の量からバッテリの残量が分かる

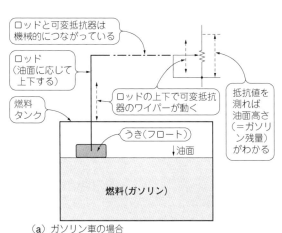

（a）ガソリン車の場合
燃料の油面高さを計測すれば燃料の残りがわかる

（b）EVの場合
バッテリの残量を完璧にはかる方法はない

図4　EVではバッテリに残っている電力を直接計測できない
これを測ればOK！といえる指標がないので，測定できるパラメータから推定するしかない

このようなバッテリ残量の推定法を「Ah法」といいます.

Ah法は，バッテリの電気量に着目した推定法なので，バッテリの種類によらず適用可能な汎用性の高い推定法です．現在でも，いろいろな分野でバッテリ残量推定の基本的な方法として利用されています．

● 具体的な実現方法

簡単に計測できるバッテリの項目は，電圧と電流くらいのものです.

Ah法では，バッテリ電流を残量推定の材料として使います．電流とは，単位時間に流れる電荷の量なので，バッテリに流れる電流の大きさと時間を調べれば，バッテリから流れ出た電荷の量がわかるだろうと考えます.

図6にさらに具体的なイメージを示します．図6(a)は，図5のイメージをそのままハードウェアで再現したときの構成で，マイコンが苦手な筆者が15年以上前に試した方法です.

バッテリに流れる電流に比例した周波数のパルスを発生させ，発生したパルスの数を数えるという方法です．マイコンを使わなくても目的を達成できる構成ですが，装置構成が複雑で調整が大変面倒でした.

図6(b)にマイコンなどを使ったときの構成例を示します．決まった時間間隔でバッテリ電流を計測し，

これを積算してバッテリから流れ出た電荷の量を知ろうとするものです．こうすれば，ハードウェア的にはマイコンが電流を計測するだけなので，装置構成が簡単になります．電流の計測は，タイマ割り込みを使って一定間隔で行います．あとは図6に示す処理をソフトウェアで行います.

このように，流れる電流を積算する装置を「積算電流計」とか「クーロン・カウンタ」などと呼びます.

トラ技号のバッテリ残量計

● 廉価なクーロン・カウンタ

かつては自作するか，高価な市販品しかなかったクーロン・カウンタですが，近ごろは廉価にこの機能が入った装置を入手できるようになってきました．トラ技号の計器盤は，図7に示すCycle Analyst（Grin Technologies）を中心に構成していますが，Cycle Analystはこのクーロン・カウンタ機能を搭載しているので，トラ技号ではこれをまるごと利用してバッテリ残量計を構成しました.

Cycle Analystは，計測したバッテリ電流を基に，バッテリから流れ出た電気量 C_b [Ah] を算出して，本体に表示・データ送信します．駆動バッテリの定格容量 C [Ah] を覚えておいて，Cycle Analystが返す C_b を読めば，バッテリを使った量は理屈のうえでは

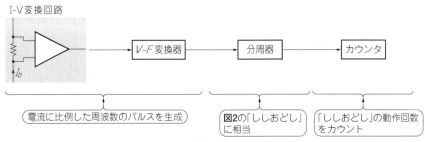

（a）アナログ回路＋ロジックICで構成

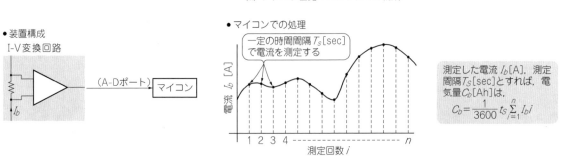

測定した電流 I_b [A]，測定間隔 T_S [sec] とすれば，電気量 C_b [Ah] は，

$$C_b = \frac{1}{3600} t_S \sum_{i=1}^{n} I_{bi}$$

（b）マイコンで構成（シンプルでいい）

図6 クーロン・カウンタの構成例
どちらも計測した電流を積算している

わかります.

しかし図8に示すように，このままだと一般のガソリン車の燃料計のイメージとは程遠く，ちょっと使いづらい印象があります.

● 残量が直感的にわかるように変換！

普段慣れ親しんだ市販車に装備されている残量計は，バッテリの場合はどのように構成すればよいのでしょうか．バッテリから流れ出た電気量はCycle Analystが計測してくれるので，これを一工夫すれば市販車と同じような残量計が構成できそうです.

バッテリの残量を示す指標にSOC（State Of Charge：充電状態）という指標があります．これは，その名のとおりバッテリがどれくらいの充電状態にあるかを示す指標で，満充電状態を100 ％，完全放電状態を0 ％として百分率で示します．したがって，この指標はバッテリの残量を示しています.

先ほど述べたように，クーロン・カウンタはバッテリから流れ出た電気量C_b [Ah]を計測していますから，満充電状態のバッテリが定格容量C_a [Ah]の電気を蓄えていると考えれば，C_b [Ah]を放電した状態にあるバッテリのk_{SOC} [%]は，

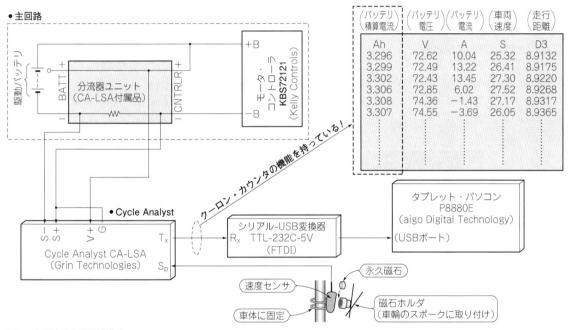

図7 トラ技号の計器盤構成
Cycle Analystは標準でクーロン・カウンタを内蔵している

（a）市販車の燃料計の例
直感的に残量が一目でわかる！

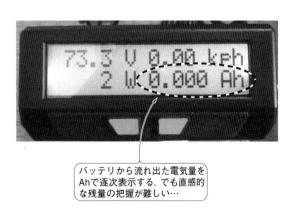

（b）Cycle Analystの本体表示

図8 市販車の燃料計とCycle Analystのクーロン・カウンタ表示

$$k_{SOC} = \left(\frac{C_a - C_b}{C_a}\right) \times 100 \cdots\cdots\cdots\cdots\cdots\cdots (1)$$

と計算できます．市販車の残量計と同じように，バッテリの残量を割合で表示するバッテリ残量計を構成できます．

● トラ技号での工夫1：新しいバッテリがいつも満充電とは限らない

トラ技号は，浜松市で行われている「ソーラーバイクレース」に参加することを第一の目標におきました．ソーラーバイクレースは，バッテリの充電に指定の太陽電池から得た電力しか使えません．走行中にバッテリを使い切ったらスペアのバッテリに交換してバイクを走らせ続けて，使用済みバッテリの充電は太陽電池から行います．充電の進み具合はお天気任せなので，次のバッテリ交換時に満充電までバッテリが充電されているとは限りません．

このためトラ技号では，図9に示すように，交換しようとするバッテリの電気量を入力するオプションを

設けました．

太陽光発電の充電システム側にもCycle Analystを装備してバッテリにどれだけ電荷がためられたかを計測しておき，それをバッテリ交換時に計器盤に入力して常に確からしいSOCをライダに提供するようにしています．

● トラ技号の工夫2：レース中の走行ペースの妥当性を示す指標「平均電流計」

バッテリの残量計と関連し，トラ技号の計器盤にはバッテリ放電電流の平均値を逐次表示する「平均電流計」を装備しました．

ソーラーバイクレースやソーラーカーレースなどの耐久競技では，決められた時間内にバッテリに蓄えられた電力をどう配分して使い切るかが成績に影響します．競技時間途中でバッテリが切れて車両が走れなくなっても成績は伸びませんし，競技が終わった後にまだバッテリが残っていたとした場合，競技中にもっとペースが上げられたということになり「もっと速く走れたのかっ！」と残念な気持ちになります．

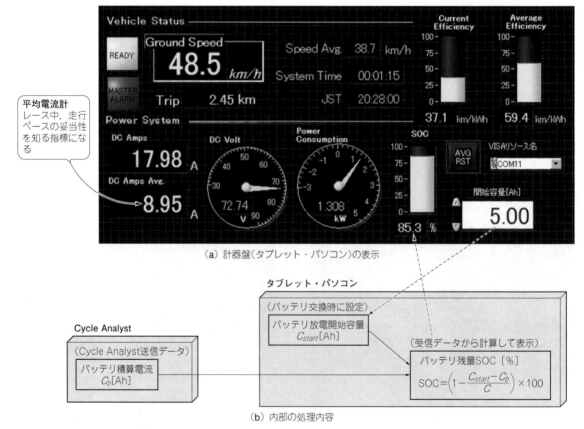

（a）計器盤（タブレット・パソコン）の表示

（b）内部の処理内容

図9　トラ技号のバッテリ残量表示
Cycle Analystで計測した電気量から，タブレット・パソコンでSOCに変換して表示

　競技時間が終了してチェッカーフラッグを受けた瞬間に，バッテリがなくなって車両が止まるようなペース配分が理想です．

　バッテリの残量を常に知ることは，競技中のペースを考えるうえで重要な要素となります．しかし，これだけだと車両の運転者は，現在の走行ペースが果たして妥当なのか，レース終了時にバッテリがどういう状態になるのか，根拠をもって推測するのは難しいものです．

　競技会では，車両の走行時間 T [h] はあらかじめ参加者に知らされています．ここで，実際に使用できるバッテリの容量 C_x [Ah] を調べておいて，競技終了時にSOCを0％としたければバッテリ電流 I_b [A] を，次の式で計算される値で放電すればよいわけです．

$$I_b = \frac{C_x}{T} \cdots\cdots\cdots\cdots\cdots\cdots\cdots(2)$$

　EVのバッテリ電流は運転状況によって常に変動するので，I_b 一定での運転は現実的ではありません．このため，放電開始から I_b の平均値を常に表示するのが平均電流計の役割です．

　事前にライダはチームと平均電流の目標値を相談して決めておき，車両運転中は常に平均電流を見ながら，相談して決めた目標値に運転中の平均電流が収束するよう走行ペースを調整します．走行ペースが遅いと平均電流は目標値を下回り，ペースが速いと目標値を上回るので，根拠をもって走行ペースの調整ができ，レース用としては大変便利な機能となります．

　通常の移動用途では，ほとんど必要にならない機能ですが，トラ技号はレース参加を第1目標としたので，このような機能をもたせています．

● **やっぱり難しい！バッテリ残量の推定**

　バッテリの残容量を推定する方法のうちの一つ「Ah法」を中心に紹介しました．Ah法は，バッテリを「電荷のタンク」と考えてその残量を推定します．

　実際のバッテリは，放電電流の大きさ，バッテリの温度，バッテリの使用履歴などによって，この「タンクの大きさ」が大きくなったり小さくなったりします（取り出せる電荷の量が変化）．これは，バッテリが複雑な電気化学反応で動作していることが原因であり，「バッテリは生き物である」といわれるゆえんでもあります．

　今回紹介した方法も完璧ではありませんが，条件を限定すれば十分に実用できる方法なので試してみてください．

◆参考文献◆

(1) JIS C8971 太陽光発電用鉛蓄電池の残存容量測定方法，日本工業標準調査会．

(2) Justin Lemire‐Elmore: The Cycle Analyst Large Screen Edition User Manual:, Grin Technologies, 2011.

第9章

過充電に注意しつつフル充電を目指す

バッテリ充電の方法と注意点

宮村 智也
Tomoya Miyamura

方法①…実験用電源を使う

● レース以外では実験用電源を使う

ソーラーバイクレースでは，大会の規定に沿って太陽電池から得られる電力だけをバッテリに充電します．レース以外では，商用電源を使って充電するのが便利です．

電動バイクを自作するときは，各部の動作チェックなどに比較的高い電圧を出力できる実験用直流安定化電源装置（以下，実験用電源）が欠かせません．この実験用電源はバッテリの充電にも重宝します．

試運転などでバッテリを使った後は，バッテリの充電が欠かせません．はじめに実験用電源を使ったバッテリの基本的な充電方法を解説します．

● 実験用電源を安全に使うための一工夫

実験用電源をバッテリの充電に使う場合は，図1に示すようにバッテリと接続したときにバッテリから実験用電源へ電流が逆流しないように注意が必要です．

実験用電源の出力電圧 V_{supply} の値がバッテリ電圧 V_{bat} の値よりも常に高ければ，バッテリから実験用電源に電流が逆流することはありません．しかし，実験用電源は，出力電圧を容易に変更できるうえに電源スイッチなどもついているので，気を抜くと実験用電源

の出力電圧（V_{supply}）よりも電池の電圧（V_{bat}）のほうが高くなります．電源装置出力部の回路構成にもよりますが，バッテリから電流が実験用電源へ逆流して，最悪は装置を壊す恐れがあります．

電動バイクの駆動用バッテリは，乾電池より大きなエネルギーをもっています．「ついうっかり」をやらかしても簡単に実験用電源が壊れないように装置を構成したいところです．筆者らは，図1(b)のように実験用電源の出力部にダイオードを取り付けています．こうしておけば，「ついうっかり」をやらかしてもバッテリから電流が逆流する恐れはありません．また，実験用電源とバッテリを接続する際に，実験用電源の出力を切った状態で作業できるので，作業時の安全性が向上します．

● 逆流防止ダイオードの選び方

筆者らが使っている実験用電源（EX - 375H2，高砂製作所）は，最大出力電圧が240 V，最大出力電流が6.3 Aです．

バッテリを充電するときだけダイオードを接続するのは面倒です．逆流防止ダイオードを常時接続としてあらゆる用途で使おうとした場合は，逆流防止ダイオードには240 V以上の逆方向電圧（V_R）と，6.3 A以上の順方向電流（I_F）が求められます．さらに，素子の発熱を考えれば，順方向電圧（V_F）ができるだけ低いダ

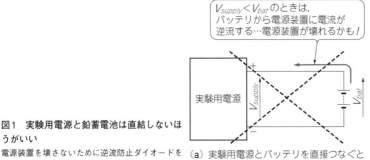

$V_{supply} < V_{bat}$ のときは，バッテリから電源装置に電流が逆流する…電源装置が壊れるかも！

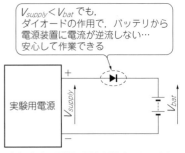

$V_{supply} < V_{bat}$ でも，ダイオードの作用で，バッテリから電源装置に電流が逆流しない…安心して作業できる

図1 実験用電源と鉛蓄電池は直結しないほうがいい
電源装置を壊さないために逆流防止ダイオードをつけたい

（a）実験用電源とバッテリを直接つなぐと電流が逆流する可能性がある

（b）実験用電源に電流が逆流しないようにダイオードを入れておく

筆者ら所有の電源装置の仕様
● 最高出力電圧：240V
● 最高出力電流：6.3A

● MUST
電源装置に逆流防止ダイオードを
常時接続するとすれば，
● 最大逆方向電圧 V_R ＞240V
● 平均順方向電流 I_{Favg} ＞6.3A
となるダイオードにしたい！

● WANT
素子の発熱や省エネを考えると
できるだけ順方向電圧 V_F が小さいほうが
いいなぁ…

（a）逆流防止ダイオードの要件

MUST要件とWANT要件を両立するダイオードが
なかなか見つからないときは，スイッチング半導
体に内蔵されているダイオードを検討する

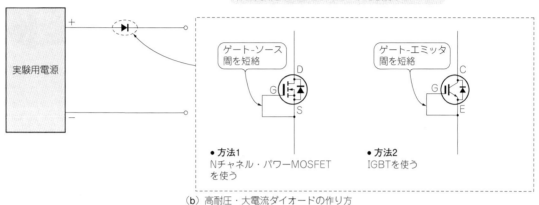

実験用電源

ゲート-ソース
間を短絡

ゲート-エミッタ
間を短絡

● 方法1
Nチャネル・パワーMOSFET
を使う

● 方法2
IGBTを使う

（b）高耐圧・大電流ダイオードの作り方

図2　実験用電源に接続するダイオードの選び方

イオードが欲しくなります．

　ダイオード単体として売られているもので，ここまで高い V_R と I_F をもつタイプを探すのは大変です．さらに V_F の低いダイオードは，もし見つかったとしても1本から廉価に入手できるのか不安になります．

　こうした場合，**図2**に示すようにパワー用のスイッチング素子に内蔵されたダイオードを利用するのが便利です．パワーMOSFETであれば，素子の構造上必ず寄生ダイオードが作り込まれています．また，IGBTやパワー・トランジスタでもフリーホイール・ダイオードを内蔵するタイプが多く，これらのダイオードはスイッチング素子と同等の耐圧と電流に耐えられるのが一般的です．また，スイッチング素子に内蔵されているダイオードは，一般的な整流用ダイオードよりも順方向電圧が小さいものが多く，素子発熱の面でも有利です．

　パワーMOSFETであれば数百円で1本から通販でも買えますし，大きなIGBTやパワー・トランジスタは，ジャンク屋の店先で廉価に販売しています．

　筆者らの実験用電源には，ジャンク屋で見つけた V_{CE} ＝ 600 V，I_C ＝ 50 A クラスのIGBTモジュールを逆流防止ダイオードの代わりに常時取り付けています．

● 充電電圧の設定

　写真1はトラ技号の後方ケースに搭載した鉛バッテリ・モジュールです．

　トラ技号のバッテリ・モジュールは，**図3**に示す公称電圧12Vの鉛蓄電池（WPX5L-BS, Kung Long Batteris Indutstrial Co., Ltd.）を6個直列に接続して構成しています．したがってトラ技号のバッテリ・モジュールは，公称電圧72Vです．

　WPX5L-BSは，もともとエンジン始動用のバッテリということもあり，データシートには推奨充電電圧の記載がありませんでした．通常，ガソリン式のバイクや自動車の12Vバッテリ充電回路では，14V程度の直流電圧を供給しています．これらのバッテリは，いつもほぼ満充電の状態で使われるので，充電中のバッテリ端子電圧が14Vになったときに，充電電流がゼロになるような充電を行えばよいことになります．したがって，充電時にはバッテリの公称電圧より2割弱高い電圧が必要です．

　バッテリ1個当たりの充電電圧を14Vとした場合に，トラ技号のバッテリ・モジュールを充電するには，

充電電圧 ＝ 14 V × 6 ［直列］ ＝ 84 V …………(1)

が必要です．トラ技号のバッテリ・モジュールを実験用電源で充電するときは，その出力電圧を84Vに設定します．データシートに推奨充電電圧の記載がある

隣接するバッテリ端子はアルミ平角棒で接続

アンダーソン・コネクタ

持ち運びしやすいように梱包用プラスチック・バンドで持ち手をつけた

梱包用プラスチック・バンドで結束

主回路配線

工具などを落としても端子間がショートしないようにテープで絶縁

（a）鉛バッテリ・モジュール

後方のケースに収納

（b）トラ技号

写真1　トラ技号後方のケースに搭載された鉛バッテリ・モジュール

6個直列で公称電圧72Vが得られる

WPX5L-BS×6個
（12V-5Ah）

図3　バッテリ・モジュールの構成

バッテリを使った場合は，データシートに記載されている値から式(1)のとおりに充電電圧を設定するとよいでしょう.

　実験用電源の出力電圧は，出力プリセット機能があるものは電源を出力状態にしなくても出力電圧を設定できます. しかし，出力プリセット機能がない場合は，出力端子を開放した状態で出力端子にテスタを当てて所望の電圧が出るようにツマミで調整しておきます.

● 充電電流の設定

▶コモンセンス！電池の容量と充放電電流の関係を表す単位［C］

　「鉛蓄電池の充電電流は0.1 C程度にしましょう」などとよくいわれます. 一般的にバッテリの定格容量はC［Ah］で表されますが，バッテリの充放電電流は定格容量Cを使って大きさを表記します.

　トラ技号のバッテリWPX5L-BSの定格容量Cは5 Ahです. トラ技号のバッテリを0.1 Cで充電したいときの充電電流I_{chg}［A］は，

$$I_{CHG} = 0.1 \times 5 \text{ Ah} = 0.5 \text{ A} \cdots\cdots\cdots\cdots (2)$$

と計算します. Cを使ったバッテリ電流の表記は，充電流だけでなく放電電流でも同じように使われます.

　バッテリの仕様書などで「放電は10 Cまで」と制限された場合，トラ技号のバッテリの放電電流I_{Dchg}［A］は，

$$I_{Dchg} = 10 \times 5 \text{ Ah} = 50 \text{ A} \cdots\cdots\cdots\cdots\cdots (3)$$

と計算します

▶無難な0.1 Cで充電する

　WPX5L-BSのデータシートには充電電圧と同様に，推奨充電電流の記載もありませんでした. このため，一般によくいわれる0.1 C（トラ技号のバッテリ・モジュールでは式(2)より$I_{chg} = 0.5$ A）での充電が無難です. この場合，実験用電源の出力電流は0.5 Aに設定します. 0.1 C充電の場合に充電に要する時間は，単純計算で10時間かかる計算になります.

　自動車の修理工場などに置いてある鉛蓄電池用の急速充電器の取り扱い説明書をみると，I_{chg}は最大0.8 C程度にするように書いてあります. 短時間で充電をしたいときは，トラ技号の場合$I_{chg} = 0.8 \times 5$ Ah = 4 A程度まで充電電流を上げることもできます. この場合，単純計算では充電時間が75分くらいになるので，急速充電といえます. 実際に0.8 Cで充電してみましたが，確認できる範囲で異常は発生しませんでした. しかし，急速充電はバッテリ寿命を縮めるので，注意が必要です. また，充電電圧と同様に，データシートに推奨充電電流の記載があれば，それに従いましょう.

実験用電源の出力電流は，出力プリセット機能があるものは電源を出力状態にしなくても出力電流を設定できます．しかし，出力プリセット機能がない場合は，出力端子を短絡させて出力状態とし，装置内蔵の電流計を見ながら電流調整用のツマミを所望の電流になるように調整します．

● 実際に充電してみる

先に述べた方法で実験用電源の出力電圧と出力電流の設定が終わったら，バッテリを接続して充電します．このときの充電電圧と電流の変化のようすを**図4**に示します．

充電を開始したときの電圧は，実験用電源の設定電圧を下回るので，実験用電源はCCモード（Constant Current：定電流）で充電を行います．このとき，電流は実験用電源の設定電流に等しくなります．

時間の経過とともに充電が進行すると，バッテリ電圧が徐々に上昇していきます．バッテリ電圧が上昇し

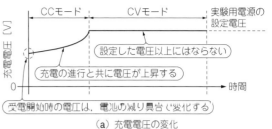

（a）充電電圧の変化

（b）充電電流の変化

図4　実験用電源で充電中の電圧と電流の変化（実験）

曇りのときも快晴のときも太陽電池から電力を最大限引き出すMPPT

図5に示すように，太陽電池は出力が最大となる動作点が存在します．出力が最大となる電圧が最適動作電圧ですが，最適動作電圧は太陽電池セルの温度や日射量で変化します．太陽電池をその時々の最適動作電圧で動作させるための装置は最大電力点追尾装置（MPPT：Maximum Power Point Tracker）と呼ばれ，古くから各種手法が提案されています．

MPPTの正体はDC-DCコンバータです．普通のDC-DCコンバータは出力電圧が一定となるように主回路を制御します．MPPTでは太陽電池の出力が最大（＝DC-DCコンバータ出力も最大）になるように主回路を制御します．

MPPTもDC-DCコンバータの一種なので，昇圧型と降圧型があります．トラ技号の仕様検討初期ではバッテリ公称電圧を60Vとしたため，降圧型のMPPTを使って太陽電池パネルの出力最大化と電圧のアンマッチをまとめて解決しようと考えていました．トラ技号用に用意したMPPT（PT208HV，浪越エレクトロニクス）は降圧型で，太陽電池電圧をバッテリ電圧の1.5倍以上とする必要があります．当初のバッテリ電圧は60VだったのでMPPTを使うことを考えていました．ところがトラ技号のバッテリ電圧はバッテリを搭載する場所の都合上，60Vから72Vに変更したので，必要な電圧差がとれない場合があると判断して，トラ技号ではMPPTを使いませんでした．同時に走らせた**写真A**に示す筆者ら作

成の電動バイクは，48V仕様だったので太陽電池パネル6枚直列に同型のMPPTを接続して充電を行いました．2012年のソーラーバイクレースでトラ技号と**写真A**のバイクの発電量を比較すると，MPPTの有無で5％ほど発電電力の差が観察できました（MPPTありのほうが出力大）．同じ電力を充電する場合は，時間も5％短縮できます．

MPPTを用意しておくと発電量の最大化が図れるうえ，太陽電池のモジュール構成と車両の電源電圧の関係の自由度が増しますので，予算に余裕があれば用意したい装置です．

写真A　筆者のチームで製作した電動バイク
電源電圧は48Vで製作．36セルの太陽電池パネル6枚の「つなぐだけ充電」がうまくできない仕様なのでMPPTを追加して充電した

て実験用電源に設定された電圧に達すると，実験用電源はCVモード（Constant Voltage：定電圧）に切り替わります．

設定電圧のまま充電は進行し，充電電流は充電の進行とともに減少していきます．やがて電流はほぼゼロとなり，これで充電が完了したと判断します．

このように，充電の前半は定電流，後半を定電圧で充電する方法を「定電圧定電流充電方式」と呼びます．この充電方式は鉛蓄電池に限らず，ニッケル水素蓄電池やリチウム・イオン蓄電池などのあらゆる2次電池に適用可能な基本的な充電方法です．充電電圧と充電電流を正しく設定できれば，電池種類や組電池の構成が変わっても1台の実験用電源で対応できるので，いちいち専用の充電器を用意する必要がなく便利です．

方法②…太陽電池を使う

以下に，ソーラーバイクレースでのバッテリ充電方法を解説します．

● レースで貸し出される太陽電池パネルのスペック

浜松オートレース場を舞台に毎年開催されているソーラーバイクレースでは，参加者に太陽電池パネルが貸し出され，競技中のバッテリ充電は貸与された太陽電池パネルからだけ充電することが許されます．シリコン結晶系の太陽電池セルを36枚直列に接続した最大出力50Wの太陽電池モジュールが，1チームにつき6枚（計300W分）貸し出されます．

ここで，太陽電池の種類を「シリコン結晶系」としたのは，貸し出される太陽電池にシリコン単結晶タイプとシリコン多結晶タイプの2種類があり，さらに製造メーカも複数にわたっていたためです．

どの太陽電池パネルを使うかは早い者勝ちで決まります．このほかに，太陽電池パネルを並べる架台として，工事現場の足場などに使われる単管パイプやジョ

イントなどの部品が貸し出されます．架台の組み立てと太陽電池の設置は，**写真2**に示すように参加者がそれぞれ現地で行います．

● 太陽電池パネル1枚あたり12Vの電池1個と組み合わせる

シリコン結晶系の場合，単結晶・多結晶とも太陽電池セル1枚の開放電圧は，太陽電池パネルの銘柄にもよりますがおよそ0.5〜0.6Vです．また，出力が最大となる最適動作電圧は，開放電圧のおよそ80%程度の値をとります．

ソーラーバイクレースで貸し出される太陽電池パネルは，単結晶・多結晶や製造メーカの違いはありますが，いずれも1枚あたり36セルを直列に接続したものです．このため，パネル1枚ぶんで考えると，太陽電池セルの開放電圧が0.5〜0.6Vの範囲にあれば，パネル1枚当たりの最適動作電圧は14.4〜17.3Vとなります．

太陽電池を使うときは，その動作電圧をできるだけ太陽電池の最適動作電圧に近づけるとよい結果が得られます．12Vの鉛蓄電池では充電電圧が14V前後になるので，**図5**に示すように36セル太陽電池パネルの最適動作電圧と「だいたい」同じ値といえます．

太陽電池を電源としてみた場合，その内部抵抗は電池に比較して大きいので，太陽電池と電池を接続すると，電圧は電池電圧と等しくなります．以上より，太陽電池パネル1枚につき12Vの鉛蓄電池がちょうど充電できる，ということを太陽電池パネルを配線するときの目安にします．

● 太陽電池パネルとバッテリの直列数が同じなら直結OK！

太陽電池パネル1枚で12V鉛蓄電池が充電できます．12V鉛蓄電池で構成したバッテリ・モジュールの場合は，バッテリ直列数と太陽電池パネルの直列数を同じにすれば，特別な装置を用意しなくても互いを

写真2　充電用の太陽電池パネルの使い方はレース参加者に委ねられている
太陽電池パネルやその架台となる材料は主催者から参加者に貸与される

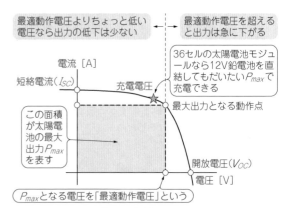

図5　太陽電池の*I-V*特性と鉛蓄電池の充電
36セル・モジュールなら12V鉛蓄電池がちょうど充電できる

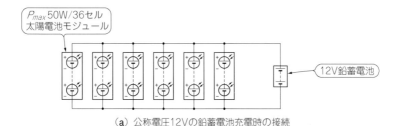

（a）公称電圧12Vの鉛蓄電池充電時の接続

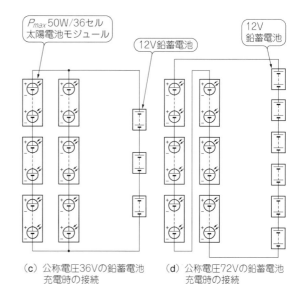

（b）公称電圧24Vの鉛蓄電池充電時の接続

図6　ソーラーバイクレースでの鉛蓄電池「つなぐだけ充電」の例
36セル・モジュール1直列で12V鉛蓄電池1直列が目安

（c）公称電圧36Vの鉛蓄電池
充電時の接続

（d）公称電圧72Vの鉛蓄電池
充電時の接続

ただ接続するだけで充電できます．このとき太陽電池パネルは，その最適動作電圧からさほど違わない電圧になるからです．

　トラ技号のバッテリ・モジュールは，12V鉛蓄電池を6個直列に接続して図6(d)のように構成したので，太陽電池パネルも6枚直列とし，単純に電線で接続するだけの「つなぐだけ」充電を行いました．

　ちょっと見方を変えると，ソーラーバイクレースに極力お金をかけないで参加しようと考えるなら，借りた太陽電池パネルとバッテリ・モジュールを電線で繋ぎさえすれば，だいたいうまく充電できるようにバッテリ・モジュールの構成を考えることもやり方の一つです．貸し出される太陽電池パネルは，シリコン結晶系36セル直列パネルが計6枚とわかっていますから，「つなぐだけ充電」に適した鉛蓄電池のバッテリ・モジュールは，図6に示すとおり公称電圧12V/24V/36V/

72Vのどれかになります．

● 充電の進み具合をCycle Analystでモニタ

　ソーラーバイクレースではレギュレーション（競技規則）により，電動バイクのバッテリ・モジュールは鉛蓄電池で3セット以上，その他の蓄電池では4セットに分割しなくてはなりません．

　複数のバッテリ・モジュールを限られた時間で，しかもお天気任せで充電するので，使用済みバッテリ・モジュールをいつも満充電にできるとは限りません．また，ソーラーバイクレースでは，複数のバッテリ・

バッテリ充電中はその場を離れちゃダメ！

　定電圧定電流充電方式は，設定値が正しければ過充電の恐れも少ない比較的安全な充電方式です．しかし，設定値に問題があるとバッテリが発熱したり，過充電になってガスが発生したりするので，基本的にバッテリ充電作業はリスクのある作業と考えるべきです．

　安全性が確認されている専用の充電器以外でバッテリ充電を行うときは，何か問題が起こってもすぐに対処できるように，充電中はその場を離れないことを基本スタンスとしましょう．一番恐ろしいのは火災事故です．近くに消火器などを用意しておきましょう．

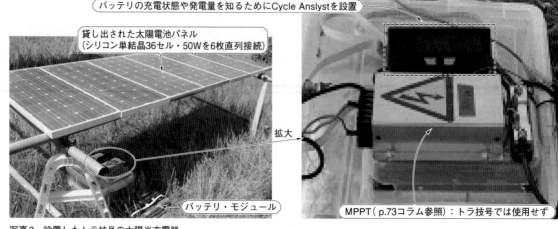

バッテリの充電状態や発電量を知るためにCycle Anslystを設置

貸し出された太陽電池パネル
(シリコン単結晶36セル・50Wを6枚直列接続)

拡大

バッテリ・モジュール

MPPT（p.73コラム参照）：トラ技号では使用せず

写真3　設置したトラ技号の太陽光充電器
太陽電池パネルは6枚直列接続の「つなぐだけ充電」，SOC管理のためCycle Analystを追加した

モジュールを取り換えながらレースを行うので，競技の進行につれてどのバッテリ・モジュールにどれだけ電力が残っているのかわからなくなる恐れがありました．

このため，**写真3**のように車両とは別に電動バイク用高機能メータであるCycle Analyst（Grin Technologies社）を車両とは別にもう1台用意して充電電流の積算電流，充電電圧，充電電力をモニタする構成とし，各バッテリ・モジュールのSOC（充電率）を，それぞれ管理することにしました．Cycle Analystの計測値は，耐久競技の残り時間と各バッテリ・モジュールのSOCから，どのモジュールを優先的に充電するのか，どのモジュールを優先して車両に搭載するのかを合理的に判断する材料としました．

● **直結充電は過充電のおそれあり**

太陽電池と電池をつなぐだけの「つなぐだけ充電」は，十分な日照がある場合は太陽電池の特性からほぼ定電流充電となります．このため充電の後半では，充電電圧が12 V鉛蓄電池1個あたり14 Vを超える電圧となります．

鉛蓄電池は過充電に比較的強く，14 Vを超える電圧を加えてもただちに壊れるようなことはありません．しかし充電時にはSOCを監視する，充電時間を計測するなどして極端な過充電状態にならないように注意しましょう．チームに「充電番長」を設けても楽しいかもしれません．

鉛蓄電池は火気厳禁

鉛蓄電池には燃えやすい材料は使われていません．電池そのものが燃える恐れは，ほぼないと考えられます．しかし，充電中の鉛蓄電池からは少なからず可燃性のガスが発生することに注意が必要です．この可燃性ガスの正体は水素ガスです．鉛蓄電池はその電解液に硫酸を水で薄めた希硫酸を使っていますが，充電の後半では水の電気分解が現象として起こるため，水素ガスが発生します．

トラ技号で採用のバッテリは密閉構造で，バッテリ内部で発生した水素ガスは内蔵の触媒の作用で水になり，電解液に戻るよう作られています．しかし何らかの理由で触媒の処理能力を超える水素ガスが発生し，バッテリ内部の圧力が上昇すると安全弁が開いて水素ガスがバッテリ外部へ放出されます．こ

のとき，近くにタバコの火種や静電気の放電現象などの点火源が存在するとバッテリは爆発します．

したがって，充電作業を行っている付近は火気厳禁とする必要があります．また，水素ガスが発生しても爆発事故が起こらないようにするためには，水素ガスが滞留しない工夫が必要です．このため，充電は風通しのよい場所で行うなどの配慮をしましょう．

少々脅迫じみた表現になってしまいましたが，常に「鉛蓄電池からは水素ガスが発生するもの」と考えて取り扱えば事故は未然に防ぐことができます．過度に神経質になる必要はありませんが，上記の注意点を常に頭の片隅におき，適切にバッテリを取り扱いましょう．

第10章

「爆走！トラ技号」の性能レビュー

レースに出て，
作ったバイクで走ってみよう！

宮村 智也
Tomoya Miyamura

写真1　スプリント競技で爆走するトラ技号（出典：ソーラーバイクレース実行委員会）
全開でスピードを出せるだけ出す．最高速度はCycle Analystに記録される

目標性能と実測値の比較

● 期待値は63 km/h

　トラ技号のモータとこれを制御するモータ・コントローラ，バッテリ電圧の仕様は，主に最高速度の目標値から決定しました．トラ技号の最終目標は公道で「街乗りできること」でしたが，ソーラーバイクレースへの出場も直近の目標として掲げていました．

　ソーラーバイクレースでは，1周約600 mのコースを全力疾走で5周回する「スプリント競技」があります．スプリント競技でそこそこ勝負ができるように，最高速度は少なくとも50 km/h以上を目標として仕様を検討しました．実際に製作したトラ技号の最高速度の予測は，電動自転車開発用シミュレータのHub Motor and Ebike Simulator（Grin Technologies社）に，トラ技号の実車重量測定結果を反映して計算した結果，図1に示すように63 km/hになると予測しました．

● 最高速度65 km/hをマーク！

　トラ技号はナンバを取得し公道を走行するため，道路運送車両法上の第1種原動機付自転車，いわゆる50 cc原付バイクとして扱われることも念頭にモータを選びました．50 cc原付バイクは，道路交通法で最高速度が30 km/hに制限されているので，トラ技号の最高速度を公道で試すわけにはいきません．

　トラ技号の最高速度は，ソーラーバイクレースのスプリント競技で「ぶっつけ本番」で試しました．スプリント競技中のトラ技号のようすを写真1に示します．

　トラ技号に搭載したEV用複合メータ「Cycle Analyst」では，記録した最高速度を走った後に確認できるので，スプリント競技中に記録した最高速度を計測結果としました．

　スプリント競技で記録した最高速度は65 km/hでし

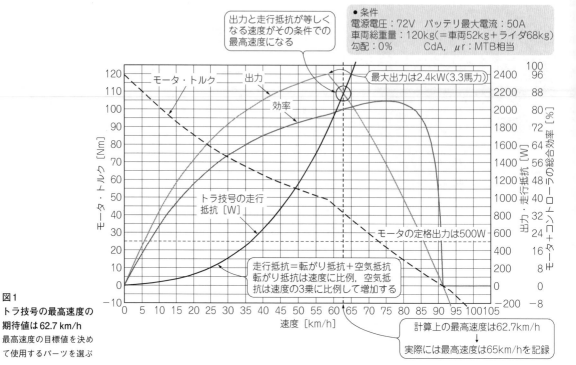

出力と走行抵抗が等しくなる速度がその条件での最高速度になる

● 条件
電源電圧：72V　バッテリ最大電流：50A
車両総重量：120kg（＝車体52kg＋ライダ68kg）
勾配：0%　CdA，μr：MTB相当

最大出力は2.4kW（3.3馬力）

モータ・トルク

出力

効率

トラ技号の走行抵抗〔W〕

モータの定格出力は500W

走行抵抗＝転がり抵抗＋空気抵抗
転がり抵抗は速度に比例，空気抵抗は速度の3乗に比例して増加する

計算上の最高速度は62.7km/h
↓
実際には最高速度は65km/hを記録

モータ・トルク〔Nm〕
出力・走行抵抗〔W〕
モータ・コントローラ＋バッテリの総合効率〔%〕
速度〔km/h〕

図1
トラ技号の最高速度の期待値は62.7 km/h
最高速度の目標値を決めて使用するパーツを選ぶ

た．事前に予測していた最高速度63 km/hに対し，実測値は3％の差に収まったので，以下の2点が確認できたといえます．

(1) トラ技号は，狙ったとおりの最高速度が出る
(2) 仕様検討に使用したシミュレータは，電動バイクの最高速検討に十分な精度がある

最高速度計測による動力性能の確認は，場所の確保が課題ですが平らな道路さえあれば簡単に試せる方法なので，オリジナルの電動バイクができあがったらぜひ行いたい試験です．

1回の充電で走れる距離

● 予測は難しい…出たとこ勝負で

電動バイクに限らずバッテリをエネルギー源とする電気自動車（EV）は，1回の充電で走れる距離が気になります．1回の充電で走れる距離は，理屈の上では車両の消費電力とバッテリの容量で決まりますが，車両の消費電力は走り方によって大きく変動するため，自作レベルでは事前予測がなかなか難しいところです．そこで，トラ技号の仕様検討時は，あえて1回の充電で走れる距離の目標値は定めませんでした．

トラ技号では，ソーラーバイクレースの6時間耐久競技や，街乗りで試してみた結果から実力をレビューします．

● 一定速度30 km/hでは1回の充電で25 km走れた

市販の原付バイクのカタログをみると，燃費の項目に「30 km/h定地走行テスト値」などの注記がみられます．これは，バイクを30 km/hの一定速度で平坦な道路を延々と走らせたときの燃費です．

ソーラーバイクレースの6時間耐久競技では平たんな路面を連続して走ります．ちょうど良い機会なので，市販の原付バイクの燃費測定基準にあわせたうえで，耐久競技中はライダに「30 km/hを目標に走ってね！」とお願いして，バッテリがなくなって走行が困難になるまで走り続け，どのくらい走れるのかを試してみました．

バッテリが新品の満充電状態から走り始め，負荷をかけた状態で30 Vになるまで走ったところ，25 km走れました．25 km走って消費した電力量は325 Whだったので，電力消費率は13 Wh/kmです．消費電力量や電力消費率も，Cycle Analystが記録しているので，走行後に簡単にチェックできます．

● ナンバの交付を受けて公道で走行テスト

トラ技号の最終目標は「ナンバをもらって公道を走ること」なので，実際にナンバの交付を受け，自賠責保険に加入して，**写真2**に示すように近所で走行テストを行いました．**図2**は，走行テストに使った経路です．

走行テストは，図2に示した住宅地内のコース，1周1.45 kmを周回しました．このコースに目立った起

市町村役場に届け出て番号標（ナンバ）の交付を受けた…

自賠責保険に加入して，保険に入っていることを示すシール（保険標章）を貼る

（a）必要な手続き
原付バイクの番号標（ナンバ）は市町村役場へ届けて交付を受ける．自賠責保険の加入を忘れずに

（b）公道試験のようす
ヘルメットをかぶって安全運転しました…

写真2　ナンバを交付してもらって公道でレース後の走行テスト

図2　公道走行したコース
長崎市内の住宅街で電力消費テストをした．1周1.45km．信号のある交差点と一時停止する交差点が各1箇所ある

伏はなく，一時停止のある交差点が1箇所，信号のある交差点が1箇所あります．平均の走行速度が27.5km/hで，電力消費率が26Wh/kmの結果でした．電力消費率は，ソーラバイクレースの耐久競技で得た結果の2倍です．

ソーラバイクレースの耐久競技中は減速の必要がほぼありませんでしたが，実際の街乗りでは交差点での一時停止や曲がり角での減速があるので，加減速の頻度が増えます．バイクの消費電力が大きくなるのは車両を加速するときなので，加減速の頻度が増えると消費電力が増えます．

バッテリの容量は変わらないのに，街乗りの電力消費率はソーラバイクレースの耐久競技時の2倍になったので，街乗りで走れる距離は1回の充電で12km程度に留まる結果となりました．トラ技号は減速時に車両の運動エネルギーをバッテリに回収する機能の回生ブレーキを装備しましたが，今回の街乗りテストでは，回生ブレーキ機能で回収できた電力は全体の電力消費量の約5％程度に留まりました．回生ブレーキで回収した電力量が，走行に要した電力量の何割にあたるのかなども，Cycle Analystが計算してくれます．

● **鉛蓄電池の放電深度を浅くすれば実用性UP**

トラ技号のバッテリ・モジュールは，1個当たり12V，5Ahの制御弁式鉛蓄電池を6個直列に接続して構成しているので公称電圧は72Vです．バッテリ電圧が公称電圧の約4割（30V）になるまで走るというのはバッテリにとってとても厳しい使用条件です．鉛蓄電池をこのような条件で使うと，容量劣化が著しく進行し，寿命が極端に短くなります．バッテリの耐久性を考慮しながらトラ技号を実用的な乗り物にするには，バッテリの仕様を見直す必要があります．

レースの結果

自作電動バイクに工夫を凝らして性能を競い合うソーラーバイクレースは，今のところ国内で愛好家が電動バイクの技術を競い合える数少ない競技会です．レース結果からトラ技号の性能がどう位置付けられるか見ていきます．

● **耐久レース結果：27台中10位**

耐久レースの結果を表1（a）に示します．耐久レー

表1 ソーラーバイクレース2012 2輪クラスのレース結果(出展：ソーラーバイクレース実行委員会)
トラ技号はここ一番の速さはあるが，電力消費率に課題あり

順位	No.	クラス	エントリ・チーム名	車両名	得点	総走行距離
1	32	2輪	キムタオル	キムワイプ2	266	233 km
2	28	2輪	ミツバ SCR プロジェクト	ハイパーチョイノリE	257	220 km
3	29	2輪	Team Prominence（チームプロミネンス）	ザ・ウィンド・フロム・ザ・サン	236	196 km
10	24	2輪	月刊「トランジスタ技術」 Powered by Team Prominence	爆走！トラ技号	163	138 km

(a) 6時間耐久レースの結果…トラ技号は10位

順位	No.	クラス	エントリ・チーム名	車両名	得点
1	28	2輪	ミツバ SCR プロジェクト	ハイパーチョイノリE	40
2	8	2輪	RT 野村商会 ×MAXSPEED	野村商会 電動NSR風	34
3	30	2輪	単車で粋隊RC withテクノモーターエンジニアリング powered by vicuna	TER.02	33
4	24	2輪	月刊「トランジスタ技術」 Powered by Team Prominence	爆走！トラ技号	31

(b) スプリントレースの結果…トラ技号は4位

スの結果は，一言でいうと「より遠くまで」走れるマシンの順位を表します．競技規則によりバッテリの容量とレース中に充電できる電源は制限されているので，どのチームも使えるエネルギーの総量は同じです．耐久レースの結果は，製作した電動バイクのエネルギー効率をそのまま反映しています．

2012年のソーラーバイクレースでは，2輪車クラスに計33台のエントリがあり，このうち27台が出走しました．トラ技号は6時間耐久レースで138 kmを走り，10位の結果を得ました．順位からみれば「中の上」くらいのエネルギー効率は有するといえます．しかし，同じ容量のバッテリ・同じ仕様の太陽電池から充電しているにもかかわらずトップ・チームとの走行距離の差は85 kmもあるので，まだ工夫の余地があります．

● スプリント・レース結果：27台中4位

スプリント・レースの結果を表1(b)に示します．トラ技号の結果は4位で，惜しくも表彰台は逃しましたが「スプリント・レースでそこそこ勝負できること」を目標に各部仕様を検討した甲斐がありました．

スプリント・レースは予選と決勝に分かれており，予選と決勝の着順でそれぞれ点数がつけられます．予選は出走台数の都合で複数組に分けられます．2012年大会では予選が3組に分けられました．どの予選組に入るかはくじ引きで決まります．特に2012年のスプリント予選は予選第2組にスピードの速いチームが偏った傾向にあり，各予選で上位に入らなければ決勝に進めない規則もあり，マシンのポテンシャル（潜在性能）が成績につながらなかったチームもありました

（トラ技号は予選第1組）．勝負事は時の運もあるので，これはこれで良いのですが，純粋に速さを競うとトラ技号は4位にはなれなかったかもしれません．2012年のレベルであれば，トラ技号は自作電動バイクでは並以上にスピードの速いマシンだったといえます．

上位をねらうならまず 空気抵抗を小さく

● 高性能のマシンに学ぶ

レース結果から，2012年の時点では自作電動バイクとしては速さと電力消費率の両面でトラ技号は中の上レベルでした．自作の電動バイクもメーカ製の電動バイクも，「より速く・より遠くへ」走りたいというニーズは変わりません．レースで良い成績を残すことは，実際に街でも「より速く・より遠くへ」行けることになるので，今回のソーラーバイクレースで好成績だったマシンの傾向とトラ技号との間で異なるポイントを（筆者の主観が入るが）考えてみましょう．

● ライダを含めた前面投影面積は小さく

トラ技号は「初心者が作ってみようと思える自作電動バイク」をコンセプトとしました．このためベースとなる車体には，比較的簡単に手に入る，あるいはすでに所持している場合もある，26インチのMTB（マウンテン・バイク）を採用しました．このため，写真3(a)に示すようにトラ技号はレースの参加車両全体を見渡しても比較的背の高い車両でした．

写真3(b)は，筆者らが製作して耐久競技3位となったマシンです．双方のライダの身長はほぼ同じです．

お尻を後ろに出せないので
前傾姿勢がとりづらい
↓
前面投影面積が小さくできない

2輪車の特性から全幅に大きな差がなければ
前面投影面積は全高に比例する
↓
トラ技号はザ・ウィンド・フロム・ザ・サン
よりも空気抵抗が14％以上大きい

全高の差：21cm

後ろへお尻をずらせば
さらなる前傾姿勢がとれる
↓
前面投影面積がさらに縮小可

166cm

145cm

タイヤ径：26インチ

タイヤ径：20インチ

タイヤ径が大きく，車体の背が高い仕様
↓
前面投影面積がもともと大きく，空気抵抗が大きい

タイヤ径が小さく，車体の背が低い仕様
↓
前面投影面積がもともと小さく，空気抵抗が小さい

（a）爆走！トラ技号（耐久レース10位）　　　　　　　（b）ザ・ウィンド・フロム・ザ・サン（耐久レース3位）

写真3　車輪径の違いにより車両寸法は大きく変わる（出典：ソーラーバイクレース実行委員会）
（a）と（b）のライダの身長はほぼ同じ．トラ技号は空気抵抗が大きくなりがちな仕様だった

トラ技号ではライダ乗車状態で高さが166cmですが，**写真3（b）**のマシンはライダが比較的ゆっくりした姿勢をとっても高さが145cmしかありません．双方ともマシンの幅はほぼ同じなので，写真の乗車姿勢でトラ技号のマシンを真正面から見たときの面積である前面投影面積は，**写真3（b）**のマシンより14％以上大きいことになります．

● **空気抵抗を小さくすると消費電力は1〜2割減る**

普段はあまり空気の抵抗を意識することはありませんが，空気抵抗というのは意外にバカにできない存在です．**図3**に，最高速度のテスト結果とモータの出力特性から逆算したトラ技号の走行抵抗を示します．

空気抵抗は，消費エネルギーでみると速度の3乗に比例して増加します．トラ技号では車速20km/hを超えるあたりから空気抵抗が増加し始め，最高速度では走行抵抗の9割を空気抵抗が占めるようになります．車速の高い領域では，電動バイクのモータは空気抵抗に抗うためにほとんどの仕事をしています．

車両の空気抵抗は，前面投影面積にも比例します．限られたエネルギーでより遠くまで走ろうと思えば，空気抵抗を小さくして走行抵抗を下げ，消費電力を小さくすることが効果的です．**写真3**で示したとおり，車輪径の取り方や車体の作り方を工夫することで前面

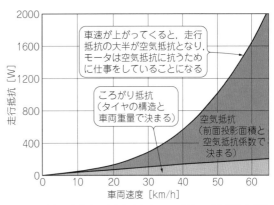

車速が上がってくると，走行抵抗の大半が空気抵抗となり，モータは空気抵抗に抗うために仕事をしていることになる

ころがり抵抗
（タイヤの構造と車両重量で決まる）

空気抵抗
（前面投影面積と空気抵抗係数で決まる）

図3　平地を一定速度で走行したときのトラ技号の走行抵抗と内訳
最高速度試験結果をモータの出力特性から推定した．20km/hあたりから空気抵抗の割合が大きくなり，最高速度では9割が空気抵抗となる

投影面積は目に見える形で小さくでき，改良の方向がイメージしやすいです．より速く・より遠くまで走れる電動バイクのトレンドは，タイヤが比較的小径で背が低い方向にあるのではないでしょうか．

◆**参考文献**◆

(1) Grin Technolodies ウェブ・サイト：Hub Motor and Ebike Simulator，http://ebikes.ca/simulator/

上位をねらうならまず空気抵抗を小さく　　　81

空気抵抗を小さくすると消費電力は1～2割削減！

　写真Aに成績の良かったマシンを示します．いずれもタイヤ径が比較的小さいマシンで占められているように筆者には見えました．

　モータ・コントローラやモータの改良で消費電力を1割以上削減するのは相当大変ですが，空気抵抗を小さくするアプローチは工夫次第で1割2割の消費電力削減余地があり，費用対効果も高くなると筆者は考えます．

（a）キムワイプ2（耐久1位）

（b）ハイパーチョイノリE（耐久2位／スプリント1位）

（c）SUN求-114（耐久4位）

（d）野村商会電動NSR風（耐久5位／スプリント2位）

（e）TER.02（スプリント3位）

写真A　ソーラーバイクレース2012で好成績を収めた高性能マシン
各車に共通するのは車輪が比較的小径で背が低いこと（前面投影面積が小さい）．フェアリング（風防）を装備したり，前傾姿勢などにより空気抵抗を小さくする努力が見える

（2）トランジスタ技術ウェブ・サイト：「爆走！トラ技号」浜松ソーラーバイクレース2012結果報告，トランジスタ技術編集部，http://toragi.cqpub.co.jp/tabid/644/Default.aspx

（3）ソーラーバイクレース大会実行委員会：2012年ソーラーバイク／エコライフ笑輪 大会スナップ，http://www.solarbikerace.com/c585969.html

この世で一番エコなEVを自作しよう

公道で走れる！ 屋根付き3輪・一人乗り電気自動車の製作

宮村 智也
Tomoya Miyamura

ワイパ

ウインカは
サイド・ミ
ラーに内蔵

ヘッド・ライト

（a）前面

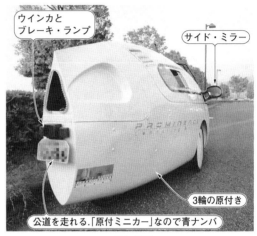

ウインカと
ブレーキ・ランプ

サイド・ミラー

3輪の原付き

公道を走れる，「原付ミニカー」なので青ナンバ

（b）後面

写真1　製作したオリジナル電気自動車，名付けて「PCD（Prominence Commuting Device）」
自作の過程と爆走中のムービーは本誌ウェブ・サイト（http://toragi.cqpub.co.jp/）から見られます

概　要

● 最高速度75 km/h以上，走行距離90 kmの一人乗り電気自動車を自作

　公道を走れる燃費のよい一人乗り電動車両（第1種原動機付自転車の3・4輪，いわゆる原付ミニカー）を自作したので紹介します（写真1，写真2，表1）．最高速度は60 km/h以上（実測値75 km/h）で，1回のフル充電で走行可能な距離は90 kmです．

　消費電力が少なくて電費のよい電気自動車（以下EV：Electric Vehicle）を製作するためには，モータやモータ・コントローラの効率向上ももちろん大事ですが，車両としての消費エネルギー抑制，とりわけ軽量化と空気抵抗の抑制が大事なので重点をおいて解説します．簡単ではありませんが，なるべく個人で試してみられるような部品を採用したので，オリジナル電気自動車自作の足がかりになればと思います．

電気系の設計

● 設計目標：最も燃費のよい乗り物を目指す

　人を一人輸送する燃費がよい乗り物の一つに鉄道があります．内燃機関を使う自動車などと電気とモータで動く鉄道は，電力の燃費に依存するため，単純に比較はできません．しかしEVは燃費（∝電力消費量）と温室効果ガス排出量が比例するため，温室ガス排出量で比較してみると，鉄道の燃費が最もよいといえます（コラム2）．

　電気自動車EVも消費電力を抑えられれば，鉄道より低燃費でCO_2の排出量を低くできます．そこで私たちは，従来の交通機関の中でCO_2排出量が最も少ない低燃費のEV，名付けて「PCD（Prominence Commuting Device）」を製作することにしました．

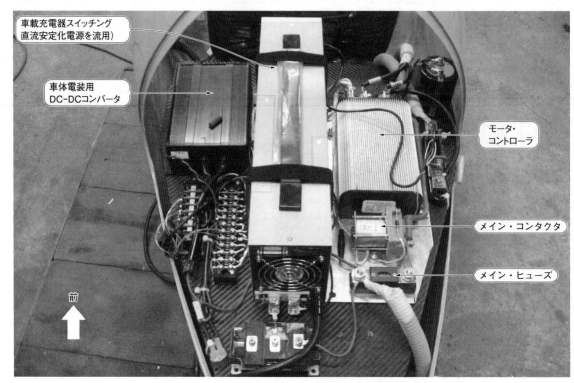

車載充電器スイッチング
直流安定化電源を流用)

車体電装用
DC-DCコンバータ

モータ・
コントローラ

メイン・コンタクタ

メイン・ヒューズ

前

（a）後部の高圧電装品

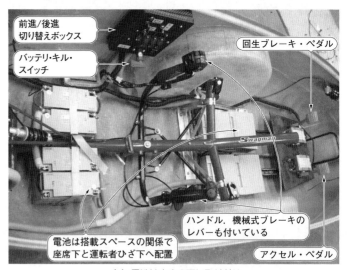

前進/後進
切り替えボックス

バッテリ・キル・
スイッチ

回生ブレーキ・ペダル

ハンドル. 機械式ブレーキの
レバーも付いている

アクセル・ペダル

電池は搭載スペースの関係で
座席下と運転者ひざ下へ配置

（b）インホイール・モータは後輪へ取り付け

（c）電池は座席の下に取り付け

写真2　製作したオリジナル電気自動車の中身

● **定格出力600 W以下! 原付ミニカーとして製作**

製作したEV「PCD」は，道路運送車両として公道を走れるものとするため，第1種原動機付自転車の3・4輪車(こうすることでいわゆる「原付ミニカー」になる)として製作することとしました.

道路運送車両法の保安基準によれば，内燃機関以外の原動機を第1種原動機付自転車に採用する場合，その定格出力を600 W以下とすること[4]が求められま

す. 使い勝手を考えて「最高速度60km/h以上」を目標にしました. 回路を図1に，部品表を表2に示します.

● **消費電力を抑える三つの重要な車両パラメータ**

一般に車両が定常走行する際に要するエネルギー E [W] は，車輪の転がり抵抗係数を μ_r [N/N]，車両重量を W_t [kg]，重力加速度を g，空気の密度を ρ [kg/m³]，空気抵抗係数を C_d，前面投影面積を A [m²]

表1　製作したオリジナル電気自動車の仕様
Fr：フロント，Rr：リア

項　目	仕　様	備　考
車体寸法 [mm]	$L \times W \times H = 2490 \times 720 \times 1100$	サイド・ミラー除く
車両重量 [kg]	124	バッテリ込み／乗員除く
空気抵抗面積 $C_d \cdot A$	0.1以下	
ボディ	GFRP製ゲルコート仕上げ	
シャーシ	Cr-Mo鋼管製バックボーン・フレーム	
ブレーキ	Fr：ワイヤ駆動機械式ディスク Rr：カンチ式Vブレーキ＋KERS	
サスペンション	Fr：マクファーソンストラット Rr：トレーリングアーム	市販品
ステアリング	アンダーシート／サイドスティック式	
タイヤ・サイズ [インチ]	Fr：16×1.5 Rr：20×1.75	
バッテリ種類	制御弁式鉛酸蓄電池	
原動機	電動自転車用ハブ内蔵型DCブラシレス	
原動機定格出力	500 W	
バッテリ容量	1.6 kWh	カタログ値
最高速度	75 km/h	実測値
航続距離	90 km	消費電力実測値より算出
WTW-GHG原単位	16.9g-CO₂/人km	

（一人を1km輸送するときに排出するCO_2）

表3　車両パラメータの目標値

項　目		目標値
車両重量	W_t	100 kg以下
抗力係数	C_d	0.15以下
前面投影面積	A	1.0 m²以下

とすれば，以下の式で表されます．

$$E = \mu_r W_t gV + \frac{1}{2} \rho C_d A V^3 \text{ [W]} \cdots\cdots\cdots\cdots (1)$$

　実際の消費電力は，式(1)にモータやモータ・コントローラの効率を乗じた値になるため，これらの効率向上はもちろん大事です．車両全体として消費電力を抑えようと思えば，式(1)から，

- 車両重量 W_t の抑制（軽量化）
- 空気抵抗係数 C_d を下げるための車体形状の実現
- 前面投影面積 A の最小化

も有効な方法です．W_t, C_d, A の目標値は表3の通りとしました（コラム2）．

● **軽量化と空気抵抗の低減が実現できれば600Wのモータで60km/h走行が可能！**

　車速 [km/h] と走行抵抗 [N] の関係を表す走行抵抗線図を描くと，必要なモータの出力特性を知ることができます．図2に表3の車両パラメータから求めた走行抵抗線図を示します（走行抵抗曲線から必要なモータ出力を求める方法は第18章で解説）．

　図2からモータに求められる出力特性が見えてきます．平地を60 km/hで巡航したいと思えば出力は589 Wが必要です．駆動力として200 N確保できれば10％勾配の登板が広い速度領域で可能であることが分かります．この数値を元に，モータとモータ・コントローラを探しました．

● **世界で普及が進む電動自転車用モータから探す**

　PCDは第1種原動機付自転車のEVとして製作することにしました．そのため，モータの定格出力を600 W以下にする必要があります[4]．このため，世界中で普及が進む電動自転車用のモータに着目しました．

　世界の電動自転車について調べたところ，カナダで

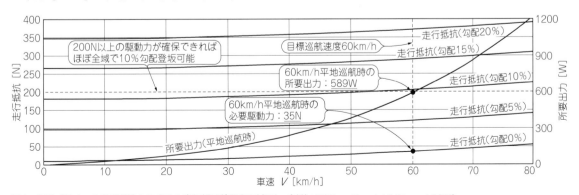

図2　車両パラメータ（目標値）から求めた走行抵抗線図（W_t（車両＋乗員）：175 kg，$C_d \cdot A$：0.15，μ_r：0.006）

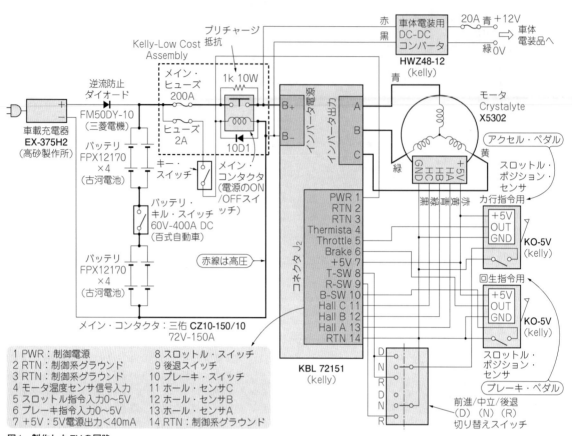

図1 製作したEVの回路

表2 製作したEVの部品表

名 称	仕 様	品 番	メーカ	数量	備 考
車載充電器	入力：単相AC100 V，50/60 Hz 出力：0～240 V$_{DC}$，375 W$_{max}$	EX-375H2	高砂製作所	1	スイッチング直流電源装置
逆流防止 ダイオード	$V_R = 600$ V，$I_F = 50$ A	FM50DY-10	三菱電機	1	IGBTモジュールのダイオード 部のみ流用
バッテリ	制御弁式鉛蓄電池12V 17Ah(20h)	FPX12170	古河電池	8	
バッテリ・ キルスイッチ	60 V$_{DC}$，400 A	—	入手先：百式自動車	1	http://hyakusiki.com/ itemOne.php?code=178
メイン・ ヒューズ	200A（大電流用ANLヒューズ）	—	—	1	Kelly Controls取り扱い Low Cost Compact Assembly (KEB/KBL/PM) で相当品を 一括入手
ヒューズ	ガラス管ヒューズ 110 V/2 A	—	—	1	
メイン・ コンタクタ	接点容量 72V，150 A$_{DC}$ コイル電圧 72 V	CZ10-150/10	温州三佑電気	1	
プリチャージ 抵抗	1kΩ，10W	—	—	1	http://kellycontroller.com/ low-cost-compact-assembly -kebkblpm-p-333.html
ダイオード	$V_R = 100$ V，$I_F = 1$ A	10D1(相当品)	—	1	
モータ・ コントローラ	動作電圧：24～72 V 最大出力電流：150 A	KBL72151		1	
車体電装用 DC-DC コンバータ	入力：48 V$_{DC}$ 出力：12 V$_{DC}$，300 W	HWZ48-12	Kelly Controls Kelly	1	
スロットル・ ポジション・ センサ	ホール素子式・0～5 V$_{DC}$出力	KO-5V		2	
モータ	カナダ向け定格500 W ドロップエンド幅135 mm	Crystalyte X5302	Forward & Fortune Co.	1	入手先；Grin Technologies

は定格出力が500Wまで認められており[5][6]，カナダで市販されている電動自転車用モータであれば日本の原動機付自転車要件に適合します．この中からPCDのモータを探しました[7]．

　カナダで電動自転車用部品を販売するGrin Technologies社（以下，Grin社）のウェブ・サイト（http://www.ebikes.ca/）では，取り扱いモータの出力特性を公開しています．モータの出力特性は公開されていないことも多いのですが，車両性能を見積もりやすいモータを選択しました．

● 最高時速60 km/h，10％登坂が可能なモータを選定

　Grin社取り扱いのモータのうち，比較的大きなモータとしてCrystalyte X5300シリーズ（Forward & Fortune社，中国）を対象として検討しました．X5300シリーズ（写真3）は，自転車ホイールのハブ部分にモータを内蔵する形のいわゆる「インホイール・タイプ」で，それ自体は減速機構をもたないダイレクト・ドライブのDCブラシレス・モータです．

　このシリーズは，巻き数が2～5ターンの巻き線がラインアップされており，電源電圧に合わせた選択が可能です．電源電圧48 V，タイヤ・サイズ20インチで検討しました．巻き数2ターンのX5302と同3ターンのX5303について駆動力を検討した結果を図3に示します．

　図3より，ターン数3のX5303は，電源電圧48 V/20インチ・タイヤの組み合わせでは誘起電圧定数が高すぎて，目標とする最高速度60 km/hに到達しません．誘起電圧定数はターン数に比例するので，ターン数2のX5302であれば最高速度73 km/h程度が期待でき，目標達成が見込めます．また，モータに90Aぐらい供給できれば，10％登板もでき実用上問題なさそうです．以上より，モータにはX5302を採用しました．

● 90 Aを供給できるDCブラシレス・モータ向け汎用インバータを選定

　10％勾配の登坂を行うには，X5302にモータ電流として最大90 A程度を供給する必要があります．X5300シリーズには専用のモータ・コントローラも用意されていますが，最大で50 Aクラスのものしかなかったのでもう少し大きなモータ・コントローラを探しました．

　世界のEVを自作する人たちが集う「evalbum.com」[8]には，EVの製作事例が豊富に紹介されています．これを参考にKelly Controls社（中国，以下Kelly社）の製品からモータ・コントローラを探しました[9]．

　Kelly社のDCブラシレス用汎用モータ・コントローラKBLシリーズ（写真4）には次のようなラインアップがあります（表4）．

　図3の検討結果より，48 V以上で動作可能でモータに90 A以上流せれば性能を満足できるので，KBL48151とKBL72151を候補に挙げました．KBL48151でも必要な性能は確保できる計算ですが，実際に車両を組み立てた際に満足な性能が出なかったときのことを考え，電源電圧の選択幅が広いKBL72151を採用しました．

車体と電池の選定

● 人力は200 W程度！ 自転車の風防（フェアリング）が600 W出力の原付ミニカーにも使えそう

　表3では，車両パラメータの目標値として空気抵抗係数 $C_d < 0.15$，前面投影面積 $A < 1.0 \text{ m}^2$ とさらっと記していますが，空力性能が高いとされる乗用車でも C_d 値は0.25程度です．目標値としては相当野心的な値です．

写真3　使用した電動自転車向けインホイール・モータはモータと車輪が一体
Crystalyte X5302

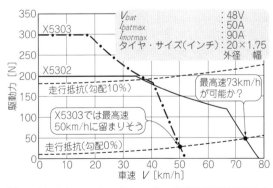

図3　インホイール・モータ Crystalyte X5302/X5303のトルク特性から駆動力を求め，走行抵抗と比較する

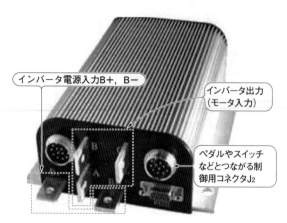

インバータ電源入力B+，B−

インバータ出力
（モータ入力）

ペダルやスイッチ
などとつながる制
御用コネクタJ2

写真4[9]　使用した150A出力のDCブラシレス・モータ向けモータ・コントローラ
今回製作したEVでは$I_{mot}<90A$に制限した．KBLシリーズ（Kelly Controls）

表4[9]　Kelly社の汎用インバータ・ラインアップ

形式	1分定格電流	連続定格電流	動作電圧[V]
KBL12151H	150 A	75 A	24～120
KBL12251H	250 A	125 A	
KBL12401B	400 A	200 A	
KBL24101	100 A	50 A	12～24
KBL24151	150 A	75 A	
KBL24201	200 A	100 A	
KBL24301	300 A	150 A	
KBL36101	100 A	50 A	24～36
KBL36151	150 A	75 A	
KBL36201	200 A	100 A	
KBL36301	300 A	150 A	
KBL48101	100 A	50 A	24～48
KBL48151	150 A	75 A	
KBL48201	200 A	100 A	
KBL48301	300 A	150 A	
KBL48401B	400 A	200 A	
KBL48501B	500 A	250 A	
KBL72101	100 A	50 A	24～72
KBL72151	150 A	75 A	
KBL72201	200 A	100 A	
KBL72301	300 A	150 A	
KBL72401B	400 A	200 A	
KBL72501B	500 A	250 A	

　したがって，内燃機関のハイパワーで重い車体を動かすようなガソリン車のボディをベースにすることは当初から考えませんでした．

　極端な話「人力でもそこそこ高速巡航できる乗り物で市販品はないか」という観点で車体を探しました．そんななか，ヨーロッパを中心に静かなブームを呼んでいるとされる「ベロモービル」に着目しました．

　ベロモービルとは，空気抵抗を下げることを目的にフェアリング（風防）を架装した自転車の一種です．一般の自転車に比べると重くなりますが，フェアリングの効果により空気抵抗は一般の自転車の数分の一になるとされており，脚力のみで50 km/h以上の高速巡航が可能です．

　連続で脚力に期待できる出力は，一般のサイクリストで200 W程度といわれているので，PCDのベースに使えるのではないかと考えました．

　D&H Enterprises社（オーストラリア）が耐久レース用として受注生産するフェアリング（風防）「Reflex Fairing」（**写真5**）はC_d値0.12をうたっています．そのうえ，受注生産品のため各部のカスタマイズにも対応してもらえること，納期が他と比べて短いこともあり，車体にはこのフェアリングを採用しました．カス

写真5　風防（フェアリング）は注文生産品をカスタマイズ
Reflex Fairing（幅720 mm品／全長2450 mmに短縮済み）

タマイズはメールでやりとりしました．

● **日本の原付要件にサイズを合わせる必要がある**

　フェアリング（風防）Reflex Fairingは全幅が720 mm，850 mm，1000 mmの3仕様がラインアップされています（全高はすべて1000 mm）．空気抵抗は前面投影面積Aにも比例しますから，PCDはこれを最小化するため全幅720 mm品を採用しました．

　また，日本の原付要件に適合できるよう全長を2450 mmに短縮し（標準仕様は2700 mm），これによるC_d値の悪化を最小限とするため後端をコーダトロンカ形状とすることを要求仕様に追加して発注しました．材質はヘルメットの材料にも採用されるガラス繊維強化プラスチック製で，重量は15 kgです．

● **3輪自転車のフレームを流用して「走る・曲がる・止まる」を実現**

　Reflex Fairingはあくまで「風防」であるため，「走る・曲がる・止まる」ための部品は別途フレームを用意し，取り付ける必要があります．フレームには3輪自転車のリカンベント・トライクを採用することとし，MR Components社の「Swift Swagman」（**写真6**）を採用しました[11]．自転車のフレームを流用すれば，「走る・曲がる・止まる」の機能がまるごと間に合ってし

写真6　3輪自転車のフレームを流用する
リカンベント・トライク「Swift Swagman」

写真7[12]　UPS向け鉛バッテリを流用
制御弁式鉛酸蓄電池FPX12170（古河電池）

まうと考えたからです.

　一般公道は平らなように見えて実は結構凹凸があります. 選んだ3輪自転車Swift Swagmanはリカンベント・トライクでは珍しく前後にサスペンションを装備しているため, 路面からの衝撃の緩和が期待できます. 構造部材には航空機グレードのCr-Mo鋼管が用いられており, 重量は19kgです. 発注にあたっては, トレッドをReflex Fairingに合わせ700mmとする（標準仕様は850mm）こと, 自転車用ドライブ・コンポーネントは不要なので取り付けないことなどを要求仕様に追加し, 発注しました.

● **重量と容量のトレードオフ！電池の選定**

　表2で車両重量目標を100kg以下としたため, 電池も可能な限り軽量であるものが望ましいところです.

　容量あたりの重量が小さな電池としてリチウム・イオン電池がありますが, 電動車両を動かせるような比較的大容量のリチウム・イオン電池は, 日本では個人レベルの入手が容易ではありません. このため, 当初は海外の電動自転車向けリチウム・イオン電池モジュールを検討しました（モータ選定の前提を48Vとしたのはこれも理由の一つです）.

　しかし, 予算面で見通しが立たなかったため, 今回はUPS用に販売されている**写真7**の鉛バッテリFPX12170（古河電池）を搭載しました. 1個の容量は12V, 17Ah（20時間率）で, ソーラーカー競技などで実績があります.

　製作したEV「PCD」は, FPX12170を8個搭載しており, 100km程度の航続距離が見込めます（電費がコラム2で紹介している前号機並みと仮定）. そのため搭載個数は8個とし, 4直列×2並列の48V組電池として使いました.

● **鉛バッテリはもっと見直されてもよいのでは**

　鉛バッテリは容量当たりの重量が大きいのが難点ですが, 他の電池と比較して取り扱いが容易なこと, 入手性に優れること, 単価が安いことはもっと見直されてもよい気がします.

● **その他のEVに必要なコンポーネント**

　このほか, EVを構成するうえで特徴的なものとしてスロットル・ポジション・センサと車体電装用DC-DCコンバータを紹介します.

▶**スロットル・ポジション・センサ**

　乗用車のアクセル・ペダルに相当する部品です. ペダルの踏み加減に応じたアナログ電圧を出力します. 今回は, モータ・コントローラの販売元であるKelly Controls社取り扱いのK0-5V（**写真8**）を使用しました. 電源は5V_{DC}で, ペダルの踏み込み量に比例して0〜5Vのアナログ電圧を出力します. このセンサは, ペダルの角度検出にホール素子を使用しており, ポテンショメータのような摺動部分がありません. また, ペダルを踏んだときだけ接点が閉じるアイドル接点も内蔵しています. アクセル（力行トルク指令）用と回生ブレーキ（回生トルク指令）用にこのセンサを二つ購入しました.

▶**車体電装用DC-DCコンバータ**

　動力用の電圧の高い電池に接続して灯火器などの車体電装部品に12V_{DC}を供給するために使用します. スロットル・ポジション・センサ同様, これもKelly Controls社から購入しました（**写真9**）. 入力電圧範囲は37〜65V, 出力は12V, 300Wです.

▶**速度や電圧などを監視する計器**

　速度や走行距離, 電圧, 電流などの監視には電動自転車用のモジュールを使い, ディスプレイ一体型のボード・コンピュータで表示させています（**写真10**, **図**

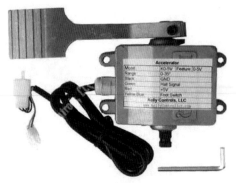

写真8　アクセルとブレーキに使うペダル
スロットル・ポジション・センサKelly K0-5V

写真9　車体電装用DC-DCコンバータ（Kelly HWZ 48-12）

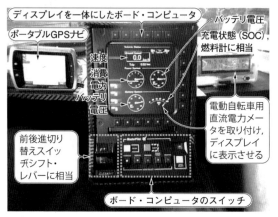

写真10　コックピットの計器類

4). パソコン・ベースなので，充電が完了したらメール通知するなどのネットワーク機能も盛り込めそうです.

組み立て

● 車両の組み立て手順

これで製作に必要なものがおよそろいましたので，以下の手順で，車両を組み立てました.

(1) フェアリング（風防）とフレームを組み立てる
(2) 主要コンポーネントの配置を決める
(3) 各コンポーネントを配線する
(4) 動作確認と調整

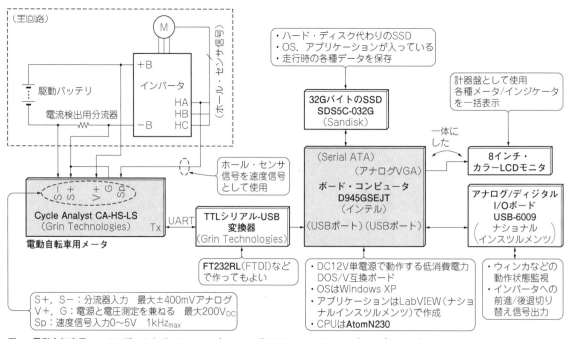

図4　電動自転車用メータのデータをボード・コンピュータに取り込みメータとしてディスプレイに表示

（a）車体前

（b）車体後

写真11　ボディとフレームの取り付けのようす

（1）ボディとフレームを組み立てる

　まずは「入れ物」となる車体を組み立てます．ボディとなるフェアリング（風防）とフレームとなる3輪自転車リカンベント・トライクを，ホーム・センタで購入したアルミ材から作ったステーで締結してPCDの車体としました（**写真11**）．

（2）主要コンポーネントの配置を決める

　次にモータやモータ・コントローラ，電池等の主要コンポーネントを搭載する場所を決めて固定します．このとき，大電流が流れる配線を短くすることを意識しながらレイアウトすると，太い電線を使う量が減って軽くなります．また，配線で発生するジュール損も減らすことができます．PCDでは大電流の流れる高圧電装部品は車両後部に集中してレイアウトし，大電流の流れる配線をできるだけ短くしました［**写真2（a）**］．またモータは後輪へ，バッテリは搭載スペースの都合から前後に分けてレイアウトしました［**写真2（b）（c）**］．

（3）各コンポーネントを配線する

　各コンポーネントの配置が決まったら，インバータの取扱説明書などを参考に**図1**のように配線します．

　図1の赤い線は大電流を扱う配線ですので，取り扱う電流値に見合う太さの電線を使用する必要があります．個人でこのような太い電線を小口で入手するのはなかなか大変と考えましたので，PCDではホーム・センタなどで売っているジャンプ・スタート用のブースタ・ケーブルを購入し，これにオレンジ色のPF管をかぶせて使用してみました．

　また，スロットル・ポジション・センサとインバータの間のような制御信号系，灯火器類などの車体電装系の配線は黒のコルゲート・チューブをかぶせてまとめました．こうすると，あとで高圧電装系と12V車体電装系が容易に識別できて便利です．PF管もコルゲート・チューブも近所のホーム・センタから買って

きました．

（4）動作確認と調整

　採用したモータ・コントローラは，メーカが提供する専用ソフトウェアを使って，パソコンからモータ電流／バッテリ電流のリミット値や，回生制動の許可／禁止など，インバータ動作にかかわる各種セッティングを行えます．パソコンとインバータの間はRS-232-Cで通信します．

　PCDではこの機能を利用して，モータ電流の最大値を90A，バッテリ電流の最大値を50A（インバータの許容最大値はモータ・バッテリとも150A）としました．不要な消費電力の削減を図りながら，**図3**で示した駆動力を得ています．

実験！　走行データ解析

● 1回の充電で走行できるのは約90km

　まずは駆動輪を浮かせた状態で駆動系の動作チェックを行います．各部に異常がないことを確認したうえで試験走行を行い，消費電力を計測しました．試験走行で使用したルートを**図5**に示します．

図5[(13)]　電力消費率試験ルート

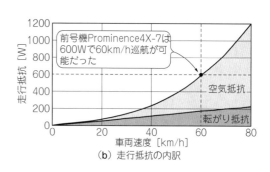
図5のルートは，コラム1で紹介したEVレースの参加前に試走したコースで，得たデータと実際の競技走行（徳島県内一般道走行：のべ246 km）における実航続距離との差が3%程度と精度がよかったことから，今回も電力消費率試験コースとして選びました．

なお試験走行は，公道を一般車に混じって走行する都合から他車の流れに乗ったごく普通の走行としました．試験条件を**表5**に，試験結果を**表6**に示します．

表6において，電力消費率（直流端）はバッテリ端で計測した直流消費電力量と走行距離から求めた値，同交流端は試験走行により消耗したバッテリを試験前と同じ状態まで充電したときの充電器入力端（単相交流100 V）における交流消費電力量実測値と走行距離から求めた値です．

直流端の電力消費率を知ることで，一充電あたり航続距離を推定できます．この値から推定される一充電あたり航続距離は90 kmです．

● 燃費（電費）がよければ温室効果ガスの排出量も少ない

交流端の電力消費率からはWTWでの温室効果ガス排出率が計算できます．日本の電源構成における電力の温室効果ガス排出原単位（571 g-CO$_2$/kWh：2012

年度国内平均）を用いれば，PCDのWTW-GHG原単位は16.9 g-CO$_2$/人キロとなります．これは国内旅客鉄道の原単位（22g-CO$_2$/人キロ）を下回りますので，当初目標として掲げた「鉄道よりエコ」なEVが実現できました．

● 試験走行結果や実際の重量から車両スペックを確認

実際にできた車両のスペックを，実際の重量と走行試験結果からレビューしてみます．

車両の重量は体重計で計れます．PCDの車両重量は124 kgでした．これに，66 kgのライダーが乗ったときの最高速度実測値は74.9 km/hでしたので，**図3**で見積もった駆動力を正とすれば空気抵抗係数C_dを逆算できます．逆算した結果を**図6**に示します．

最高速度から求めたC_d値は0.12であり，ボディの全長短縮によるC_d値の悪化はほとんどありません．また，車両重量が当初目標の100 kgより24%増えてしまいましたが，目標とした10%登坂も時間を限れば可能です．

また，連続運転可能な領域を知るために，**図6**にインバータの連続定格およびモータ定格から求めた連続運転領域（連続運転してもモータの温度上昇が許容内）と反復運転領域（連続運転するとオーバーヒートする

表5　電力消費率の試験条件

項　目	内　容	備　考
コース	チーム・プロミネンス長野研究所～長野市卸売団地間往復	距離10.0 km
運転者	チーム・プロミネンス長野研究所	$W_t = 66$ kg
車載計測器	Cycle Analyst CA‑HC‑LS	Grin Technologies製
交流電力量計	ワット・チェッカー2000MS1	計測技術研究所製

表6　試験結果

項　目	結　果	備　考
平均速度	36.4 km/h	実測値
最高速度	74.9 km/h	
電力消費率（直流端）	17.8 Wh/km	
電力消費率（交流端）	29.9 Wh/km	
WTW‑GHG排出量	16.9g‑CO$_2$／人km	電力原単位571g‑CO$_2$/kWh

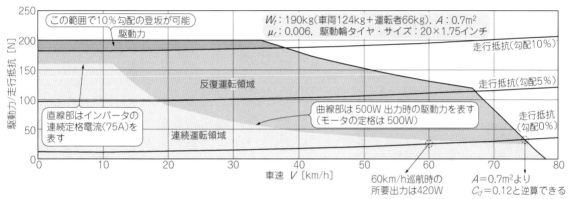

図6　加速時（反復運転時）は出力が大きいのでモータやインバータの温度を監視する必要がありそう

が短時間なら大丈夫）も書き加えてみました．原付きミニカーの法定速度である60 km/h以下であれば，平地での巡航でモータ・インバータの過熱を心配する必要はなさそうです．しかし，加速時・登板時は反復運転領域を断続的に使いますからモータ温度は監視する必要があります．使用したインバータは温度保護機能を持っているため，過熱すると自動で出力が絞られます．

＊

本事例を足がかりに，さらに高性能な電気自動車が多く生まれることを期待しています．

◆参考文献◆
(1) 国土交通省；運輸部門における二酸化炭素排出量．
http://www.mlit.go.jp/sogoseisaku/environment/sosei_environment_tk_000007.html
(2) 電気事業者連合会；電気事業における環境行動計画
http://www.fepc.or.jp/environment/warming/environment/pdf/2013.pdf
(3) Team Prominence宇都宮研究所；四国EVラリー2005・エネルギ消費傾向解析結果
http://blog.livedoor.jp/team_prominence/archives/31131204.html
(4) 国土交通省；道路運送車両の保安基準
http://law.e‑gov.go.jp/htmldata/S26/S26F03901000067.html
(5) Department of Justice Canada；Motor Vehicle Safety Regulations C.R.C., c. 1038
http://laws‑lois.justice.gc.ca/PDF/C.R.C.,_c._1038.pdf
(6) Grin Technology；General Questions about E‑bikes
http://www.ebikes.ca/faq.shtml#quiz2
(7) Team Prominence宇都宮研究所；【レポート】鉄道より「エコ」なパーソナルモビリティの実証
http://blog.livedoor.jp/team_prominence/archives/52646430.html
(8) The Electric Vehicle Photo Albumウェブ・サイト
http://www.evalbum.com/
(9) Kelly Cotrols LLC ウェブ・サイト
http://kellycontroller.com/
(10) D&H Enterprises Pty Ltd ウェブ・サイト
http://www.dhenterprises.com.au/index.html
(11) MR Components ウェブ・サイト
http://mrrecumbenttrikes.com/index.html
(12) 古河電池株式会社の製品紹介，小形制御弁式鉛蓄電池FPXシリーズ
http://www.furukawadenchi.co.jp/products/indust/fpx.htm
(13) 宮村 智也；鉄道より低炭素なパーソナルモビリティの実証，第6回日本LCA学会研究発表会公演要旨集，pp.46‑47，2011年3月．

コラム2　EVの燃費「電費」

● 低燃費のEVが求められている

近年，地球温暖化とガソリン価格の高騰(石油の枯渇)の両面から自家用車に対する社会の目が厳しくなってきています．自家用車の代わりに鉄道やバスを利用する動きもありますが，地方で生活する人にとっては，鉄道やバスだけでは生活が成り立たない場面が多々あります(そもそも田舎暮らしの私がそうです)．

こうした状況の下で，実社会で使える，公道を走れる，低燃費の電気自動車を作ろうということで，今回紹介するEV「PCD」を試作しました．

● EVはガソリンを使わないので燃費の定義がない

みなさんご存じのようにそもそもEVは電気で走るため，ガソリン車のような燃費(＝走行距離／ガソリン消費量)の定義がありません．また，走行時にEVそのものから二酸化炭素などの温室効果ガスは発生しません．

しかし，そのエネルギー源となる電力は，発電所で石炭や天然ガス，ウランなどから変換して得ています．つまり，EVにおける低燃費とは，低消費電力や低温室効果ガス排出量と同じ意味といえます．

● ガソリン車とEVの燃費を温室効果ガス排出量で比べてみる

乗り物を走らせる際に消費するエネルギーや排出する温室効果ガスについて，資源採掘から最終消費までで評価することを「Well to Wheel(WTW)での評価」と呼んでいます．このような観点で既存の交通機関の温室効果ガス発生量を比較すると図Bのようになります．

図Bを見ると，バスや鉄道の輸送効率がよいことが分かります．「自家用車をやめてバスや電車を利用しましょう」といわれるわけです．というわけで，WTWでの評価において鉄道を下回る温室効果ガス排出量となる乗り物ができれば，その乗り物は「鉄道よりエコ」といえます．

● EVが発生する温室効果ガスの量の求め方

EVにおいてWTWでの温室効果ガス発生量は，電力の温室効果ガス排出原単位(使用端CO_2排出原単位)とEVの電力消費率(単位にはWh/kmやkm/kWhがよく用いられる)から求まります．電力の温室効果ガス排出原単位は発電所の種別やその構成比率，稼働率などにより変わる値です．これについては各関係機関が毎年その値を公開しています．表Aに電気事業者連合会が示す電力の温室効果ガス原単位を示します．

● EVの電力消費率は「電費」ともいう

EVの電力消費率は，ガソリン車の燃費になぞらえて「電費」と表現される機会が増えてきています．これは，EVを走らせたときの消費電力量と走行距離から算出できます．EVはより少ない電力でより遠くまで走れる(＝電費のよくなる)工夫を施す必要があります．

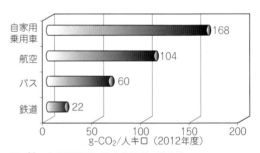

図B[(1)]　交通機関別の温室効果ガス排出量

今回は最も温室効果ガス排出量の少ない(≒ある意味最も燃費のよい)乗り物「鉄道」をEVで超えるのが目標だった

表A[(2)]　電力の温室効果ガス排出原単位の例

項目＼年度	1990年度 (実績)	2010年度 (実績)	2011年度 (実績)	2012年度 (実績)	2008～2012年度 (5ヵ年の平均値)
使用電力量 (億kWh)	6,590	9,060	8,600	8,520	—
CO_2排出量 (億t-CO_2)	2.75	3.74	4.39	4.86	—
使用端CO_2 排出原単位＊ (kg-CO_2/kWh)	0.417	0.412	0.510	0.571	0.469

＊：京都メカニズム・クレジットなどを反映しない値(発電所から出たCO_2の生データといえる)

第12章

最新のバッテリ・テクノロジを手に入れる

リチウム・イオン・バッテリ・モジュールの作り方

宮村 智也
Tomoya Miyamura

二つの候補

● 実用化された蓄電池としては最も小型・軽量

リチウム・イオン蓄電池は，スマートホンやビデオ・カメラ，ノート・パソコンなどの持ち運び可能な電子機器には，必ずというほど搭載されています．これは図1に示すように，実用化された蓄電池では最も小型・軽量であることがその理由です．これは電動車両にとってもありがたい性質であり，最新の市販電気自動車やハイブリッド・カーにもリチウム・イオン蓄電池が採用されています．

① エネルギー密度が高いけれど発火の危険がある
…コバルト酸リチウム・イオン蓄電池

ノート・パソコンなどの携帯型機器では特に高いエネルギー密度を求められるため，正極材料にコバルト酸リチウムを用いたリチウム・イオン蓄電池が使用されています．この蓄電池は最もエネルギー密度が高い

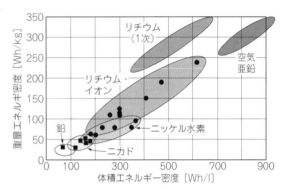

図1 主要な蓄電池のエネルギー密度[1]
実用化された蓄電池の中では，リチウム・イオン蓄電池が最も小型・軽量

ですが，過充電などで電池が高温になるとコバルト酸リチウムが熱と酸素を放出しながら分解し，分解反応が加速度的に進みます(熱暴走)．放出された酸素は可燃性の電解液と反応して発煙・発火に至ります．このため，国内の電池メーカでリチウム・イオン蓄電池の電池セルを一般消費者向けに販売するところはありません．

写真1 リン酸鉄リチウム・イオン蓄電池を搭載した電動バイク「ザ・ウインド・フロム・ザ・サン」
浜松のソーラーバイクレース用に筆者らが製作した

座席下にバッテリ・モジュールを搭載

Crystalyte X5303ハブモータ
(トラ技号モータより一世代旧式)

表1 正極材量別のリチウム・イオン蓄電池[2]
安全性と価格により，正極材にリン酸鉄を使ったリチウム・イオン蓄電池を選んだ

正極材料	セル電圧 [V]	重量エネルギー密度 [Wh/kg]	動作温度 [℃]	サイクル 寿命	安全性	寿命×容量あたり コスト
LiFePO$_4$ (リン酸鉄)	3.2	120以上	0 ～ 60	2000以上	熱暴走しない	0.15 ～ 0.25
LiMn$_x$Ni$_y$Co$_z$O$_2$ (3元系)	3.7	160以上	− 20 ～ 40	500以上	熱暴走する (LiCoO$_2$よりは マシ)	1.5 ～ 2.0
LiCoO$_2$ (コバルト酸)	3.7	200以上	− 20 ～ 60	500以上	熱暴走する (安全装置必須)	1.5 ～ 2.0
(参考) 鉛蓄電池	2.0	35以上	− 20 ～ 40	200以上	● 熱暴走しない ● 可燃性材料不使用	1

（右注）
- サイクル寿命と電池容量の積を価格で割った指標．鉛蓄電池を1として比較
- 容量単価の割りに寿命が長い．鉛蓄電池よりお得
- いずれも電解液は可燃性

② 比較的安全性が高く低コストで自作EVにオススメ
…リン酸鉄リチウム・イオン蓄電池

　海外では，大小さまざまなリチウム・イオン蓄電池の電池セルが個人でも入手できます．このなかで，EVに適用しやすい比較的大きなものは，正極材料にリン酸鉄リチウム(LiFePO$_4$)を採用するものです．

　リン酸鉄リチウム・イオン蓄電池は，コバルト酸リチウム・イオン蓄電池や3元系リチウム・イオン蓄電池(正極材料にマンガン・ニッケル・コバルトを使う)に比べて正極材料の結晶構造が強固で，原理的に熱暴走の心配がないとされています．また，正極材料にコバルトやニッケル，マンガンなどのレアメタルを使用せず，安価な鉄やリンを正極材料に用いることから安価に生産できること，正極の結晶構造が強固なことから電池寿命が長いことがメリットです．

　デメリットは，コバルト酸リチウム・イオン蓄電池や3元系リチウム・イオン蓄電池に比べてエネルギー密度が劣ることですが，それでも鉛蓄電池の3倍，ニッケル水素電池の2倍弱のエネルギー密度があります．正極材料別のリチウム・イオン蓄電池を比較したものを**表1**に示します．

バッテリ・モジュールの要件

● 競技規則を満たし一般的な工具で組み立てられる

　毎年，浜松オートレース場で開催されるソーラーバイクレースでは，競技規則に則り鉛蓄電池以外の蓄電池を使用する場合は1モジュールあたりの容量を500Wh以下にして，これを4モジュール用意します*．この競技規則を満足し，かつ，一般的な工具で組み立てられることを条件に電池を選びました．ありふれた工具でバッテリ・モジュールが組み立てられれば，製作コストが抑えられます．

＊：2014年大会から，5時間率で500Wh/モジュールとなるようにすることが求められる．

● バッテリ端子がネジ止めできる

　リチウム・イオン蓄電池のバッテリ・モジュールの組み立てで問題になるのが，電池セル(単電池)同士の電気的な接続の方法です．リチウム・イオン蓄電池は熱に弱いので，直接電池にはんだ付けできません．多くの場合は電気的接続にスポット溶接を用いますが，小型のスポット溶接機は身近にはありませんでした．

　このため，電池の端子接続がネジ止め式の電池セル(HEADWAY 38120S - 9Ah)を，BMSBATTERY(http://www.bmsbattery.com/)から通信販売で購入しました．購入した電池セルと，電池セル同士を接続するバス・バーを**写真2**に，電池セルの仕様を**表2**に示します．バス・バーも，BMSBATTERYから購入しました．

　電池セル同士の接続と並んで悩ましいのが，複数の電池セルをどう機械的に保持するかです．採用した電池セルには，**写真3(a)**に示す樹脂製のセル・ホルダが用意されていました．このセル・ホルダは，はめ込み式で，**写真3(b)**で示すようにバッテリ・モジュールの保持構造を任意の寸法で構成できます．

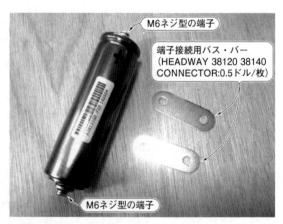

ラベル：
- M6ネジ型の端子
- 端子接続用バス・バー
(HEADWAY 38120 38140
CONNECTOR:0.5ドル/枚)
- M6ネジ型の端子

写真2 ネジ止めできる端子が付いたリン酸鉄リチウム・イオン蓄電池セル
HEADWAY 38120S 9AH 10C LIFEPO4 CYLINDRICAL BATTERY CELL WITH SCREW：11.69ドル/本

（a）リセスにツメをはめ込んで機械的に接続できるセル・ホルダ
HEADWAY 38120 38140 HOLDER：0.4ドル／個

写真3　電池セルはセル・ホルダを使って機械的に保持する

（b）セル・ホルダの寸法は都合に合わせて構成できる

● 競技規則を満たすモジュールの検討

写真2のリン酸鉄リチウム・イオン蓄電池は，セルあたりの公称電圧が3.2 V，定格容量は9 Ahです．写真1で示す筆者ら製作の電動バイクは，もともとは12 V鉛蓄電池を4個直列に接続したバッテリ・モジュールを搭載し，高圧電装系は48 Vとして設計されていました．このため，3.2 Vの電池セルを使って48 Vに近いバッテリ・モジュールを構成するには，写真2の電池セルを16本直列に接続すればよいことになります．このとき，製作するバッテリ・モジュールの公称電圧は，

$$\text{電池セル公称電圧} \times \text{直列数}$$
$$= 3.2V \times 16本 = 51.2V \cdots\cdots\cdots\cdots (1)$$

と計算できます．また，1モジュールの容量は，

$$\text{モジュール公称電圧 [V]} \times \text{定格容量 [Ah]}$$
$$= 51.2V \times 9\,Ah = 460.8Wh \cdots\cdots\cdots (2)$$

です．競技規則から，1モジュールあたりの容量は500 Wh以下であればよいので，電池セルを16本直列

にしたバッテリ・モジュールを4個製作することにしました．

● 過充電・過放電から電池セルを保護する回路付き

リチウム・イオン蓄電池は，ほかの蓄電池に比べ過充電や過放電に弱く，適切に充放電を管理しないと発煙・発火に至らなくとも電池の容量劣化が起こります．バッテリ・モジュールは複数の電池セルを直列に接続して構成しますが，多かれ少なかれ電池セルにはばらつきがあり，適切な充放電管理を行うには，電池セルの端子電圧をそれぞれ監視する必要があります．

バッテリ・モジュールを構成する電池セルの電圧を

表2　使用するリン酸鉄リチウム・イオン蓄電池セルの仕様[3]

項　目	仕様値
公称電圧	3.2 V
直径	38±1 mm
長さ（ネジ部除く）	122±1 mm
容量	9 Ah
最大充電レート	5 C
連続最大放電レート	10 C
瞬時最大放電レート	15 C
過充電保護電圧	3.65±0.05 V
過放電保護電圧	2.0 V
サイクル寿命	2000サイクル
重量	330 g
内部抵抗	5 mΩ 以下
正極材料	LiFePO₄

表3　使用する保護回路モジュールBMSの仕様[4]
過充電・過放電のほかに，過電流保護やセル・バランスの機能がある

項　目	値
セル・バランス電圧	3.60±0.025 V
セル・バランス電流	72±10 mA
セルあたり自己消費電流	≤20 µA
最大充電電流	100 A
最大連続放電電流	100 A
セルあたり過充電保護電圧	3.90±0.025 V
過充電保護検出時間	0.96～1.4 s
過充電保護復帰電圧	3.80±0.05 V
セルあたり過放電保護電圧	2.00±0.05 V
過放電保護検出時間	115 m～173 ms
過放電保護復帰電圧	2.3±0.05 V
過電流保護電流	200±20 A
過電流保護検出時間	7.2 m～11 ms
過電流保護復帰	負荷切り離しで自動復帰
短絡保護検出時間	200 µ～500 µs
短絡保護復帰	短絡状態解消で自動復帰
内部抵抗	20 mΩ 以下
動作温度	−40℃～+85℃
保存温度	−40℃～+125℃

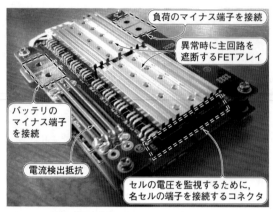

写真4 過充電・過放電から電池セルを保護するリン酸鉄リチウム・イオン蓄電池用保護回路モジュールBMS
4/8/12/16/24セル用がある。今回は16セル用の16S LIFEPO4 BMS-BATTERY MANAGEMENT SYSTEM 50-100A（EcityPower製）を使用

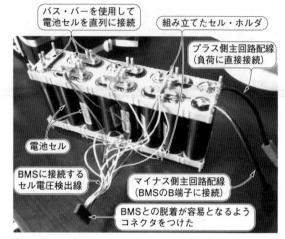

写真5 組み立てたバッテリ・モジュール
バス・バーを使って電池セルを直列に接続する。BMSに接続するセル電圧検出線も一緒につなげる。絶縁のためのプラダン板で梱包する

それぞれ監視し，過充電・過放電になる前に主回路を遮断する装置が，BMS（Battery Management System）やPCM（Protection Circuit Module）などの名前で販売されています。

BMSBATTERYでは，リン酸鉄リチウム・イオン電池用のBMSも販売していたので，**写真4**に示す16セル用のBMSも併せて購入しました。BMSの仕様を**表3**に示します。このBMSは，過充電・過放電保護機能に加え，過電流保護機能と電池セルの電圧ばらつきを補正するセル・バランス機能ももっています。

組み立て

● 電池セルの接続

バス・バーとセル・ホルダを使用して，用途に合わせた外形になるようモジュールを組み立てます。電池セルは端子の接続をボルト締めで行うので配線が簡単です。電池セルを組み立てた状態を**写真5**に示します。

● BMSとの接続は慎重に…

バッテリ・モジュールとBMSとの接続図を**図2**に示します。BMSを動作させるには，電池セルの端子電圧を検出するための電圧検出線が必要となるので，個々の電池セルのプラス端子とBMSの電圧検出端子を接続します。電池セルとBMSの電圧検出端子の配線に誤りがあるとBMSは一発で破損するので，慎重に配線を行ってください。

充放電試験回路を使って動作チェック

組み立てたバッテリ・モジュールの動作をチェックするために，**写真6**のように実験用安定化電源と電子負荷を使って充放電試験回路を構成しました。充放電試験回路を**図3**に示します。実験用安定化電源はバッテリ・モジュールの充電に使用し，電子負荷はバッテリ・モジュールの放電テストで使用します。今回の試

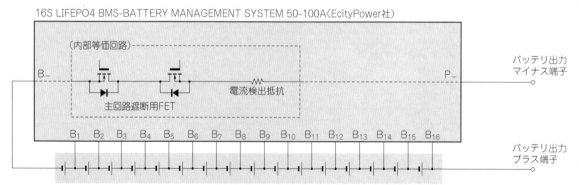

16S LIFEPO4 BMS-BATTERY MANAGEMENT SYSTEM 50-100A（EcityPower社）

図2 バッテリ・モジュールと保護回路モジュールBMSの接続

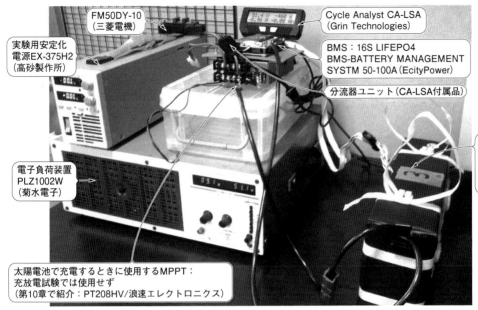

写真6 組み立てたバッテリ・モジュールの充放電試験のようす

験の目的は，製作したバッテリ・モジュールで狙った容量が出ているかの確認なので，第8章で紹介したCycle Analyst（カナダGrin Technologies製）を使用して充放電時の電圧・電流・積算電流を計測しました．

● 定電流・定電圧充電のパラメータ設定値

第9章で紹介した定電流定電圧充電がリチウム・イオン蓄電池の充電にも適用可能です．定電流定電圧充電を行ううえで重要なのは，定電圧充電に移行した際の充電電圧をどう設定するかです．製作したバッテリ・モジュールの充電電圧は，表2に示した電池セルの仕様から，下記のとおり設定しました．

▶条件

- 電池セルの上限電圧：3.6V
- 直列数：16個
- 充電終了時の電圧（充電終止電圧）
  ＝電池セルの上限電圧 × 直列数
  ＝ 3.6V × 16 ＝ 57.6V

1セルあたりの上限電圧を3.6Vとしておけば，表3に示したBMSの仕様から，充電末期にセル・バランス機能が動作してセル電圧のばらつき補正が期待できます．以上より，図3に示す充放電試験回路で行う充電では，実験用安定化電源の出力を57.6Vとしました．

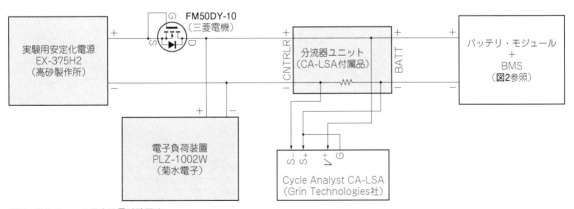

図3 動作チェック用充放電試験回路
充放電時の電圧・電流・積算電流はCycle Analystで計測した

また，充電電流は，電源の能力いっぱいの6.5 A としました．

● 充電時の電流と電圧の変化

充電中のバッテリ・モジュール電圧と充電電流の振る舞いを図4に示します．BMSとバッテリ・モジュ

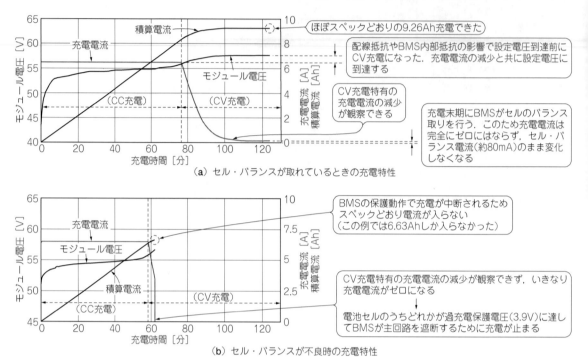

（a）セル・バランスが取れているときの充電特性

（b）セル・バランスが不良時の充電特性

図4 充電中の電圧と電流の変化
充電電流の挙動からセル電圧のばらつきがBMSの許容範囲内にあるかが確認できる

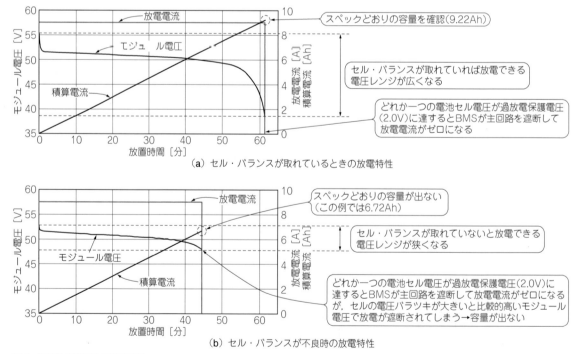

（a）セル・バランスが取れているときの放電特性

（b）セル・バランスが不良時の放電特性

図6 放電中の電圧と電流の変化
放電レート1Cでテストした．スペック通りの容量を出すにはセル・バランスが取れていることが必要

ールの接続が正常で，各電池セルの電圧が揃っていれば，図4(a)に示すように，定電流定電圧充電で特徴的な充電電流の変化が観察でき，充電電流の積算値[単位：Ah]も充電終了時に電池のスペックどおりの値を示します．

セル・バランス機能は，モジュールの各セルが3.6 Vに近づくと動作します．メーカから詳しい内部回路が示されていないため詳細は不明ですが，BMSの動作から図5に示す回路とほぼ同じ構成であるとみられます．このため，モジュール電圧が定電圧充電の設定電圧に達しても充電電流が完全にゼロになることはなく，表3に示すBMSのセル・バランス電流と同じ電流が流れ続けます．

図4(b)には，各電池セルの電圧がBMSの許容値以上にばらついているときの振る舞いを示しました．工場出荷時の電池セルのSOCばらつきやBMSのセル電圧ばらつきの許容値はメーカから示されていないため不明ですが，各セルの電圧ばらつきがある値以上の場合，モジュールを構成している電池セルのどれか一つが過充電保護電圧に達すると充電が中断されます．今

回使用したBMSはセル・バランス機能をもっていますが，充電が途中で中断されるほどセル電圧がばらついているとセル・バランス機能は動作しません．

● 放電中の電流と電圧の振る舞い

図3の充放電試験回路で放電試験を行った際のバッテリ・モジュール電圧と放電電流の振る舞いを図6に示します．バッテリ・モジュールの放電容量を試験するため，放電レートを1C(放電電流9 A)として試験しました．

図6(a)は，各電池セルの電圧ばらつきがBMSの許容値以下のときのモジュール電圧と放電電流を示しました．1C放電といえば蓄電池からすればかなり高い放電レートですが，それでも仕様どおりの容量が確認できました．BMSの過放電保護機能のため，放電終了時に放電電流がいきなりゼロになっています．

図6(b)は，各電池セルの電圧ばらつきがBMSの許容値を超えているときのモジュール電圧と放電電流です．図6(a)に比べて放電終了時のモジュール電圧が高く，放電できる電圧が狭くなっています．どれか一

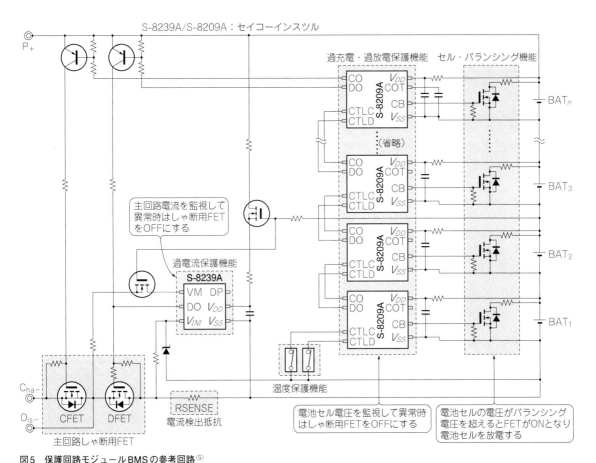

図5　保護回路モジュールBMSの参考回路[5]
使用しているBMSは充電中の電圧・電流の挙動から，この回路と似た構成と考えられる

つの電池セル電圧が過放電保護電圧(2.0 V)に達する
とBMSが主回路を遮断して放電電流がゼロになりま
す．しかし各電池セルの電圧ばらつきが大きいと，一
番電圧の低い電池セルが2.0 Vに達したところで放電
が終わってしまうため，結果として狙った容量が出な
くなってしまいます．

● 電池セルの充電電圧ばらつき補正の方法

長期保管中の自己放電などにより，モジュールを構
成する電池セルに電圧ばらつきが生じるとBMSの保
護機能によりバッテリ・モジュールの容量が見かけ上
減少します．充放電時の電圧や電流が，**図4(b)** や **図6
(b)** で示すような振る舞いをみせて，みかけの容量が
減少したときは，電池セルの電圧ばらつきを補正する
ことでモジュール容量の回復を試みます．

方法は簡単で，バッテリ・モジュールを一度分解し，
図7 に示すように電池セルをすべて並列に接続します．
この状態でBMSのセル・バランス電圧(今回の製作例
では3.6 V)で充電電流がゼロになるまで定電圧充電を
行います．

リチウム・イオン蓄電池は内部抵抗が低いため，電
圧が異なる電池セルを並列接続すると，意外に大きな
電流が流れます．バッテリ・モジュールを並列に組み
替える際は，電池セルの温度を確認し，異常な発熱の
ないことを確認しながら作業します．

充電が終わったらモジュールを元通りに組み立てて
容量試験を行い，モジュールの容量が回復しているこ
とを確認します．

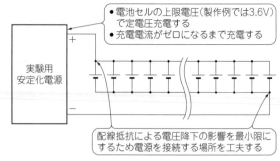

図7　電池セルの電圧ばらつきを補正する方法
電池セルと並列接続し，電池セルの上限電圧で定電圧充電する．BMS
は使用しない

ろんですが，1Cのような比較的高い放電レートでも
実容量の低下が見られないため，同容量の鉛蓄電池と
比較して多量の電力の出し入れができたといえます．
鉛蓄電池に比べて取り扱いが面倒なのが玉に傷ですが，
さらなる高性能化のためにリチウム・イオン・バッテ
リ・モジュールにチャレンジしてはいかがでしょう．

リチウム・イオンはやっぱりいい

紹介したリチウム・イオン・バッテリ・モジュール
は，2012年と2013年のソーラーバイクレースにて **写
真1** の電動バイクで使用しました．両年ともこのバッ
テリ・モジュールは安定した性能を発揮し，2012年
は耐久競技で3位，2013年は耐久競技で2位に入賞し
ました．鉛蓄電池よりも小型・軽量であることはもち

◆参考文献◆
(1) 溝澄 亮：自動車やバイクをつくれる時代がやってきた！，
特集　手作り電気自動車＆バイクの世界，トランジスタ技術
2011年8月号，CQ出版社．
(2) BATTERYSPACEウェブ・サイト：LiFePO4 Batteries，
http://www.batteryspace.com/lifepo4cellspacks.aspx
(3) BMSBATTERYウェブ・サイト：HEADWAY 38120S 9AH
10C LIFEPO4 CYLINDRICAL BATTERY CELL WITH
SCREW, http://www.bmsbattery.com/lifepo4 − cell/118 −
headway − 38120s − lifepo4 − battery − cell.html
(4) BMSBATTERY ウェブ・サイト：16S LIFEPO4 BMS-
BATTERY MANAGEMENT SYSTEM, http://www.
bmsbattery.com/bmspcm/323 − 17s26s − 24a − max −
discharge − current − bms.html
(5) セイコーインスツル株式会社ウェブ・サイト：リチウム・
イオン電池保護ICのご紹介，http://www.sii − ic.com/jp/
semicon/products/power − management − ic/lithium − ion −
battery − protection − ic/intro/?ad = 1305

第13章

愛車ミニを街乗りOKのEVに！

市販ガソリン車を電動に改造！ コンバートEV

浅井 伸治
Shinji Asai

見た目はガソリン車と同じ！ コンバートEVとは

　自動車メーカ以外の個人や企業，研究室などが電気自動車を作るうえでネックになるのは車体です．そこで，車体を自作することを避け，市販のガソリン・エンジン車（以下，ガソリン車）を電動に改造してしまった電気自動車を「コンバートEV」といいます．

　コンバートEVは，バッテリが重さのわりにエネルギーを蓄えられないため，ガソリン車のように高速に長距離を走れるわけではありませんが，街中で乗るには十分なレベルになってきました．そこで，本章では1充電で30 km走れるコンバートEVの自作例を紹介します．

　写真1のように，外観は普通の車（ガソリン車）と変わりはないですが，ボンネットを開けると写真2のようにエンジン・ルームからモータとモータ・ドライバが現れます．

　クルマや電気が好きな人にとっては，自分の好きなクルマを電動に改造するという楽しみがあります．

　バッテリのもちが重要なので，充電器の製作事例も紹介します．

改造しやすいベース車両とは？

● その1：軽量・コンパクトがよく走る

　車両重量は軽いほど有利です．900 kg程度に収めると理想的です（今回の車両は680 kg）．

　大きさも必然的に小さくなります．軽自動車やコンパクト・カー・クラスがお勧めです．

● その2：エンジンが前にあるFF車が作業しやすい

　フロント・エンジン／フロント駆動（FF）タイプが

写真1　今回，ガソリン車を電動に改造するコンバートEVのターゲット（ベース車両）になった「ミニ1000」
「トランジスタ技術」のウェブ・サイトで動画が見られます

写真2　本来ガソリン・エンジンがある位置にDCモータ（連続で約10 kW出力）とPWMコントローラ（モータ・ドライバ）が配置されている

車両重量も軽く，構造的に作業がしやすいのでお勧めです(**図1**).

● その3：オートマ車よりマニュアル車がシンプル

オートマチック変速(AT)車かマニュアル変速(MT)車かは迷うところですが，コンピュータ制御のAT車は，エンジンがなくなると制御が難しくなるので避けたほうがよいです.

クラッチ操作も不要となることから，MT車がシンプルでお勧めです. 実は，3速ギアのみで発進から街乗りまでAT車感覚で走行できてしまいます.

今回使用したモータのトルクが低速で大きいことによる恩恵でもあります.

● その4：意外？コンピュータによる電子制御の少ない旧車が電気自動車に改造しやすい

数十年以上前の古い車は，コンピュータ制御はなく，エアコンなどの快適装備も必要最低限です. したがって，車両重量も軽く，構造もシンプルで改造しやすいです. 愛着のある古い車を環境にやさしいエコカーに変身させ，買い物などの近距離用に使うことも楽しいです.

今回，私がベース車両に採用したミニ1000(1987年製)は，上記の条件をすべてクリアしています.

改造の三つのポイント

一般的なFFガソリン車の構成は**図1**のようになっています. 車体の前部にエンジンとトランス・ミッシ

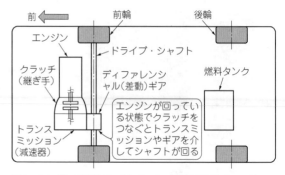

図1 エンジンが前にあってコンバートEVにしやすいFF(フロント・エンジン/フロント駆動)車の一般的な構成

ョン(減速器)が直列に連結され，ディファレンシャル(差動)ギアを介してドライブ・シャフトを回し，タイヤを駆動しています. 後輪は車体を支えるために存在しています.

このガソリン車をコンバートEVに改造するために必要な変更部分を**表1**にまとめました.

● 改造その1：エンジンをモータに交換！

エンジンをモータに変更すると，以下のようなメリットがあります.

> ①重量軽減
> ②油脂類のメンテナンスが不要
> ③駆動ベルトのメンテナンスが不要
> ④電装品が少なくて済む

特に油脂類やベルト類の点検や交換といったメンテナンスから解放されることは，特筆すべき大きなメリ

表1 コンバートEVの変更部分とメリット/デメリット

変更した部分	メリット	デメリット
改造その① エンジン→DCモータ(マフラ配管は取り外す)	①重量：約100kg前後→数十kgに軽減 ②油脂類のメンテナンス不要 　エンジン・オイル，冷却水，パワー・ステアリング用オイル，コンプレッサ・オイル，冷媒(フロンガス)など ③駆動ベルトのメンテナンス不要 　発電機，エアコンのコンプレッサ，パワー・ステアリング用ポンプ，ウォータ・ポンプ用など ④電装品の減少 　各種センサ，コンピュータ，発電機，スタータ・モータ，燃料ポンプ，点火プラグ，点火コイルなどが不要	①暖房できず 　冷却水がないためその温水が利用できない ②冷房できず 　エアコンのコンプレッサを駆動するには別動力(モータ)が必要 ③ブラシが消耗する 　DCモータの場合，使われているブラシが消耗する
改造その② クラッチ(継ぎ手)→取り外す	①制御油圧回路のメンテナンス不要 　マスタ・シリンダ，レリーズ・シリンダ，配管など ②重量軽減(5〜6kg) 　クラッチ・ディスク，フライホイール，シリンダなどを外す ③クラッチ操作が不要なため運転が楽になる	①運転に技が必要 　モータ回転数と変速器の回転数を合わせる運転を要求される
改造その③ 燃料タンク→鉛バッテリ(ケース)	①配管および気密性が不要 　ガソリンは揮発性が高い ②危険性が減少 　ガソリン漏れがなくなるため	①重量増加 　今回の場合，鉛バッテリ約20kg×8個＝160kg(大人約3人分)増加 ②搭載場所の制約と占有 　重く大きいため自由度がなくなる ③車の重量バランスが悪化

ットです.

しかし，反面，冷暖房といった快適装備を稼働させるには，走行モータ用のメイン・バッテリからエネルギーを供給しなければならないという，トレードオフの関係があります．これが寒さの厳しい北欧やロシアなどでは，電気自動車普及のネックになっています．製作では，快適装備の搭載は行わず，メイン・バッテリを少しでも温存できるようにしました.

● 改造その2：マニュアル車なのに！クラッチを取り外す

マニュアル変速車のクラッチ(継ぎ手)は，ないほうがメリットが多いので取り外しました.

低速から順にシフトアップするときは，いったんニュートラル位置にてアクセル・ペダルを離すと，慣性でモータの回転は自然に下がります．そのためクラッチ操作はしなくとも次段のギアにすっと入ってくれま

す．最初に走ったときは，本当にうまくできるか心配でしたが，問題なく，今では変速を楽しみながら運転しています.

● 改造その3：燃料タンクをバッテリに交換！

電気自動車の最大のネックは，搭載バッテリが重いことです．パワーと走行距離のことを考えると，電圧は100 V以上，容量も100 Aくらいは欲しいところです．それを鉛バッテリで実現するとなると，今回の構成で160 kgを超えてしまいます．大人3人が常に乗車している状態です.

回路となる主な部品

● メイン・バッテリのDC96 V高圧回路とサブバッテリのDC12 V低圧回路

図2が電気自動車製作に関係する制御部分の全体回

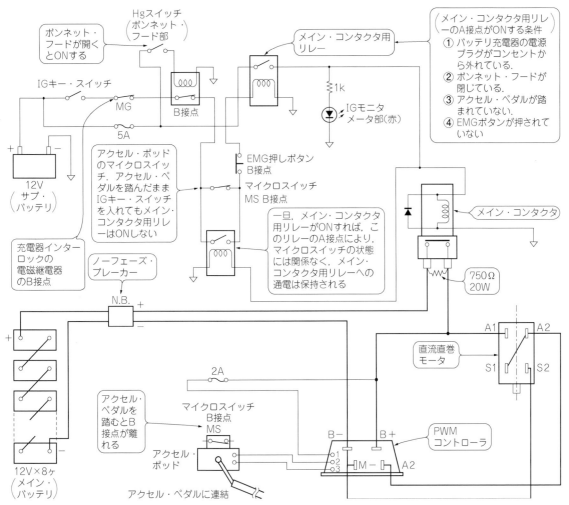

図2　ミニを改造！コンバートEVの電気回路

路です．制御信号で接点をON/OFFするメイン・コンタクタが中心にあり，制御コイル側がDC12Vサブバッテリによる低電圧回路です．メイン・コンタクタの接点側で制御されるDC96Vのメイン・バッテリによる高電圧回路とに分かれています．**表2**は主な部品です．

● **ライトやホーン，ワイパなど電装品のDC12V電源はサブバッテリで供給**

　自動車に装備される電装品(灯火類，ホーン，ワイパ・モータなど)の電源は，一般的な乗用車ではDC12Vです．したがって，DC12V電源は必要です．

表2　調達した主な部品
米国の部品サイトから調達した．合計金額は$4,028(1$＝82円とすると¥330,300)

部品の名称	形　名	メーカ	仕　様	価　格	搭載場所
直流直巻きモータ (DCモータ)	L91-4003	Advanced Motors & Drives(米国)	定格電圧72V〜120V 定格電流　連続：130A/1時間率：150A/最大：500A 出力　連続：13馬力(9.7kW)/1時間：15馬力(11.2kW)/最大：43馬力(32.1kW) 大きさφ170×395，重さ38kg	$979	モータ・ルーム
モータ・ドライバ (PWM制御)	1221C-7401	Curtis Instruments社(米国)	入力電圧72〜120V 出力電流　最大：400A/5分率：250A/1時間率：150A	$1,050	モータ・ルーム
メイン・コンタクタ (マグネット・スイッチ)	SW200B	Albright International(米国)	接点定格　250A(連続)/DC120V(最大) コイル部　DC12V 1.8A	$125	モータ・ルーム
メイン・ブレーカ	TQD-200	General Electric社(米国)	最大電流　450A 最大電圧　DC120V トリップ電流　440A 50s	$162	車内後部
アクセル・ポッド (モータ・ドライバ用)	PB-6	Curtis Instruments社(米国)	5kΩ ポテンショメータ	$80	アクセル・ペダルに連結
バッテリ残量メータ	900RB-96-BN	Curtis Instruments社(米国)	DC96V用	$135	メータ・パネル
バッテリ電圧メータ	A2C5-28	Westberg Manufacturing社(米国)	DC50-150V 表示外径約φ60	$57	メータ・パネル
メイン鉛バッテリ (ディープ・サイクル)	90A-XY	Seaking(米国)	90A RC(リザーブ・キャパシティ)140分(25A連続使用可能時間)大きさ 171×273×238mm重さ18kg(実測)	$1440 = $180×8(国内調達@14,980円)	車内の後部のシート部

[その他の部品や材料はすべて国内調達] 各種リレー，スイッチ，電子部品，アルミ/鉄板，金具，ビス，ケーブル，接着剤，塗料，ケース，端子台，ヒューズ・ボックス，圧着端子，タイラップ，木材，ボルト＆ナット，ベアリング，プーリー，ドライブ・ベルト，アイドラ，連結シャント，シュパンリング
調達先：ミスミ，モノタロウ，三ツ星ベルト，秋月電子通商，RSコンポーネンツ，ホーム・センタ

(a) 高圧部

部品の名称	形　名	メーカ	仕　様	価　格	搭載場所
サブバッテリ (市販の12V用充電器で充電する)	40B19L(R)	日立，GSユアサなど	容量：33Ahくらい (メーカによって差がある)	ホーム・センタにて3,000〜4,000円くらい	モータ・ルーム既存のバッテリの位置がベスト
車用リレー	G8MS-1A23T	オムロン	コイル電圧：DC12V コイル抵抗：10Ω 接点最大電流：20A	740円	モータ・ルーム
一般リレーとソケット	MY2-DC12	オムロン	コイル電圧：DC12V コイル抵抗：165Ω 接点最大電流：5A	935円 (ソケット210円)	車内
水銀スイッチ	不明	不明	球状水銀部容量：1Aくらい (環境問題のため入手困難)	200円(在庫品)	モータ・ルーム(ボンネット裏)
傾斜スイッチ (水銀スイッチの代替品)	AHF22	パナソニック	入力：赤外LED　V_F：2V 　　　　　　　　I_F：50mA 出力：フォトトランジスタ I_C：20mA	850円	モータ・ルーム
ヒューズ・ホルダ	F-61-D	サトーパーツ	横型ねじ式 250V-10A	380円	モータ・ルーム
ヒューズ	3A		Φ6.4×30	120円	モータ・ルーム
非常停止ボタン	AVN301NR	IDEC	押しボタン・ロック付き リターン・リセット 1回路B接点	1,480円	室内のダッシュボード

(b) 低圧部

問題は，それをメイン・バッテリ電圧96VからDC-DCコンバータにて取り出すか，別のサブバッテリから取るか迷うところです．

DC-DCコンバータの市販品は3～4万円ほどです．ヘッドライト点灯を考慮すると12Aは必要で，自作するには少し面倒です．サブバッテリは，ホーム・センタにて3,000円前後で調達可能なので，今回はサブバッテリから取り出すことにしました．

サブバッテリを用いる欠点は，そのバッテリも充電しなくてはならないことです．

■ 電気自動車ならではの安全装備が必要

● その1：ボンネットの開閉を検知する水銀スイッチ

ガラス管内に閉じこめられた水銀（Hg）が，傾斜によって接点をON/OFFさせるスイッチを，車のボンネット裏に取り付けました．ボンネットを開けると，

写真3　モータ・ルーム
ボンネットを開けて車の正面から見たところ

図中ラベル：
- DCモータ
- PWMコントローラ
- 駆動ベルト：小型車なのでモータとトランスミッションを横並びに配置できず，ベルトで回転力を伝えている
- タコメータ用回転センサ
- 200A流せる溶接用ケーブルで96V系を配線
- モータのON/OFFを司るスイッチ，メイン・コンタクタ
- トランスミッション（変速器）

コラム1　部品調達も簡単！電気自動車の自作が盛んな米国のウェブ・サイト

表2は電気自動車の高電圧側回路の主要部品です．アメリカの一つのネット販売サイトにて，主な部品がすべて入手できます．

残念ながら国内調達は，プライベートで製作する方にとって，まだちょっとハードルが高いところがあります．

● アメリカのウェブ・サイト

▶ KTA SERVICES INC.：部品が調達できる
http://www.kta-ev.com/
部品が調達でき，見ているだけで楽しめます．モータやコントローラのメーカへのリンクも充実です．

▶ EV Consulting：相談やアドバイス
http://www.evconsultinginc.com/
電気自動車へのコンバートの相談やアドバイスをしています．KTAの元オーナが1934年式のロードスター（フォード）を見事に電動化しています．

● 日本の活動団体

▶ 日本EVクラブ：夢とロマンの電気自動車製作
http://www.jevc.gr.jp/
1994年に設立された市民を基盤とした団体です．会員によるコンバート実績は300台を超え，私の車もカウントされています．電気自動車製作に夢とロマンを持ち，環境にやさしく未来のモータリゼーションを創造して楽しむことを目的に活動しています．

● アメリカでは高校生もEVレースに参加！

アメリカでは数十年も前から各地でコンバート（エンジンからモータに載せ替える）された電気自動車のレースが開催され，それに高校生も参加するという土壌があります．

国内の自動車メーカ製の電気自動車はすばらしいですが，もっと小規模な，草野球を楽しむような土壌が国内でも増えるよう製作を続けていきたいと思います．

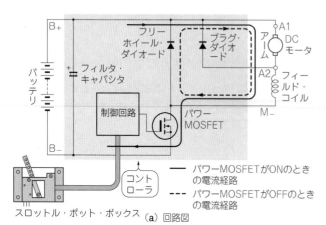

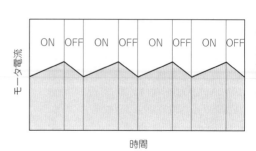

（b）パワーMOSFETのON/OFFとモータ電流

パワーMOSFETがONのときの電流経路
パワーMOSFETがOFFのときの電流経路

スロットル・ポット・ボックス　（a）回路図

図3(1)　PWM制御の動作

水銀スイッチの接点が導通しリレーのコイルに通電されます．そのコイルのB接点が開きメイン・コンタクタのコイルへの通電が絶たれ，モータおよびPWMコントローラに供給される高電圧をカットします．

● **その2：非常停止（Emergency Stop）ボタン**

運転者がキー・スイッチの操作不能に陥ったとき，第三者がモータやPWMコントローラに供給される高電圧をカットできるよう，B接点の非常停止押しボタンを入れました．

● **その3：充電器動作中のインターロック**

バッテリの充電中に誤って走りださないように，メイン・コンタクタがONする条件に「充電器がOFFである」ということを加えました（車検対応）．

駆動系：モータ＆モータ・ドライバ周りの改造

写真3がモータとそのドライバであるPWMコントローラなどが収まったエンジン（モータ）ルームです．

● **直流動作で起動トルクが大きい直巻きモータを使う**
① 起動トルクが大きい：1 tの車両を発進させるため

1 t前後の車両が発進・停止を繰り返すので，起動トルクが大きいのは重要な条件です．直流電源で，起動トルクも大きく，入手性もよく，比較的安価な「直流直巻きモータ」（DCブラシ・モータ，以後DCモータと表記）を選択しました．
② エンジン・パワーに近い出力：車体の性能を発揮したり，車検を取ったりするため

まず，ベース車両ミニ1000の最大パワーを確認すると46馬力（33.8 kW）でした．エンジン・パワーをもとに車体や動力伝達機構，制動装置が設計されていますので，モータのパワーもこの値を超えないようにします．車検を取りやすくするためにも重要です．

最大定格43馬力，連続定格13馬力というモータを見つけました．さらに，モータの推奨車両重量が1300 kgまでとカタログに記載があり，安心してこのモータに決定しました．

● **PWMコントローラ1221C-7401でモータを駆動**

抵抗制御などのアナログ方式は，起動電流が200 Aを超えるモータが相手では太刀打ちできません．やはり，PWM（Pulse Width Modulation）によるディジタル制御が必要です．以下のPWMコントローラを選択しました．

入力電圧：72～120 V

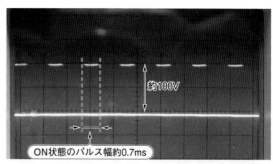

（a）アクセルを軽く踏んだ：ON状態のパルス幅0.7 ms

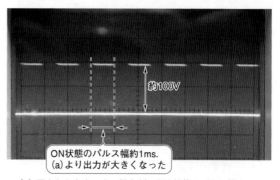

（b）アクセルをまぁまぁ踏んだ：ON状態のパルス幅1 ms

写真4　PWMコントローラの電圧波形（0.2 ms/div，50 V/div）

出力電流最大：400 A

PWMコントローラは，図3のパワーMOSFETにより効率よくメイン電源DC96 VをON/OFFしてくれます．

● アクセル・ペダルとポテンショメータを連動させ，PWMのデューティ比を変化させる

デューティ比は，アクセル・ペダルに連結されたアクセル・ポッド・ボックス内のポテンショメータ（5 kΩの可変抵抗）により決定されます．キーンという独特の発振ノイズとともに，滑らかに力強く加速してくれます．写真4はニュートラルのギア位置にて，アクセル・ペダルを踏み込んでいったときの波形です．パルス幅の変化が確認できます．

● モータのON/OFFを司る！メイン・コンタクタはリレーの親玉

メイン・コンタクタは，車のキー・スイッチに連動して，メイン・バッテリDC96 Vの電源をPWMコントローラに供給してくれます．連続接点定格250 Aと

いう巨大な接点をもつ，まさにリレーの親玉です．マグネットとも呼ばれています．

● 接点の劣化を防ぐ！プリチャージ抵抗がキモ

キー・スイッチ操作をするたびに，突入電流が接点を襲います．これを見過ごすと接点の劣化が著しく，溶着することもあります．そこで，あらかじめ750Ωの抵抗を通してPWMコントローラのフィルタ・コンデンサを充電し，突入電流を防ぐ重要な役割をしています．手持ちの1.5 kΩ，10 Wのセメント抵抗を並列接続し，振動防止のためシリコン・ボンドで固めてからボルト止めしました（写真5）．

● 車の主電源をON（IGキー・スイッチをON）している間は，コイルが電気を消耗する

巨大接点を引き寄せる電磁石のコイルも半端ではありません．仕様では，12 V，1.8 Aです．一般のリレーとはけた違いです．この電流が走行中にサブバッテリから消費されることも忘れてはなりません．

コイルに並列に接続された逆起電力防止ダイオード

写真5　PWMコントローラをON/OFFする接点メイン・コンタクタに取り付けるプリチャージ抵抗
回転センサはタコメータに使う

写真6　タコメータの取り付け

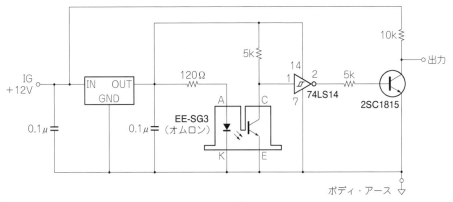

図4　タコメータの回路

注：電線の心線導体の断面積が38 mm²ということ

駆動系：モータ＆モータ・ドライバ周りの改造

は，製品に標準装備されていました．自分で接続するときは，ダイオードの極性に注意です．

● 200 A が流せる！溶接用ケーブルで配線

38 sq注(600 V)サイズの，溶接機として使われるケーブルを高電圧側の配線に用いました．許容電流が約200 Aあるので，取り回しと作業性を考えて選択しました．被覆の材質は柔軟性，耐寒性がある天然ゴムが安価で作業性もよいのでお勧めです．国内の通販サイトなどにて調達できます．

● タコメータでモータの回転を監視する

モータのもう片方の軸の先端にスリット入りのアルミ製円板を取り付け，そのスリットをフォトインタラプタ・センサにて読み取ります（写真5）．信号はシュミット・トリガで整形後，市販のアナログ式タコメータに接続しました（写真6）．省エネルギー運転をするためにも，常にモータの回転数をチェックできます（回路図は図4）．

車内設備：メータ＆アクセル・ペダルの改造

● 電気自動車の定番メータ：バッテリ残量計

ガソリン・エンジン車にはスピード・メータと燃料計は必要です．同様に電気自動車には，燃料計に相当するバッテリ残量計は外せない存在です．このメータの原理は，メイン・バッテリの電圧を読み込んでA-D変換し，10個のLEDランプの点灯具合と色にて標示します．なかには，電流を積分して量として処理する高精度なメータもあります．

電気自動車にとって，重要度の高いメータですが，このA-D変換方式のメータは，電流消費量に正しくマッチングして，実用上問題なく役立っています．

写真7 の「イグニッション入りLED（赤色）」は，ベース車のキーシリンダの「ON」位置にキーをひねると点灯します．この状態は，メイン・コンタクタのコイルに通電されていることを示し，アクセルを踏めばいつでも走りだす危険な状態でもあります．赤色LEDを用いました．

● アクセルを踏むと走り出す危険な状態！キー・スイッチ ON を伝える赤色 LED

写真7 の「イグニッション入りLED（赤色）」は，ベース車のキーシリンダの「ON」位置にキーをひねると点灯します．この状態は，メイン・コンタクタのコイルに通電されていることを示し，アクセルを踏めばいつでも走りだす危険な状態でもあります．赤色LEDを用いました．

● アクセルの踏み込み具合を伝えるためのアクセル・ペダルの改造

アクセル・ペダルは，ベース車両によって取り付け

表3 ディープ・サイクル鉛バッテリと一般自動車用の鉛バッテリ

種類	ディープ・サイクル・バッテリ	一般の鉛バッテリ（スタータ・バッテリ）
特徴	● 深放電，充電を繰り返し可能 ● 少電流にて長時間使用可能 ● 電極にカルシウム合金を使用 ● 極板の枚数が少なく，厚さが厚い ● 重量が重く高価	● 短時間に大容量の電流を放出可能 ● 常に満充電にて使用する ● 深放電すると劣化が著しい ● 極板の枚数が多く，厚さが薄い ● 比較的安価
使用例	電気自動車，ゴルフ・カートなどの走行用，キャンピング・カーの補助用	自動車のエンジン始動用

イグニッションLED：モータがONしていてアクセルを踏むと走り出す，ということを示す赤色LED

写真7 自作のセンタ・メータ・パネル
イグニッションON状態は，アクセルを踏むと進むというある意味危ない状態なので，赤色LEDを表示する．ベース車両の「ミニ1000」はセンタ・メータが自慢

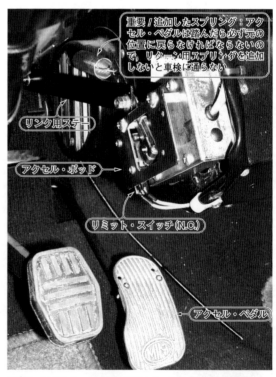

写真8 アクセル・ペダルとアクセル・ポッドの連結部

作業の難易度が変わります（**写真8**）．たまたま左ハンドル車なので，ペダルの右横に大きな空間がありました．ヒータ・ユニットのケースを利用して，アクセル・ポッドが簡単に取り付けられました．ここからPWMコントローラに必要なアクセル開度の情報（5kΩのポテンショメータ）が出力されます．

● アクセル・ペダルが戻らないと悲惨…安全の確保が重要

以前のニュースにて，高速道路を走行中，アクセル・ペダルがフロアマットに引っかかり，戻らなくなって衝突するという痛ましい事故がありました．アクセル・ペダルの改造は，リンク用ステーを介して，ペダルの動きを機械的にアクセル・ポッドのレバーに連結しています．この動作が滑らかで確実でないと，最悪，アクセル・ペダルが戻らないという恐ろしい事態に陥ります．確実な設計と慎重な作業が要求されます．

● メータのパネルもこだわって自作

メータ取り付け用のパネルは**写真7**のように製作しました．ホーム・センタにて，板材を調達するところから始め，穴をくりぬき，ニスを何層にも塗り重ねて味をだしていきます．ものづくりは，すべての工程が楽しめます．

ベース車両のミニ1000はセンタ・メータに味があるので，こだわりました．

バッテリ周りの改造

● たくさん放電しても劣化しにくくて電気自動車に向く：ディープ・サイクルの鉛バッテリ

ディープ・サイクル・バッテリは，一般的な鉛バッテリの一種です．名称の通り，深くまで使用（放電）しても劣化しにくいという特徴があります．ほかに**表3**のような特徴があります．自動車メーカ製のハイブリッド車や電気自動車には，ニッケル水素やリチウム・イオンなどのバッテリが使われていますが，個人で製作することを考えると，入手製や制御の簡便さ，安全性，価格の安さから鉛式のディープ・サイクル・バッテリをお勧めします．

● 悩ましいけど奥深い！バッテリの容量の決定手順

▶ステップ1：走行距離を決める

統計によると，日本人の平均的な1日の走行距離は30k～50kmだそうです．スーパーなどへの買い物用と割り切れば10kmです．今回は実用性も考えて30kmとしました．

▶ステップ2：電力消費率から必要な電流定格を決める

国内メーカから市販されている軽の電気自動車の場合，電力消費率は125Wh/kmでした．バッテリがリチウム・イオンで車体重量が1100kgと条件の違いはありますが，30km走るには125×30＝3750Wh必要です．鉛バッテリのため，実際は30％のロスを考慮して3750×1.3＝4875Whをベースとします．

使用するDCモータの定格から電圧は96Vとすでに決めているので，$P = V \cdot I$から逆算して，電流は約50Aとなりました．

ただし，ディープ・サイクル・バッテリといえども，空になるまで大電流を供給できるわけではありません．30％は残して使用すると仮定すると，70Aの容量があれば約50Aが使えます．

マリン・スポーツ向けのディープ・サイクル・バッテリ（アメリカ製）を使いました．90Aで重さ17kg（実測は18kg），さらに実勢価格15,000円と価格もリーズナブルなので，これに決めました．

写真9　バッテリ搭載部
ブレーカや作業用のサービス・コンセントなどを設置してある

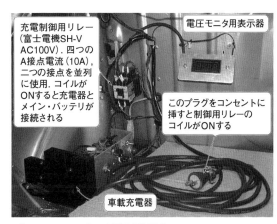

写真10　トランク内の充電器制御回路

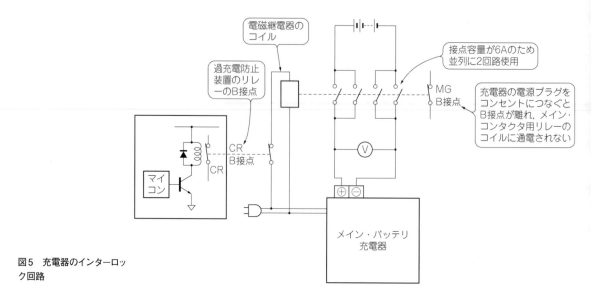

図5 充電器のインターロック回路

図中ラベル：
- 電磁継電器のコイル
- 過充電防止装置のリレーのB接点
- 接点容量が6Aのため並列に2回路使用
- 充電器の電源プラグをコンセントにつなぐとB接点が離れ、メイン・コンタクタ用リレーのコイルに通電されない
- CR B接点
- CR
- マイコン
- MG B接点
- メイン・バッテリ充電器

● **取り付け：大きすぎて乗車定員が4人から2人に**

車の後部シートを取り外してバッテリ・ケースを搭載しました．それに伴って乗車定員を4人から2人に変更しました（**写真9**）．

ケースはホーム・センタにて販売されているふた付きのプラスチック・ケースを流用しました．残念ながら6個しか収納できないため、ケースに角穴を開け、ベニヤ板を組み合わせて残り2個分のスペースを作りました．

● **充電器の制御回路**

トランク・ルームの側面に、安全のためのインターロック回路を組み入れました（**写真10**, **図5**）．

メイン・バッテリを充電するとき、電源コードをコンセントに挿すとメイン・リレーが働き、バッテリと受電気が接続されます．同時に、モータ電源用のメイン・コンタクタがONする条件が切れ、IGキー・スイッチをONしてもモータ用電源が供給されず、安全が確保されます．

■ **その他の安全装備と便利な機能**

● **バッテリは充電時にガス（水素）を排出する**

特に、充電末期には水素ガスの排出が顕著になります．バッテリ・ケースは密閉構造（**写真11**）として、**写真12**のようにビニル・ホースを車外に配管して自然排気されるようにしました．

● **メイン・ブレーカとサブブレーカ**

図2の全体回路にあるように、高電圧側には最大電流450 Aのブレーカを取り付けました．**写真9**の吹き出しにあるサブブレーカは、メイン・バッテリと150 V電圧計およびバッテリ残量計を分離するためのスイッチとして装備しました．メータ周りのメンテナンス時や長期間、車を使用しないときにOFFにします．

写真11 バッテリはケースに入れて密閉し、後部座席に取り付け

図中ラベル：
- 元後部座席
- 写真8にふたをしてバッテリを密閉する

写真12 バッテリ・ケースに配管して水素をちゃんと外に逃がす

図中ラベル：
- バッテリ・ケース：密閉する
- 塩ビ水道管
- ビニル・ホース
- 発生した水素はちゃんと外へ！

写真13　その1：割と手早く充電できるトライアック切り替え式の車載充電器を製作(トランク内に実装)

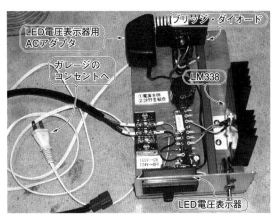

写真14　その2：なるべくじわじわと鉛バッテリにやさしく充電する定電流充電器

● リバース中をメロディで警告

　トランスミッションのギア位置をリバース(バック)に入れたとき，メロディICを使ってメロディにて警告するようにしました(現代の車に近づけた．**写真6**).

● サービス・コンセント

　計測器や照明の電源を取り出せて便利です．

充電器の製作と実験

● 市販の定番パーツで充電器を作ろう！

　頑張って電気自動車を完成させても，次に困るのはバッテリの充電器です．市販品は5万円以上しますし，モータやメイン・バッテリなど部品代で40～50万円ほど費やしているので，できるだけ出費は避けたいところです．そこで，以下の2種類のバッテリ充電器を安価(数千円)に自作してみました．

▶その1：トライアック制御による車載普通充電器

　どこでもAC100 V電源があれば簡単に充電できる安価でシンプルな車載用として使います．**写真13**はトランク内に実装された充電器の外観です．

▶その2：3端子レギュレータICによる定電流トリクル充電器

　電気自動車を長期間用いないときや，バッテリにやさしく常に満充電の状態に保って，寿命を延ばす目的でガレージ用として使います．**写真14**は定電流充電器の外観です．

● メイン・バッテリ電圧：96 V(12 V×8個)がいい

　メイン・バッテリの電圧値はかなり重要です．自動車メーカ製のハイブリッド車や電気自動車のメイン・バッテリの電圧は300 V前後が多いです．少しでも電圧を高くして，仕事当たりの電流を少なくしたいところです．

　鉛バッテリで実現するとなると搭載の個数も増え，スペース的にも重量的にも不利になります．そうかといって，6個で72 V仕様にするとモータのパワー的にベース車は軽自動車に限られてしまいます．

　実は充電器の製作のことを考えると，一般電源であるAC100 Vをダイオードにて全波整流し，得られる脈流をコンデンサで平滑すると，「96 V」仕様は非常に適しています．

■ 「トライアック制御による車載充電器」の製作

● バッテリにやさしい0.1 C充電

　通常，バッテリの充電は0.1 C［A］で行うと望ましいといわれています．0.1 Cとはバッテリの容量［Ah］の0.1倍という意味です．搭載バッテリは，90 A-XYというタイプで容量は90 Ahです．アメリカの規格ではRC(リザーブ・キャパシティ)：140分と表記され，25 Aの連続使用が140分可能と表されます．

　今回は90 A×0.1＝9 A近辺の電流値で回路を考えてみました．

　参考文献(3)により，ディープ・サイクル・バッテ

表4　ディープ・サイクル・バッテリの理想的な充電方法

充電割合	充電電流 (C：バッテリの容量)	製作した充電器を用いた場合(C=90 Aとする)
～50 %まで	C/20	「車載普通充電器-トライアック側」→4.5 A
～90 %まで	C/10	「車載普通充電器-ダイレクト側」→9～14 A
～100 %まで	C/20	「定電流トリクル充電器」→2.5 A

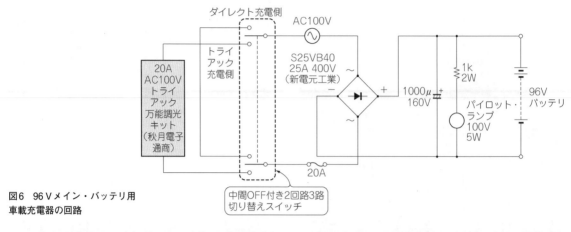

図6　96Vメイン・バッテリ用
車載充電器の回路

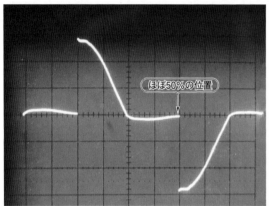

（a）つまみ50%（ディジタル・テスタ計測値：52.4 V）

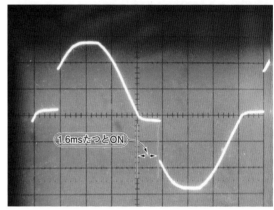

（b）つまみ100%（ディジタル・テスタ計測値：90.2 V）

写真15　車載充電器のトライアックの電圧波形（2 ms/div, 5 V/div, プローブ1/10）

リの理想的な充電方法の記述をまとめると，**表4**のようになりました．今回製作した2種類，3系統の充電電流で理想的に近い充電が可能です．

● 振動に強く！車載用充電器の回路はシンプルに

軽量で振動にも強くするためには，やはり単純が一番です．今回メイン・バッテリの電圧を96 Vにした理由の一つもここにあります．最終的には**図6**のような回路となりました．

▶実験1：全波整流だと電流が流れ過ぎる

最初はトライアックによる電圧制御回路もない，ブリッジ・ダイオードによる全波整流と平滑コンデンサだけの回路でした．無負荷における出力電圧は，理論通り$100\sqrt{2}$ Vに近い138 Vが計測されました（手持ちのディジタル・テスタにて）．これをそのまま負荷であるバッテリにつなげると，電圧もかなり減衰して10 Aくらいの電流が流れるのでは，と期待したのですが，バッテリの消費状態にもよりますが，50 %くらい消費状態で15 Aを超えてしまいました．設計仕様的には25 Aまで大丈夫ですが，なによりやさしい

充電のためにもう少し下げたいところです．

▶実験2：トライアックによる1次電圧制御

トランスで1次側の電源電圧を下げることも考えましたが，10 Aという電流を考慮すると，重くて大きく，そしてやや高価になってしまいます．たどり着いたところが，トライアックによる電力制御でした．幸いなことに，20 Aまで制御できる600円の国内通販サイトから販売されているキットがありました（20 A AC100Vトライアック万能調光キット，秋月電子通商）．

写真15（a）は，トリガ・タイミング調整つまみを50 %の位置にしたときの波形です．ちょうど1サイクルの半分を過ぎたところから立ち上がっています．このときの電圧をディジタル・テスタにて計ると52.4 Vでした．波形通りです．

写真15（b）は，つまみを100 %の位置にした波形です．100 %の位置でも波形を見ると周期16.7 ms（60 Hz）のうち，1.6 ms遅れて立ち上がっていることがわかります．約10 %遅れていることから，測定電圧値90.2 Vとつじつまが合います．充電電圧は$\sqrt{2}$倍した126 Vとなり，ほどよい充電電流7.5 Aを得ることができま

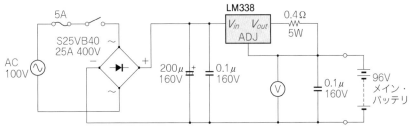

図8　3端子レギュレータを使った定電流充電回路

した．これならば，つないだままにしても，バッテリ端子電圧が105 Vを超えると，電流はほとんど流れなくなります．オートストップがかかるので，バッテリを安心して充電できます．

その後，切り替えスイッチをダイレクト側にして，124 Vを超えるまで充電します．（充電電流は10 A前後となる）これで充電完了となります．

■ ゆっくりジワジワ充電する
　　定電流トリクル充電器の製作

● 3端子レギュレータIC LM338と抵抗一つで作れる

3端子レギュレータIC LM338（テキサス・インスツルメンツ）は，出力定電流$I_{out} = V_{ref}/R_1$の関係があります（図7）．抵抗一つで電流値を決めることができるため採用しました．

一般的なトリクル充電器の電流値は数Aが多いことから，I_{out}を3 Aにすることにしました．V_{ref}は仕様書から1.24 Vなので，R_1は約0.4Ωとなりました．実際は，0.4Ω，5 Wのセメント抵抗の市販品がないため，0.3Ωと0.1Ωを直列にして0.4Ωにしました．

トリクル（trickle）とは，水滴がポタポタと滴る状態を表す英単語です．よって，トリクル充電器は微弱な電流で充電することにより，たとえ満充電状態を過ぎて充電してもバッテリに負担を与えることがなく，自然放電を防止し，寿命を延ばすメリットがあります．

● 回路

実際に製作した回路が図8です．ブリッジ・ダイオードなど手持ちの部品を流用しましたが，ヒートシンクとディジタル電圧計を除けば，1,500円くらいで収まります．

出力側の無負荷電圧は，電解コンデンサによる平滑により，ほぼ理論値の138 Vが測定されました．電流を実測すると2.2 Aでした．0.1Ωを取って0.3Ωにすると出力電流が2.5 Aになったのでこれで使用することにしました．実際には0.3Ω抵抗の値が約0.5Ωだったので，設計値である3 Aではなく$1.24/0.5 \fallingdotseq 2.5$ Aが流れることになりました．

使用上の注意点としては，絶対最大定格の中に入出力差40 Vがあります．入出力差が40 Vを超えないよ

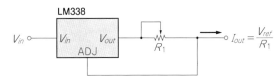

図7[(5)]　3端子レギュレータ（LM338）を使ったシンプルな定電流電源
抵抗1本で電流値を決められる

うに，バッテリの終止電圧が100 V以下の場合は使わないようにします．

● 固定も兼ねてヒートシンクを取り付け

充電器の外観は写真14です．ブリッジ・ダイオードのヒートシンクは，メーカの仕様では6 Aまで不要でしたが，固定のことを考え，手持ちの50×50 mmの大きさを使いました．LM338のほうは，かなりの熱をもつので大きさ100×100 mm，表面積540 cm²のものを使いました．

充電中，棒温度計を接触させて計った温度は65℃くらいでした．LED電圧表示器用のACアダプタは，余剰品を使いました．

● 充電の電気代

ホーム・センタなどにて販売されている簡易型電力表示器を使って，充電中の電気代を調べてみました．

> 約10 Aの充電電流のとき：900 Wh→16円/h
> 充電終了時の積算電気代：65円→3.6円/km
> このときのバッテリ残量計：目盛り位置5/10
> 　　　　→96 V×50 A = 4800 Wh（電力消費量）
> このときの走行距離：18 km
> 電力消費率：267 Wh/km（ガソリン車の燃費に相当）

ちなみに国内産の電気自動車（軽自動車）のカタログ値は，125 Wh/kmです．

走行中＆充電中！
10 A以上の電流を安全に測る

● 走行中の電流にも対応！　±150 Aタイプのクランプ式直流電流センサを選ぶ

10 Aを超える大電流を測定するときにやっかいなのは回路を切断してメータを入れる作業です．電流が

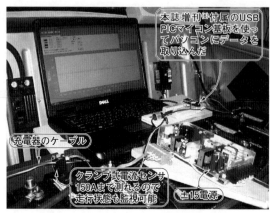

本誌増刊(6)付属のUSB PICマイコン基板を使ってパソコンにデータを取り込んだ

充電器のケーブル

クランプ式電流センサ 150Aまで測れるので走行状態も監視可能

±15電源

写真16 クランプ式の電流センサと本誌増刊の付属品(パソコン計測USBマイコン基板(6))で充電電流を測る

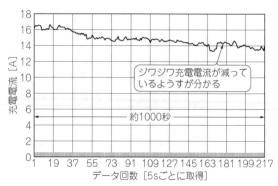

ジワジワ充電電流が減っているようすが分かる

約1000秒

データ回数［5sごとに取得］

図9 本誌増刊の付属品(パソコン計測USBマイコン基板)で充電電流をロギング
経過時間ともに電流値は減少している

10 Aを超える場合は，分流器を用意するなど，さらに厄介です．

クランプ式直流電流センサならば，回路を変更せずに，電線にクランプするだけで安全に測定できます．走行用モータの電流測定にも対応できるよう ±150 A（非飽和最大電流 ±300 A）のタイプを選びました．

電流に比例するその出力値は，±4 Vの信号として取り出せます．**写真16**がセンサと ±15 Vの電源を結線して，出力が端子台から測定できるようにしたものです．電流値を得るには，電圧をディジタル・テスタで読み取り，25倍すれば求まります．

● 実験！充電電流を測る

メイン・バッテリの充電電流の測定には，「すぐに使えるパソコン計測USBマイコン基板」（CQ出版社）付属のUSB PICマイコン基板を使うことにしました．

実験には，ちょっと工夫が必要です．USB PICマイコン基板の最大電圧幅が ±1.17 Vのため，電流クランプ・センサの出力を直結できません．そこで，20 kΩの可変抵抗と1 kΩの固定抵抗を組み合わせた1/10

のアッテネータ回路を入れて取り込みました．その後，保存したデータをエクセルに読み込み，生データを250倍してグラフを描いてみました．

製作した車載充電器を使って，5秒間隔で200回充電したときの電流を測定してみました（**図9**）．時間とともに充電電流が減少していくことが，一目りょう然となりました．

＊

このクランプ式電流センサを用いて走行中のモータ消費電流を測定しました．第15章で紹介しています．

◆参考・引用＊文献◆

(1)＊ トランジスタ技術，2002年5月，pp.249 - 256，CQ出版社．
(2)＊ KTA SERVICES INC.：2001 ～ 2002年カタログ USA.
(3) ＊ BUILD YOUR OWN ELECTRIC VEHICLE USA TAB Books, pp.239 - 259.
(4) 藤中 正浩：ソーラー電気自動車のおはなし，1994年8月，(財)日本規格協会．
(5)＊ LM338（5 A電圧可変型レギュレータ），1998年5月，pp.1 - 12，National Semiconductor.
(6) 今すぐ使えるパソコン計測USBマイコン基板，2011年1月，CQ出版社．

コラム2　「こだわり」と「あそび心」…自己満足の世界

ものづくりは，やはり「楽しみながら」が一番です．設計にこだわり，あそび心をプラスすると，機能とオリジナリティが結びついて大きな満足と感動を得ることができます．そんな自己満足の世界を紹介します．

▶ボンネット・ベルト

ベース車両になったミニ1000という車，車外にボンネット開き用レバーがあります．したがって感電防止のためにも，ベルトをかけてひと手間かけました（**写真1**）．

⇒クラシック・レーサ気分を演出しています！

▶非常停止（Emergency Stop）ボタン

ツナの空き缶を利用して，ロック式B接点押しボタン・スイッチを取り付けました（第22章　**写真2**）．

⇒廃物を利用した安全装置です！

▶換気：ベンチレーション

今回製作した電気自動車で唯一の快適装置，ベンチレーションです（**写真A**）．走行中，コーラのふたを外せば涼しい外気が取り込めます．

⇒あそび心と機能性がマッチングしています！

▶ガソリン給油口のふた

丸いプラスチック製エンブレムがガソリン給油口の穴をふさぐのにぴったりでした（**写真B**）．

⇒あそび心と機能性がマッチングしています！

▶コラボレーション・ステッカ

ステッカでさりげなく電気自動車であることを主張しています（**写真B**）．

⇒設計者のこだわりです．

写真A　唯一の快適設備−コーラ缶によるベンチレーション（換気）
コーラ缶のふたを開けて外気が取り込める状態

写真B　給油口のふた＆感電の危険製を示すシールとDC96Vを表示するシール

第14章

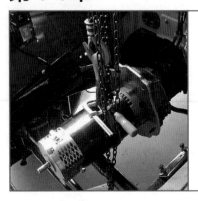

モータ軸とトランスミッション軸を
連結する方法…ジムニーでの例

モータとミッションを
いかに結合するか

浅井 伸治
Shinji Asai

　エンジンをモータに載せ替えて電気自動車を製作する(コンバートEV)ときに一番のネックになることは，既存のトランスミッションの軸と調達したモータの軸を，いかに強固に，いかに芯ずれなく連結するかです.

　その作業方法を，3台の電気自動車製作の経験を元に，ベース車両「ジムニー」にて結合を行った例を紹介します(**写真1**).

芯出し作業

● モータ実物大の模型を作る

　まず**写真2**のような，スケール1:1の模型を作ります．これには二つの目的があります.

　一つめは，仕様が決まったモータを発注する前に，ぜひ確認しておきたいことです．コンバート対象の車によってさまざまですが，エンジンを外した空間は，寸法的にはモータの全長分の長さがあります．ところが，いざモータとミッション・プレートを組み付けた状態で組み込むときに，補機類や突起物などと干渉して組み込めない…という，泣くに泣けない状況も「なきにしもあらず」です．そうならないために，実物大モータ模型によって確認します.

　もう一つは，実はこの模型を作ることもちょっとしたハードルです．厚さ12mmのベニヤ板を直径φ170mmにジグソーを使って2枚切り出します．15mm四

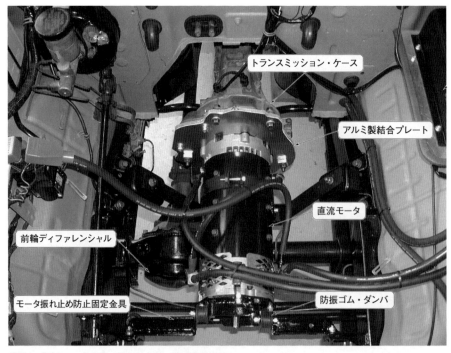

写真1　「ジムニー」のミッションとモータを結合する

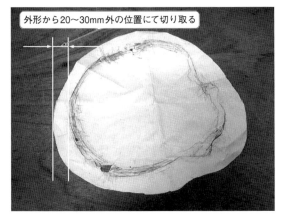

外形から20〜30mm外の位置にて切り取る

写真3　現車のミッション・ケースの型取り用型紙

方の角材を長さ395mmにカットしたものを8本作り，その角材の両端にφ170mmの円盤を取り付けます．最後に，厚さ0.5mm程度のステンレスまたはアルミニウムの板材を巻き付けて固定します．

　この工作を通して，「電気自動車の製作を最後までやり抜くぞ！」という自分自身の気持ちの確認ができます．

● ミッション・ケースの型取り

　現車のトランスミッション・ケースに合わせて，アルミニウム製の結合プレート（写真1）を作るための準

M10X70のボルトを板の裏から通してナットで固定

厚さt12のベニヤ板をφ170に切り出し

厚さt0.5のステンレス板を巻いてリベット留め

写真2　モータの実物大模型（Advanced Motor製，L91-4003，直径φ170mm，長さ395mm）

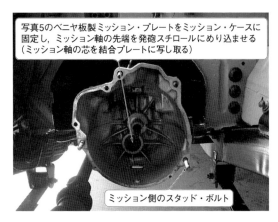

写真5のベニヤ板製ミッション・プレートをミッション・ケースに固定し，ミッション軸の先端を発砲スチロールにめり込ませる（ミッション軸の芯を結合プレートに写し取る）

ミッション側のスタッド・ボルト

写真4　現車のミッション・ケース

備です．

　エンジンとクラッチが外されたミッション・ケース（写真4）の面に，カレンダなどの不要紙（薄目のもの）を押し当てて，2B程度の鉛筆で擦ります．薄紙をコインの上に乗せて形を擦り取る（フロッタージュ）やりかたです．擦り取ったものが写真3です．

　続いて，ミッション・ケースの外形から外側に20〜30mmくらいのところにフリーハンドで線を描いて切り取ります．それが型紙になります．

● 結合プレートの模型を作って芯を出す

　前述の型紙を厚さ12mm（t12）のベニヤ板に貼り付けて，ジグソーにて切り出します（写真5，写真6）．それから，ミッション側のスタッド・ボルト（先が埋め込まれたボルト）と穴の位置に正確に穴をあけます．穴の大きさは，微調整が利くようにボルト径の大きさプラス2〜3mmとします．

　そのあと，今回の製作においても重要な芯出し作業が待っています．写真5の治具（ある作業のために固定したり，位置決めをしたりする道具や装置）を使っ

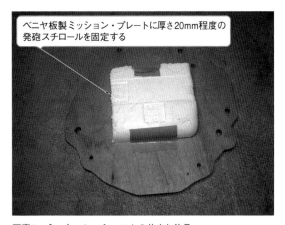

ベニヤ板製ミッション・プレートに厚さ20mm程度の発砲スチロールを固定する

写真5　ミッション・シャフトの芯出し治具

コラム1　モータとトランスミッションの結合が重要なわけ

　ここで説明している内容が，コンバートEVのどの部分をどうする技術の解説であるかを，**図A**に描いてみました．

● **なぜ，モータ軸とトランスミッションをちゃんと連結しないとダメなのか**

　モータの回転エネルギーを無駄なく確実にトランスミッションの軸へ連結するためです．そのためには，モータの軸中心とミッションの軸中心が互いに一致しなければなりません．それを実現するために，今回は簡易クレーンにてモータ部を吊り上げ，重力の影響をなくし両者の芯を合わせました．

● **モータ軸とトランスミッションをちゃんと連結しないとどのようなことが起こるか**

　まずは，モータの軸とミッションの軸の固定がし

っかりしていないと，モータが空回りしてしまいます．とても自動車として成り立ちません．

　それから，両者の軸の芯がずれていると，振動の原因となったり，モータやミッションの回転軸を支えているボール・ベアリングに過大な負荷がかかり，モータの回転エネルギー，ひいてはバッテリのエネルギー効率が悪化します．また，ベアリングの消耗が早くなります．

　以上のことから，この連結部の部品の信頼性と精度，および確実で正確な連結作業がコンバートEVの肝になります．

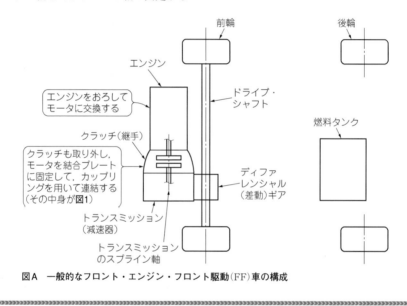

図A　一般的なフロント・エンジン・フロント駆動(FF)車の構成

て，貼り付けた発砲スチロールにミッション軸の先端を押し付けます．すると結合プレートに対して，ミッション軸の中心を写し取ることができます．

　この位置が正しくないと，モータ軸の中心とミッション軸の中心にズレが生じ，無理に組み付けると，モータ軸やミッション軸を支えているベアリングを痛めることになります．

連結に必要な部品の製作

　これから，次の二つの部品を製作します．

(1)モータとミッション・ケースの結合プレート

(2)モータ軸とミッション軸のカップリング(継ぎ手)

　二つの部品を組み付けた状態は**図1**のとおりです．頭の中で考えた位置関係を断面図として現しました．

　それから，モータ・メーカのホーム・ページから**図2**のような図面も入手しておきます．

● **モータとミッション・ケースの結合プレートの製作**

　材質は材料記号A2017で，一般にジュラルミンと呼ばれている材料を使います．A2017はアルミニウムのなかでは強度も高く，加工性も良いので，結合プレートに相応しい材料です．加工は汎用の工作機械があれば可能です．

　写真6のベニヤ板製の結合プレートを，厚さt10の

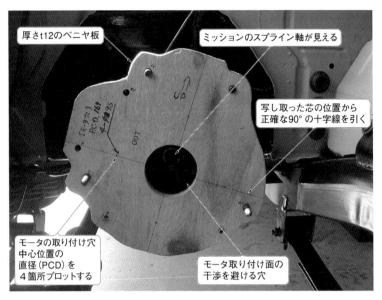

厚さt12のベニヤ板

ミッションのスプライン軸が見える

写し取った芯の位置から
正確な90°の十字線を引く

モータの取り付け穴
中心位置の
直径（PCD）を
4箇所プロットする

モータ取り付け面の
干渉を避ける穴

写真6　ベニヤ板製ミッション・プレートを現車に取り付けて確認

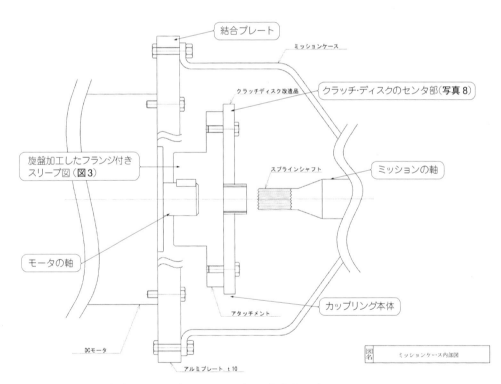

結合プレート

ミッションケース

クラッチディスク改造品

クラッチ・ディスクのセンタ部（**写真8**）

旋盤加工したフランジ付き
スリーブ図（**図3**）

スプラインシャフト

ミッションの軸

モータの軸

カップリング本体

アタッチメント

DCモータ

アルミプレート　t 10

図名	ミッションケース内部図

図1　ミッションと結合プレートおよびモータ＆カップリングの組図

アルミニウム材にコピーして製作します．**写真7**は，加工済みのアルミニウム製結合プレートを現車のミッション・ケースに仮組みしたところです．

● **モータ軸とミッション軸のカップリング（継ぎ手）の製作**

① 既存のクラッチ・ディスクを分解する（**写真8**）

ϕ6mm鋼材シャフトの両端は抜けないようにハンマで叩かれ，そのぶん径が大きくなっています．

抜き取るために，**写真9**のように，ボール盤にϕ10mm程度のキリ（ドリル刃）を付けて穴を空けると，先端部の1～2mmが削りとられて，シャフトが外せます．

② フランジ付きスリーブの設計と加工（**図1**）

材質はS45C（炭素入り鋼材）を使います．継ぎ手の

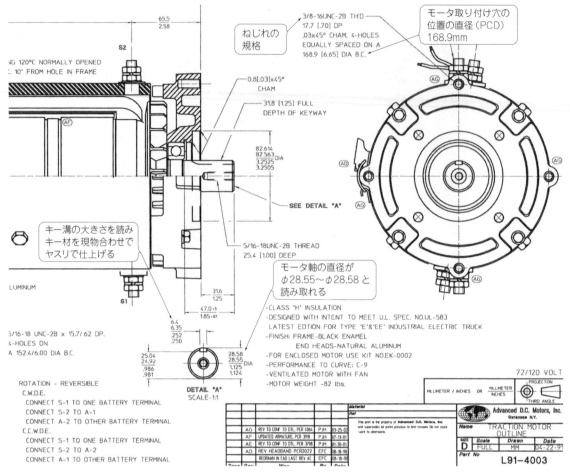

図2 部品の設計に必要なモータ・メーカの資料

部品としての強度と旋盤での加工性，エンジンのフライホイール（弾み車）の役目をもたせる適当な重さを得るためです．**図3**のような形と寸法に落ち着きました．

加工においては，モータ・シャフトが挿入される穴を旋盤で仕上げるときに注意が必要です．モータ・メーカの資料（**図2**）によると，シャフトの径が小さくて φ28.55 mm，大きくて φ28.58 mm だからです．ほんとうにピッタリとした大きさでなければ，電気自動車として成り立ちません．

写真8 現車のクラッチ・ディスクをセンタ部とディスク部に分離する

写真7 アルミ製結合プレートの仮組み付け

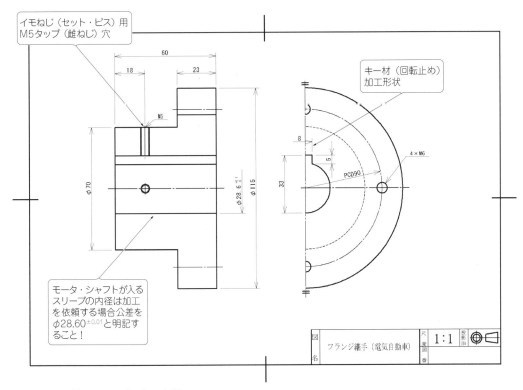

図3　フランジ付きスリーブの仕上げ寸法

この加工を汎用旋盤で行うには，ちょっと技が必要です．まずは，モータ・シャフトの大きい場合の径φ28.58 mmと同じ外径のシャフト（長さ100 mmくらい）を旋盤で加工して作ります．それは，マイクロメータという測定器にて1/100 mmの精度の外径計測ができるからです．ノギスでは1桁足りません．

モータ・シャフト用の穴を仕上げるとき，φ28.4 mm狙いで穴を加工して，仕上げは旋盤のバイト（刃物）の最小送りの世界です．シャフト見本を何度もはめ込んで穴径を確認し，最後はサンドペーパで微調整したりします．加工を外部に依頼するときにも，このシャフト見本を添付すると間違いがありません．

③ クラッチ・ディスク・センタ部とフランジ付きスリーブの組み付け（**写真10**，**写真11**）

ここでの注意点は，両者の締結に用いるボルトの強度です．ボルトの頭に六角レンチ用の穴が付いている六角穴付きボルトは，機械や装置関係によく使われ，材質はクロム-モリブテン鋼（SCM435）です．さらに，焼き入れ後，焼き戻しされ，強度としなやかさを得ています．ホームセンタでも入手でき，堅さ区分記号10.9（引っ張り強度1000 Nその90 %が耐力）から，M6（直径6 mm）サイズのボルトは1928 kgfが降伏荷重です．

モータは回転と停止を繰り返しますので，このボルトにはせん断応力がかかり，荷重の60 %で計算すると1156 kgfとなります．今回のモータのトルクは8.2

kgf·m（820 kgf·cm）で，軸中心から1 cmのところで820 kgの回転力が働きますが，固定ボルトの取り付け位置の中心径（PCD；Pitch Circle Diameter）が90 mmですから，余裕で強度をクリアしています．

ボルト（M6強度10.9）に必要な締め付けトルクは118 kgf·cmですが，適正な工具を正しく用いれば，その締め付けトルクが得られるようになっています．さらに，このボルトは緩むことが許されないので，その対策としてスプリング・ワッシャ（バネ座金）または，ねじ専用緩み防止剤を必ず使います．

写真9　クラッチ・ディスクを分離するためにボール盤を用いる

M5タップ（雌ねじ）穴
モータ・シャフトを
固定するとき，ねじ用
緩み防止剤を使うこと

図3を加工した現物

M10ナットをスペーサ
として利用

写真10　完成したカップリング

モータの固定

● モータ・シャフトにカップリングをはめ込んで結合プレートにモータを固定する（写真12）

　モータ・シャフトとカップリングの固定には，2箇所ともM5×15（ネジ径5mm，長さ15mm）のイモねじ（セット・ビス）を使って，必ずねじ専用緩み防止剤を塗布して締め込みます．このねじも緩むことが許されないからです．因みに，イモねじの「イモ」とは，つばのないねじが，ねじ穴のトンネルを移動する姿が芋虫に似ていることからです．

　推奨のねじ専用緩み防止剤は「スリーボンド1401B，200g入り」です．

　結合プレートへのモータの固定には，メーカ資料（図2）に「3/8-16 UNC」と明記されています．ユニファイねじ直径3/8インチ，1インチ当たりのねじ山の数が16という記号です．米国製のためインチ規格となります．ここでもボルトの材質は，SCM435のような高耐力材ボルトが必要ですが，インチ規格のためホームセンタでは入手できません．

　また，スプリング・ワッシャを入れ忘れてはなりません．M10（直径10mm）用が流用できます．

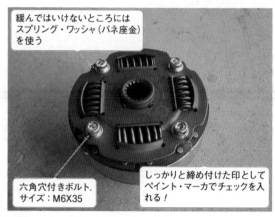

緩んではいけないところには
スプリング・ワッシャ（バネ座金）
を使う

六角穴付きボルト．
サイズ：M6X35

しっかりと締め付けた印として
ペイント・マーカでチェックを入れる！

写真11　カップリングのミッション側

● ミッション軸とのドッキング！

　部品の機械加工と組み付けが終わり，いよいよ電気自動車製作の山場がやってきました．ここを乗り切るためには，あと2点，用意するものがあります．写真13のようなチェーン・ブロックと簡易クレーンです．

　チェーン・ブロックは，モータなどの合計重量が45kgですから，耐荷重100kgにて対応できます．簡易クレーンは，建設現場の足場として使われる単管パイプを，専用クランプ金具で組み立てた，正に足場で十分です．

　最も重要なモータ部とミッション部の結合にこの方法を用いた理由は，両者の軸の芯を合わせるためです．チェーン・ブロックで吊り上げ，ミッション側のスプライン軸とモータ側カップリングの高さと角度が一致すれば，軽く，スーッとミッション側のスプライン軸が挿入されます．この無理な重力の掛かっていない状態にて，ミッション・ケースとモータ結合プレートをボルトとナットで固定すれば，芯を合わせた状態が持続されます（写真14）．

ミッション・ケースとの固定
ボルトの外径より2～3mm
大きくあけてある穴

結合プレート

図2より六角ボルト・サイズは3/8-16UNC．
もちろん，せん断能力の高い材質のボルト
を使うこと．スプリング・ワッシャも必須

写真12　結合プレートとモータの固定

チェーン・ブロック1t用
（100kg用にて対応可能）

単管パイプ2Mと
クランプ金具で組
んだ簡易クレーン

写真13　簡易クレーンでモータ部を吊り上げる

結合プレート場のすべての
穴がボルト径より2〜3mm
大きくあけてある

写真14　モータ部とミッション部の結合
無事に収まったところ

「結合プレート上のすべての穴が，ボルト径より2〜3mm大きくあけてある」理由は，この芯が合った状態にて固定を可能にするためです．

この結合を無事に乗り切れば，電気自動車製作の山場を越え，全工程の70％を超えたと言えるでしょう．

機械的要素と電気/電子要素が合体したメカトロニクス技術を身に付けるための格好の教材であるとも思います．

コラム2　簡易クレーンに必要な強度

ベース車両からエンジンを下ろして，モータに載せ替えるときに必要となる強度を考えてみました．ベース車両のエンジン重量は，軽自動車で50〜60 kg，1000 ccクラスで100 kgくらい，1500 ccクラスで120 kgらいです．モータの重量は，EVミニで38 kg(L91-4003)，EVジムニーで27 kg(K91-4003)です．

したがって，150 kgに対応できる強度があれば，余裕で対応できると考えられます．

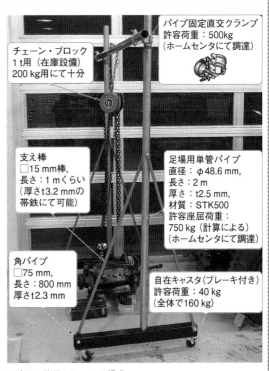

パイプ固定直交クランプ
許容荷重：500kg
（ホームセンタにて調達）

チェーン・ブロック
1t用（在庫設備）
200 kg用にて十分

支え棒
□15 mm棒，
長さ：1 mくらい
（厚さt3.2 mmの
帯鉄にて可能）

足場用単管パイプ
直径：φ48.6 mm，
長さ：2 m
厚さ：t2.5 mm，
材質：STK500
許容座屈荷重：
750 kg（計算による）
（ホームセンタにて調達）

角パイプ
□75 mm，
長さ：800 mm
厚さt2.3 mm

自在キャスタ（ブレーキ付き）
許容荷重：40 kg
（全体で160 kg）

写真A　簡易クレーンの構成

第15章

EVミニをシフトチェンジしながら走行して
モータ回転数に対する電流値を実測

モータの消費電流を測定する

浅井 伸治
Shinji Asai

　愛車であるコンバートEVミニを運転しています
が，常々，モータの消費電流はどれくらいなのかが
気になっていました．今回，クランプ式電流センサ
と『今すぐ使える！ パソコン計測USBマイコン基
板』（CQ出版社）を利用して，実走行のデータを計
測しました．

測定の諸条件

● モータおよびモータ・ドライバ

車両：コンバートEVミニ（1981年式「ローバーミ
　　　ニ1000」を改造）

重量：720kg（バッテリ含む）

直流直巻きモータ（DCブラシ付き）

　定格電圧：72V～120V

　定格電流：連続130A，1時間率150A，最大500A

　出力：連続9.7kW，最大32.1kW

モータ・ドライバ（PWM制御）

　出力電流：1時間率150A，5分率250A，最大
　　　　　　400A

● クランプ式電流センサ（メーカの仕様は表1）

汎用直流分割型電流センサ：

　HCS-20-100-AP-CL（ユー・アール・ディー社）

　定格測定電流：±100A（最大±250A）

　電源電圧：±15V

　出力電圧：±4V（±100Aの測定電流に対する）

● データ計測および処理

　『今すぐ使える！ パソコン計測USBマイコン基板』
（CQ出版社）をノート・パソコンと接続して測定（写
真1，写真2）します．

　サンプリング周波数10Hz（0.1秒ごとに記録）：
　　合計300回（30秒）取得

表1　クランプ式電流センサの仕様

| 型式 | 外形図-1 | HCS-20-(定格電流)-AP-CL | | | | | | — | |
	外形図-2	—					HCS-36-定格電流-AP-CL		
定格電流（FS）		±10A	±20A	±50A	±100A	±150A	±200A	±500A	±800A
最大電流		±25A	±50A	±125A	±250A	±375A	±500A	±1250A	±2000A
出力電圧		±4V／定格電流，±10V／最大電流（推奨負荷抵抗＞10kΩ）							
ヒステリシス（FS→0）		±50mV以内 （FS-0）		±25mV以内 （FS-0）		±15mV以内（FS-0）			
残留電圧（無負荷）		±100mV以下		±50mV 以下	±20mV以下				
ノイズ・レベル		10mVp-p以内（無負荷）							
直線性		±2％FS以内		±1％FS以内					
応答性		3μs以下（di/dt = FS/2μs時）							
出力電圧温度係数		±0.4％／℃ typ		±0.1％／℃ typ					
制御電源		DC±15V／±5％（25mAtyp）							
絶縁抵抗		DC 500V，500MΩ以上（貫通穴内側～端子一括間）							
耐電圧		AC 2500V/1min（貫通穴内側～端子一括間）							
使用条件		−10℃～＋60℃，85％RH以下，結露のないこと							
保存条件		−15℃～＋65℃，85％RH以下，結露のないこと							
調整機能		FS：最大出力調整，OS：無負荷時のゼロ点調整（出荷時調整済）							

［注意事項］

・コアのヒステリシスによ
り，定格を越える過電流後
はその量に比例した0点変
動が発生する（T_A = 25℃）

・出力は各種変動要因を含
むので実用範囲は定格の5
％以上の領域を推奨

・連続での使用は最大電流
を越えないこと

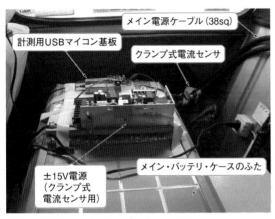

メイン電源ケーブル(38sq)

計測用USBマイコン基板

クランプ式電流センサ

メイン・バッテリ・ケースのふた

±15V電源
(クランプ式
電流センサ用)

写真1　計測用センサ＆基板および±15V電源

12V自動車用バッテリ

汎用DC-ACインバータ.
ノート・パソコンと±15V用
電源にAC100Vを供給

ノート・パソコン用ACアダプタ

写真2　計測装置用AC100V電源の供給部

● 走行パターン

Take1：2速スタート，2000rpmにて3速および
　　　　4速にシフトアップ後，60km/hにて定
　　　　速走行

Take2：3速スタート，2000rpmにて4速にシフ
　　　　トアップ後，60km/hにて定速走行

● 測定日の気象条件など

天候：晴れ

気温：28.8℃

湿度：67%

　バッテリはフル充電状態(Take1走行後，未充電に
てTake2走行)で開始します.

　2名乗車：安全な測定をするために，補助者が助
　　　　　　手席にてノート・パソコンを支えなが
　　　　　　らキー操作

測定結果と考察

　ノート・パソコンに保存されている生データを表計
算ソフト(エクセル)にて処理し，グラフ化したものが
図1と図2です.

　まず，コンバートEVとは言え，車体重量720kgに

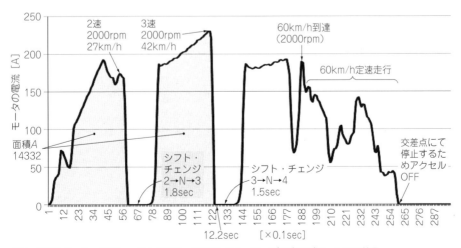

図1　2速スタート→2000rpmごとに3速，4速とシフト・アップの走行パターンでの結果

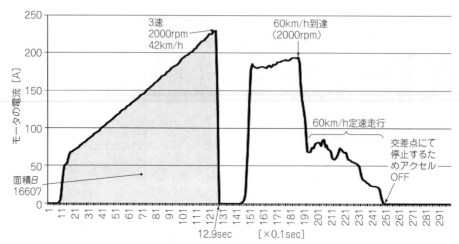

図2　3速スタート→2000rpmで4速にシフト・アップの走行パターンでの結果

2名乗車(約110kg)した重量物が停止状態から走り出すためには, 200Aを越える電流を消費していることが改めてわかりました. また, 起動トルクを得るためにいきなり電流値が立ち上がるのでは, という予想も外れ, アクセル・ペダルの踏み込み量に比例して増加していることもわかりました.

グラフから読み取れることをまとめてみました.

● 読み取り1

　　図1(2速スタート→2000rpmごとに3速, 4速とシフト・アップ)の走行パターンと, 図2(3速スタート→2000rpmで4速にシフト・アップ)の走行パターンでも, 時速60km/hに到達する時間は, 19秒前後でほぼ同じである.

　図1の2速スタートのほうが速いと予想しましたが, エンジン車のトルク・バンドと違って, 直流直巻きモータの起動トルクが大きい特性から, 低回転の伸びの大きさが関与して, 3速スタートでもほとんど影響がないと思われます. また, 2速スタートは, シフト・チェンジが1回ぶん(1.8秒)多いことも影響しています.

　もちろん, 運転者のアクセル・ワークが2回の試技ともまったく同じとは言えません. しかし, ミニの2速と3速のギア比が「2.185」と「1.425」とかなり差があるにも関わらず同じタイムということは, 直流直巻きモータの低速トルクの大きさを物語っています.

● 読み取り2

　　図1と図2の3速2000rpm(42km/h)までのモータ消費エネルギーもほぼ同じである.

　積分の原理から, 両者の面積AとBを求めてみました. その面積の大きさがモータ消費エネルギーと考えられるからです.

「USB基板」のサンプリング周波数を10Hzに設定しましたので, その周期Tは$T = 1/f$(f：周波数)より0.1秒です. 0.1秒ごとの電流値は, 生データとしてすべて記録されていますので, それが長方形の横の長さと考えます. 縦の長さは0.1秒ですが, 単純に1と置き換え, 「長方形の面積＝縦×横」より, 電流の値×1となり, 全体の面積はその間のデータを加算すれば求まります. 表計算ソフトは, "Σ"ボタン一発で結果が出ます. 面積A部が14332, 面積B部が16607です.

エンジン車の感覚では, 速度に合致したギアを選択しないとアクセル・ペダルを多く踏み込む結果となり(ガソリン消費量が多い), 省エネルギー運転ができません. しかし, モータ車では低速トルクが大きいので, エネルギー的にも大きな差が生じなかったことがわかります. A部の面積が小さいぶん, 2速スタートのほうが有利であることに変わりはありません.

以上のことから, 次のことが言えます.

「モータ車は3速スタートにて, 加速タイムもエネルギー消費もほぼ変わらず問題ない！」

ベース車両であるミニの場合, 3速のギア比が1.425で, ディファレンシャル部の最終減速比が3.105です.

タイヤの外径から計算しますと, 3速の4000rpmにて80km/hを越えます. マニュアル・トランスミッション車ですが, 3速に入れたままで発進から自動車専用道路まで対応できるということです.

正にオートマチック車の感覚で扱えます.

● 読み取り3

　　4速の定速走行領域では, 電流が50〜100Aと少なくなる.

　このことから, 信号の多い市街地では3速ホールド, 郊外や自動車専用道路などでは, すかさず4速へシフ

ト・アップして，アクセル・ペダルを踏み込まない一定速運転を行うことが，省エネルギー運転につながります．

今回の計測は，Take1とTake2の2種類の走行パターン・データでしたが，エンジンを直流直巻きモータに載せ換えたコンバートEVでの，効率的な運転方法が少しわかりました．そして，運転の奥深さを改めて感じました．

電気自動車の製作は，ベース車両の重量とトランスミッションのギア比設定，使用するモータの出力と搭載バッテリの容量など多くのパラメータが存在し，どのようにバランスをとるか，ときに非常に悩ましい決断を迫られます．決断を繰り返すたびに知識が増え，スキルアップできる，非常に楽しめるコンバートEVです．

愛着のある旧車を近距離用として，オイル　ガソリン，冷却水，キャブレータ，点火プラグのメンテナンスから解放され，地球にやさしい移動手段として利用しない手はないでしょう．

Appendix

バッテリを使って電気溶接！ ブラケットを製作する

溶接は部品締結方法のひとつで，ボルト＆ナットによる一時締結は分解や交換ができますが，溶接は強固に永久締結する代表的な方法です．

電気自動車を日常，買い物などの近距離（20 kmくらい）移動に利用していますが，最大の欠点はメイン・バッテリである鉛ディープサイクル・バッテリが4〜5年で劣化して，交換を余儀なくされることです．そして，8個（96 V）の古いバッテリがもれなく残ります．中古品にて十分に使えますので，バッテリ溶接を行わない手はありません．

● バッテリ溶接に必要なもの
必要なものを**写真1**，**表1**に示します．

● ケーブルの接続と溶接方法
写真1のように接続します．極性は直流溶接の場合，バッテリのプラス側をアース・クランパ（母材），マイナス側を溶接棒ホルダにつなぐことが一般的です．電流は電子の移動によるもので，アークの安定度がよく正極性接続と呼ばれています．プラス／マイナスを逆に接続する（逆極性と呼ばれる）とアークが不安定になり，母材の温度があまり高くなりません．薄板（厚さ2 mmくらいまで）の溶接には，母材の温度が上がりすぎると溶けて穴があいてしまうので，この接続法が適しています．

さて，いよいよ溶接の開始といきたいところですが，接合する材料同士を固定する「治具」が必要です．

治具とは，作業をするために対象物を固定したり，位置決めしたりする道具や装置のことです．溶接する

ためには，**写真2**のように正しい位置にてしっかりと固定します．今回は，ロッキング・プライヤという工具を使いました．普通のプライヤは物をつかむために握り続けなければなりませんが，このプライヤは一度握るとロックがかかり，手を離してもその状態が保持

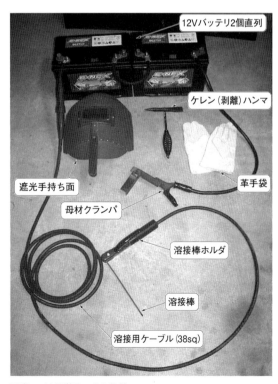

写真1　溶接道具一式と結線

表1 バッテリ溶接に必要なもの

名称	仕様/特徴	調達先/概算
バッテリ (中古品でOK)	電気自動車用ディープサイクル・バッテリ2個(直列24V) 容量:20時間率90Ahくらい (4.5Aにて20時間で終止電圧10.5Vになる)	ATLAS社 DC27MF 12,000円(1個)くらい
溶接棒ホルダ	対応ケーブル:20〜38sq,クランプ棒径:φ2〜5	1,180円 (モノタロウ扱い)
被覆溶接棒	直径:φ2.6(60〜100A対応),長さ:350mm 神戸製鋼ZERODE-44推奨(1箱5kg入り,約200本)	3,200円 (モノタロウ扱い)
母材(アース側)用 クランパ	ブースタ・ケーブル用のクリップを流用(クランプしやすい). ただし,ブースタ・ケーブルは使用不可.外箱に100A用との記載だが心線は5sq(許 容電流50A)が使われている	0円 (手持ち品のため)
遮光手持ち面 (絶対に必要)	アーク溶接の光には強烈な可視光と紫外放射が含まれており,角結膜炎,白内障, 皮膚炎の原因となる	1,200円くらい (ホームセンタなど)
革手袋	火傷防止および絶縁性の向上	350円(ホームセンタ)
ケレン・ハンマ (剥離用)	焼き入れ硬度化された先端部にてスラグ*を剥ぎ取る.センタ・ポンチやタガネで 代用可能	1,500円くらい (ホームセンタなど)

＊スラグ:金属の溶接によって分離した母岩成分(金属酸化物)のこと

されます.離すには解除レバーがあり,簡単に外せます.

それでは,溶接の開始です.溶接棒を接合金属部に近づけますと,隙間が0.5〜1.0mmくらいにてスパークが始まります.あとは適当な間隔を保ちながらゆっくりと動かすだけです…と,言葉にしてしまうと簡単ですが,手持ち遮光面はスパークしないと手元が見えないですし,溶接棒はかなりの早さで短くなります.おまけに手元はふらつきますし,相当難しいです.初めて自転車の補助輪なしに乗れたときのように,コツをつかむまで,とにかく実践して慣れるしかありません.

● バッテリ溶接ができる鉄材と実用性

一般的な鉄であれば可能ですが,特別な目的がなければ「生材」と呼ばれる炭素が含まれていないSS400(400Nの引っ張り強さ)なる鋼材が使われます.他には鋳鉄(型に流し込んで作られる)やステンレス(鉄が主成分でクロムが10％以上含まれる)もできます.炭素が含まれた鉄の代表的なS45C(炭素が0.45％含まれている)なる鋼材も可能ですが,溶接による高熱(鉄が赤くなる)にて,熱処理(焼き入れ)されたことになり,その付近は非常に硬くなります.一般のドリル刃では穴あけできませんので注意が必要です.

写真3は,厚さ3mmのL型鋼材を溶接して作ったブラケットです.一般的によく使われる炭酸ガス(CO_2)半自動溶接機とバッテリ溶接による接合を比較してみました.炭酸ガス溶接の炭酸ガスは空気中の酸素と窒素からのシールド・ガスとして使われ,溶接時に鉄が溶融して金属酸化物(スラグ)などができることを防ぎます.半自動とは,芯線の送りをモータで自動化し,トーナの送りは人間が行うので,そのように呼ばれます.さすがにシールド・ガスの効果は大きく,ビード(溶接痕の盛り上がり)周りもきれいです.

バッテリ溶接のほうは被覆溶接棒を使います.この被覆には,溶接時にシールド・ガスの役目を果たすラ

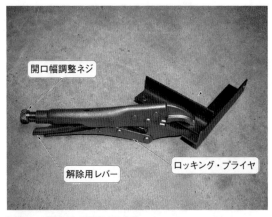

写真2 材料同士を固定する治具

開口幅調整ネジ
解除用レバー
ロッキング・プライヤ

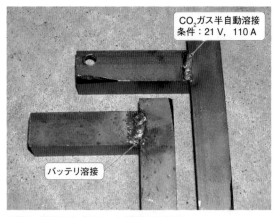

写真3 製作したブラケット(溶接部の比較)

CO_2ガス半自動溶接
条件:21V,110A
バッテリ溶接

130

イムチタニヤ系の物質が含まれています．炭酸ガス溶接に比べてスパッタ（溶接中に飛散するスラグや金属粒のこと）が飛んで汚れていますが，母材は十分に溶け込んでしっかりと接合されています．ワイヤ・ブラシにて磨くときれいになります．ビードを均一に真っ直ぐに行うにはかなりの慣れが必要ですが，実用性は十分に高いです．

● 溶接に関する注意事項－安全な作業のために絶対に守って欲しい！

私は仕事のため，自動車メーカの工場内にて作業をすることがあります．元トヨタ自動車最高顧問，故・豊田英二氏の有名な言葉があります．

「安全な作業は，作業の入り口である」

作業をするためには，「安全」という門があり，そこを通らなければ作業ができないということです．仕事においても，趣味の世界でも，「安全なくして作業は始まらない」をいつも心がけたいものです．

次の3項目を必ず守ってください．

(1)感電に気を付ける

12Vバッテリを2個直列にした24Vの電源では，全身が水に浸かっていなければ感電の心配はありません．しかし感電は，たった10mAというLEDが点灯する電流が身体に流れると危険な状態になります．

ちょっと，一般的な交流アーク溶接機にて，人体への通電電流を計算してみましょう．

> ACアーク溶接機の無負荷電圧：75V
> 手（革手袋使用）と溶接棒ホルダ部の接触抵抗：20kΩ
> 人体の抵抗：1kΩ
> 足（安全靴使用）と大地の接触抵抗：30kΩ
> $I = V/R = 75/(20 + 1 + 30)$ k $\fallingdotseq$ 1.5 mA

となり，1.5mA≦10mAですから問題ありません．

革手袋なしの素手，裸足でサンダル履きの場合の電流は，

$$I = 75/(0 + 1 + 5) \text{k} = 12.5 \text{ mA}$$

となり，自力で待避することが難しく危険です．

革手袋に靴を履く，当たり前のことがいかに重要であるかがわかります．

(2)換気が十分に取れる状態であること

手軽な被覆溶接棒を使ったバッテリ溶接ですが，空気中の酸素と窒素から溶接部をシールドする成分が被覆部に含まれています．やっかいなことに，その成分が煙となって空気中に漂います．煙の正体は，ヒュームと言われる金属やスラグが蒸気となった微粒子で，大量に吸い込むと中毒を起こします．ヒュームの大きさは数 μm で，肺にも沈着し，塵肺や肺気腫の遠因にもなります．溶接作業用の防塵マスクの装着が望ましいですが，PM2.5対策マスクでも0.1 μm以上の粒子を99％以上カットできる商品があり，軽作業でしたら対応できると思います．

バッテリ本体からは，放電時の化学反応式

$$PbO_2 + 2H_2SO_4 + Pb \rightarrow PbSO_4 + 2H_2O + PbSO_4$$

のように水素の発生はありません．充電時には，充電末期になると水が電気分解されて，酸素と水素の発生に注意が必要です．

(3)遮光用面は規格品を正しく使う

強烈なアーク光から放射される光の成分は，可視光線と紫外線と赤外線です．なかでも可視光線と紫外線の放射が強く，角結膜炎や網膜障害，皮膚炎を引き起こします．スキー場での雪目や海水浴での日焼けの症状が重くなった状態です．服装が長袖，長ズボンであることは言うまでもありません．

◆参考文献◆
(1)低圧電気取扱特別教育テキスト，社団法人日本電気協会．
(2)中央労働災害防止協会編：アーク溶接等作業の安全，中央労働災害防止協会．

第16章

My ガソリン車を EV にしたら,
モータやバッテリの大きさはどれだけ必要?

市販OBDアダプタを使った「ガソリン車用多機能マルチ・メータ」の製作と実験

宮村 智也
Tomoya Miyamura

実験の動機

市販のガソリン車をEVに改造するための電気モータやそのコントローラが各種市販されています. これらの部品を使用して,今現在乗っている自分のガソリン車をEVに改造しようと思ったら,何を基準にモータやコントローラを選んだらよいのでしょう?

また,EVにとって「燃料タンク」となるバッテリは,どのくらいの量を搭載すればどれだけの距離を走ることができるのでしょう?

モータの仕様やバッテリの容量を,車両重量などの各種パラメータと目標とする性能から計算で見積もる手法はいくつもありますが,モータの必要出力やバッ

テリの必要容量を「現物で」「実験的」に,しかも「個人が試せる方法で」見積もれる方法はないかと考えました.

方法と原理

● 普段乗っている「Myガソリン車」で,必要なモータ出力やバッテリ容量を見積もりたい

EVもガソリン車も,原動機である電気モータやエンジンが車輪を回していることに変わりはありません. であれば,ガソリン車のエンジンが発生する出力を随時モニタできれば,そのガソリン車をEVに改造したとき,およそ何キロ・ワットのモータであればこのくらいの走りはできそうだ,ということがデータと運転

車両の走行状態		
<発進・加速・登坂時>	<一定速度で巡航時>	<減速・降坂時>

瞬間燃費の傾向		
大きなエンジン出力が必要なので,燃料消費量は大きい→**瞬間燃費悪い**	エンジン出力は,速度を維持する分だけでいいので燃料消費量そこそこ→**瞬間燃費そこそこ**(速度によって変わる)	エンジン出力は必要ないので,アクセル・ペダルを放せば多くの場合燃料供給をやめてしまう(燃料カット)→**瞬間燃費は∞km/L!**

瞬間燃費しかわからないと,トータルでの燃費結果がわからない

走行した距離を,走行に要した燃料の量で割った値が**平均燃費**
(=ある区間走行したときの瞬間燃費の平均値)

平均燃費しかわからないと,加速・減速の仕方やアクセル・ワークなどが低燃費につながるかわからない

図1 瞬間燃費と平均燃費を知ることのご利益
車両の走行状態によって時々刻々変わるのが瞬間燃費. ある距離走って消費した燃料量から計算するのが平均燃費

写真1　製作した多機能マルチ・メータを運転席に設置して瞬間燃費を確認しながら走行してみた
わき見運転に注意！

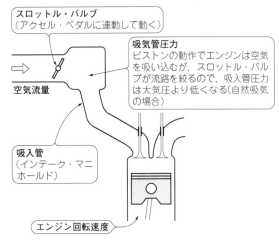

図3　燃料噴射量を求めるスピード・デンシティ法で吸入空気量を測定する[1]
エンジン回転数・スロットル開度・吸入管圧力の値から間接的に算出する

感覚の両面から把握できます.

　またエンジン出力を時間で積算すれば, ある距離を走行したとき, エンジンが発生したエネルギーの量がわかります. これは, EV化したときに必要となるバッテリ容量の目安となります.

　以上より, エンジンの「出力」が随時観察できれば, ガソリン車をEVに改造したときに必要となるモータ出力やバッテリ容量が, 実験的に求められることになります.

● ガソリン・エンジンの制御パラメータからエンジン出力を知る

　現在市販されている乗用車のガソリン・エンジンは, ほぼ例外なくコンピュータ制御されています. なぜかというと, 現在は乗用車の排出ガス規制が大変厳しいので, この規制値をクリアするためには, エンジンへの燃料供給をコンピュータを使って緻密にコントロールする必要があるからです. 現在市販されている乗用車は, 故障診断用にこのコンピュータが使用している制御パラメータを見ることができるようになっています.

● 普段使いもできる！ ガソリン車用多機能マルチ・メータを作ろう

　車両から取り出せるエンジン制御用の各種パラメータをうまく組み合わせて計算すると, エンジン出力だけでなく, 燃料の消費量や, 図1に示すような瞬間燃費や平均燃費なども観察することができます. 燃料消費量や燃費がいつでも観察できると, どのような運転の仕方が燃費の良い運転につながるかが感覚的にわかってきます.

　車両から取り出せるエンジン制御用の各種パラメータから, エンジン出力や燃料消費量, 燃費などの欲しい情報を得るには, エンジン制御システムの仕組みを理解することが必要です. この章では, 自動車用エンジン制御システムで使われている各種センサと, これらが検出している代表的なパラメータとその役割を解説します.

　次章では, 得られたパラメータを使用して動作するマルチ・メータの構成法を紹介します.

今どきのエンジンはエレキに支配されている

■ 燃料噴射システムを司る電子部品のいろいろ

　現在市販されるすべてのガソリン・エンジン車に搭載されている電子制御燃料噴射システムは, 汚い排気ガスを出さないために, 図2(p.134)に示すようにさまざまなセンサを設けてエンジンの動作状態を常に監視しています. 状況に応じてエンジンに供給するガソリンの量を車載のコンピュータ［以下ECU(Electronic Control Unit)という］で計算し, 常に最適な量のガソリンをエンジンに供給しています.

　次に示す(1)～(4)では, 電子制御燃料噴射システムを構成する主なセンサとアクチュエータ, エンジン制御用プロセッサの例を紹介します.

(1) スロットル・ポジション・センサと吸入管圧力センサ

　エンジンに供給すべき適切なガソリンの量は, エンジンが吸い込む空気の量(吸入空気量)で決まります. このため, ECUがエンジンに供給するガソリン量を計算するには, エンジンが吸い込む空気量を何らかの方法で計測する必要があります.

　図3と図4に示すように, 吸入空気量は, エンジン回転数, スロットル開度, 吸入管圧力から求まります[1].

この三つのパラメータから燃料噴射量を求める手法を「スピード・デンシティ法」といいます.

スロットル・ポジション・センサは，図3に示すスロットル・バルブの開き具合を知るためのセンサで，図5に示すような可変抵抗器が広く使われています.

アクセル・ペダルの操作に応じてスロットル・バルブが動くと，高頻度で可変抵抗器のブラシが摺動するので，一般の可変抵抗器よりも摺動部の耐久性に配慮した設計となっています. 最近は，機械的な摺動部のないホール素子式のものが出始めました.

吸入管圧力センサは，スロットル・バルブとエンジンの間の吸入管内の圧力を測定します. 普通のエンジンは，空気を吸い込むだけなので吸入管圧力は常に大気圧以下となります. 小型化・高出力化の観点からターボ・チャージャなどの過給機を装備して，吸入空気をエンジンに強制的に送り込むタイプのエンジンでは，吸入管圧力が大気圧よりも高くなるものもあります. このため，エンジンのタイプに応じて使用する吸入管圧力センサを選ぶ必要があります. 図6にピエゾ抵抗式の吸入管圧力センサの例を示します.

（2）フューエル・インジェクタ

電磁弁の一種で，ECUで計算した量のガソリンをエンジンに供給するアクチュエータです. フューエル・インジェクタには，別に設けられた燃料ポンプによって加圧されたガソリンが供給されています.

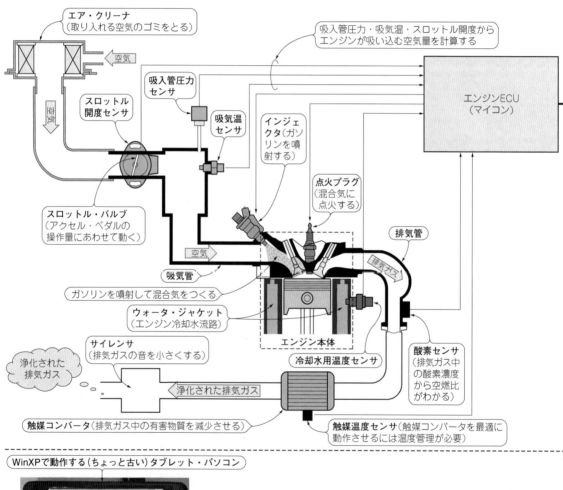

図2 本機のシステム構成
市販のOBDアダプタを使ってパソコンから車両側の制御システムにアクセスする

インジェクタ内に設けられたソレノイドに通電すると弁が開き，加圧されたガソリンが吸入管内に噴射される構造です．インジェクタは基本的に弁が開いているか，閉じているかの二つの状態しかないので，ソレノイドにはパルス的に通電します．ソレノイドの通電時間と回数を制御することで，目的とする量のガソリンをエンジンに供給します．図7，図8にフューエル・インジェクタの例を示します．

(3) 酸素センサ

エンジンから出る排気ガスに含まれる大気汚染物質を最小限にするためには，エンジンに供給する空気とガソリンの混合ガス（混合気という）の濃度を精密にコントロールすることが有効です．

混合気に占めるガソリンの割合を空燃比といいます．排気ガス中の大気汚染物質を浄化する触媒コンバータは，図9に示すように狭いレンジの空燃比で燃焼した排気ガスでないと有効に動作しない[1]ので，空燃比をフィードバック制御で精密に制御する必要があります．

この空燃比のフィードバック制御に用いられるのが酸素センサです．空燃比は，排気ガス中の酸素濃度から算出できます．図2や図10(b)に示すように排気管に設けられます．

自動車の空燃比制御でよく用いられる酸素センサは，ジルコニアO_2センサと呼ばれています．試験管状のジルコニア(ZrO_2)の両面にプラチナの電極を設け，電極保護のためセラミックを被覆した構造になっています[1][4]．

図10にジルコニアO_2センサの例を示します．試験管状のジルコニアの内側と外側の酸素濃度の差で起電力を発生します．図10(b)に示すように，試験管状ジルコニアの外側に排気ガスを，内側に大気を導入して，排気ガス中の酸素濃度を測定します．

センサは，数百度に保たれていないと安定した特性

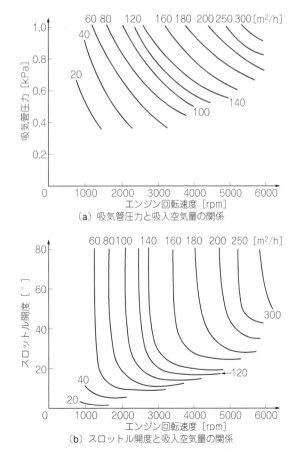

CANバス

ECU

ECU

変速機やブレーキなどをコントロールする他のECU

車両側OBDコネクタ
（SAEJ1962メス）

車両側

マルチ・メータ製作で用意したもの

アダプタ付属のOBDコネクタ
（SAEJ1962オス）

（a）吸気管圧力と吸入空気量の関係

（b）スロットル開度と吸入空気量の関係

図4　排気量2ℓエンジンの吸入空気量特性の例[1]

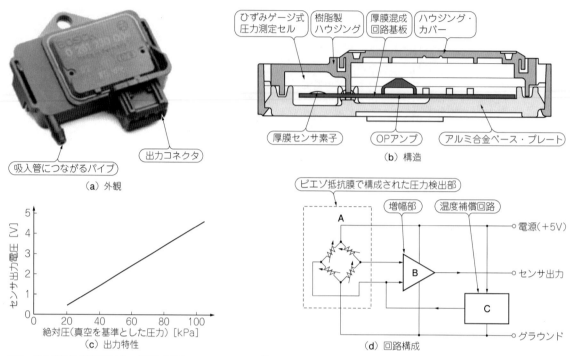

図6 吸入管圧力測定用のピエゾ抵抗式圧力センサのふるまい(3) (ボッシュ 0 261 230 004 型の場合)
エンジンによって吸入管の圧力はさまざま．エンジンのタイプで使われるセンサは異なる

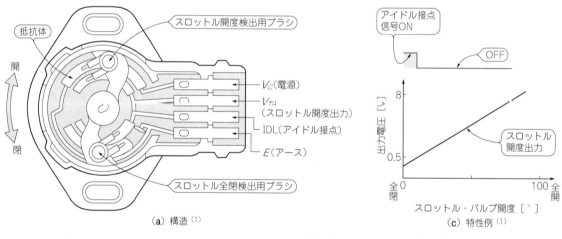

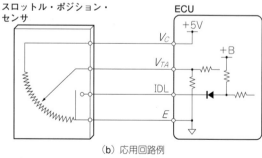

図5 スロットル・ポジション・センサの構造
可変抵抗式が一般的．高頻度でブラシが摺動するので，一般の可変抵抗に比べて高寿命を狙った設計になっている

が得られないので，配置を排気管の上流にしたり，センサそのものにPTCヒータを設けるなどして，特性の安定化を図っています．

(4) エンジン制御用プロセッサ

前述の(1)〜(3)では，電子制御燃料噴射システムの主要センサとアクチュエータを紹介しました．この他にエンジン周辺だけでもさらに多数の各種センサを用います．多数のセンサから送られる膨大な情報をリアルタイムで分析・処理することで，汚い排出ガスを出さないようにしながら，より高出力でより低燃費となるようにシステム全体が制御されています．また，乗

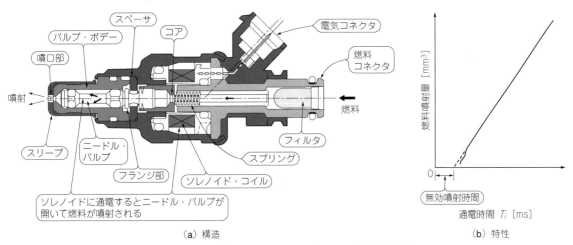

図7　目的の量のガソリンをエンジンに供給する機構…フューエル・インジェクタの構造と特性[1]
電磁弁の一種. 加圧したガソリンを供給し, ソレノイドの通電時間・通電回数で燃料供給量を可変する

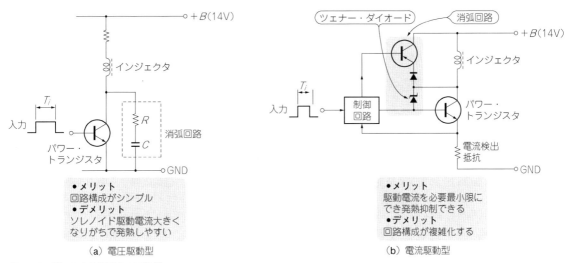

図8　インジェクタを駆動する回路[1]

り心地や運転上のフィーリングを向上させるために, エンジンとそれにつながる変速機を統合的に制御しています.

　自動車用エンジン向けのプロセッサは, 多数の各種センサから得られる膨大なデータを処理し, 多数のアクチュエータを的確に制御しなければならないので, 次に示す三つの特徴があります.

- 数十チャネルのA-Dコンバータとタイマを搭載
- 変速機用のECUや車体系のECUなどの複数のECUと通信するために複数のインターフェースを搭載
- 民生用のプロセッサよりも広い動作温度範囲

　エンジン制御用として販売されているプロセッサの例を**図11**に示します.

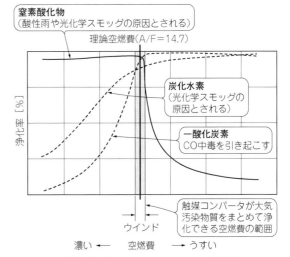

図9　大気汚染物質を浄化する触媒コンバータの特性[1]
汚染物質をまとめて浄化するには, 空燃比のフィードバック制御が必要

今どきのエンジンはエレキに支配されている　　137

（a）外観

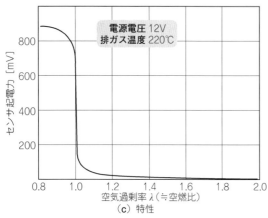

図中：電源電圧 12V　排ガス温度 220℃

縦軸：センサ起電力 [mV]（200, 400, 600, 800）
横軸：空気過剰率 λ（≒空燃比）（0.8, 1.0, 1.2, 1.4, 1.6, 1.8, 2.0）

（c）特性

図10　自動車の空燃費制御でよく使われる部品，ジルコニアO_2センサの例（LSM11，ボッシュ社）[4]
センサ形状は試験管状で，試験管の中と外の酸素濃度差で起電力を発生する

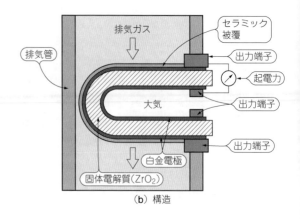

（b）構造

ラベル：排気ガス，セラミック被覆，出力端子，起電力，出力端子，大気，出力端子，排気管，白金電極，固体電解質（ZrO_2）

エンジン搭載センサから情報を読み出すしくみ「OBD」

● クルマは不具合を自己診断する機能を備えている

　エンジンの調子が悪いときには，各センサが正常に動作しているか，燃料をエンジンに供給する部品がちゃんと動いているかなどを点検する必要があります．

　これらを一つ一つ点検しようとした場合，従来の自動車修理ではなじみの薄かった電気電子エンジニア向けの各種計測器が必要になります．また，システム自体が複雑化しているので，各種計測器を駆使しても故障箇所の特定は大変難しい作業となります．

　このため，不具合箇所をECUが自己診断できるようにしたのがOBD（On‐board diagnostics = 自己故障診断）です．修理が必要な不具合や，ユーザが体感できなくても排気ガスが法規を満足できなくなるような不具合が発生すると，OBDは，計器盤の警告灯を点灯させてユーザに点検修理を促します．またOBDは，ECUから修理に必要な各種情報を，CAN（Controller Area Network）を通じて修理技術者に提供できるように規格化しています．

　修理技術者は，OBDがCAN経由で提供する各種データをチェックすることで，各種計測器を駆使しなくても不具合箇所の特定ができます．

CANを経由して車載CPUにアクセス！

● OBDアダプタは通信販売で入手できる

　最近は，スマートフォンなどを車載CANに接続して，乗用車の各種情報を表示させるためのアダプタが各種市販されています．図12のように車両と接続して使います．これらアダプタは「OBDアダプタ」とか「OBDスキャン・ツール」いう名称でも販売されています．

● ELM327搭載のOBDアダプタをつなぐだけ！車両のECUに簡単アクセス！

　今回は，自動車で使用されているCANのOBDプロトコルをRS232などの非同期シリアル通信に変換する

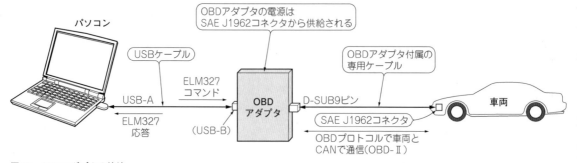

図12　OBDアダプタの接続
USBケーブルとSAE J1962コネクタ付きケーブルはODBアダプタの付属品

ラベル：パソコン，OBDアダプタの電源はSAE J1962コネクタから供給される，USBケーブル，ELM327コマンド，USB-A，ELM327応答，（USB-B），OBDアダプタ，D-SUB9ピン，OBDアダプタ付属の専用ケーブル，SAE J1962コネクタ，OBDプロトコルで車両とCANで通信（OBD-Ⅱ），車両

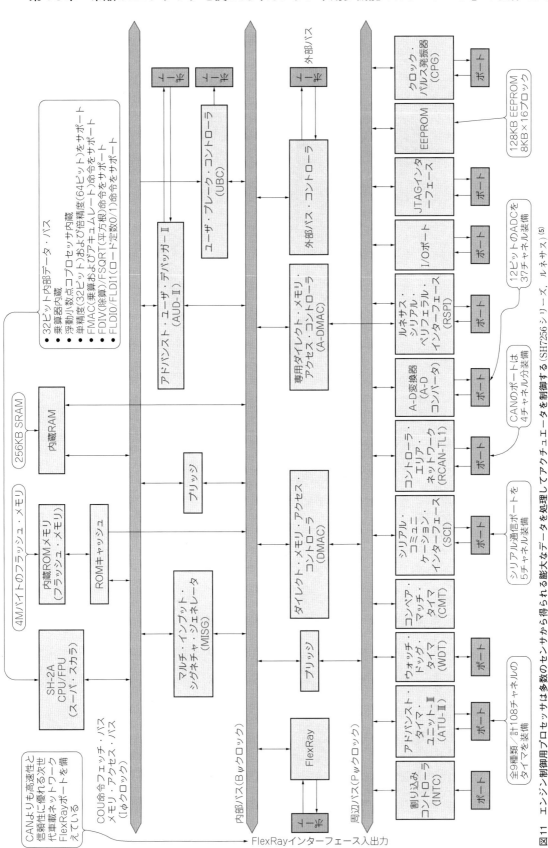

図11　エンジン制御用プロセッサは多数のセンサから得られる膨大なデータを処理してアクチュエータを制御する（SH7256シリーズ，ルネサス）[5]

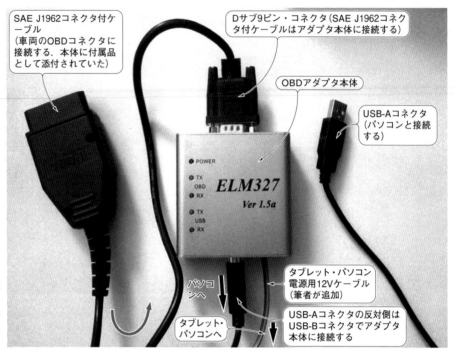

写真2　製作に使用したOBDアダプタ．車載CANに接続できる
OBD用インタ・プリタICのELM327(Elm Electronics社)を搭載している

SAE J1962コネクタ付ケーブル
(車両のOBDコネクタに接続する．本体に付属品として添付されていた)

Dサブ9ピン・コネクタ(SAE J1962コネクタ付ケーブルはアダプタ本体に接続する)

OBDアダプタ本体

USB-Aコネクタ
(パソコンと接続する)

ELM327 Ver 1.5a
POWER
TX
OBD
RX
TX
USB
RX

パソコンへ

タブレット・パソコンへ

タブレット・パソコン電源用12Vケーブル
(筆者が追加)

USB-Aコネクタの反対側はUSB-Bコネクタでアダプタ本体に接続する

インタプリタIC ELM327(Elm Electronics社)を内蔵した**写真2**に示すOBDアダプタを使用しました．

ELM327は，外部のマイコンやパソコンから非同期シリアル通信を通じてコマンドを受け取ると，これをOBDプロトコルに翻訳し，車両のECUに送信します．ECUはELM327からコマンドを受け取ると，要求された値をCAN経由でELM327に返します．ELM327はこれを非同期シリアルに翻訳・変換して外部のパソコンやマイコンに返します．

写真3にOBDアダプタの内部を示します．内部をみると，車両のCANバスへのインターフェースとなるCANトランシーバや，パソコンと通信を行うためのUSBシリアル・インターフェースICが搭載されているので，**図13**に示すELM327の推奨回路[6]と同じ構成になっていると推測できます．

ユーザはELM327と非同期シリアル通信ができて，ELM327に与えるコマンドを知ってさえいれば，車載CANやOBDプロトコルの詳細を知らなくても，車両のECUから必要な情報を取得できます．

エンジンの状態丸わかり！

● 車両から読み取れるパラメータ

OBDの規格であるISO 15031-5 2010では，故障診断用としてエンジンに関する運転パラメータを逐次観察できるよう規格化しています．このため，エンジンに関する運転中の各種パラメータが，自動車メーカや車種に関係なく参照可能です．

エンジンに関する各種パラメータの取得は，モード01hというOBDプロトコルで行います．モード01hで取得できるエンジン・パラメータのうち，今回のマルチ・メータで使用したパラメータを**表1**に示します．エンジン出力は，パラメータID 04hのエンジン負荷率と05hのエンジン冷却水温度，パラメータID 0Chのエンジン回転数を使って求めます．瞬間/平均燃費は，パラメータID 0Dhの車両の速度，10hの吸入空気量，34hのO_2センサ1_λ値を使って求めます．

表1で示したパラメータは，車両から読み出せるもののごく一部です．読み出せるパラメータは，車種によって異なる(パラメータのIDやデータ・フォーマットは規格で決まっている．どのパラメータを公開するかは自動車メーカ任意)ので，すべての車両で**表1**に示したパラメータが全部読めるわけではないことに注意が必要です．モード01hで読み込み可能なパラメータは，ISO 15031-5 2010またはSAE J1979(2005年5月)を参照してください．

● 製作するマルチ・メータの表示項目

今回は，燃費や燃料消費量，エンジン出力，点火時期や空燃比，エンジン水温・触媒コンバータ温度を表示させました．これらのパラメータは何を示していて，ここから何が読み取れるのかを次に解説します．
▶走行中の燃費やエンジンの状態を知る項目
● 瞬間燃費

表1　製作したパワー・メータで使用したモード01hのパラメータ
他にもいろいろな読み出し可能なパラメータが存在する．車種によって読み出し可能なパラメータは異なる

パラメータID (hex)	データの バイト長	内　容	最小値	最大値	単位	計算式	備　考
04	1	エンジン負荷率 （計算値）	0	100	％	$A \times 100/255$	吸入空気量から計算した値
05		エンジン冷却水 温度	−40	215	℃	$A - 40$	
0C	2	エンジン回転数	0	16,383.75	rpm	$\{(A \times 256) + B\}/4$	−
0D	1	車両の速度		255	km/h	A	
0E	1	点火時間	−64	63.5	deg	$(A - 128)/2$	
10	2	吸入空気量	0	655.35	グラム／秒	$\{(A \times 256) + B\}/100$	吸入空気量は体積ではなく 質量で返ってくる
34	4	O₂センサ1_λ値		1.999	なし	$\{(A \times 256) + B\}/32,768$	返ってくるデータ長は4バイトだが，λ値の算出に使うのは上位2バイトだけ
3C	2	3元触媒温度 バンク1，センサ1	−40	6,513.5	℃	$\{(A \times 256) + B\}/10 - 40$	−

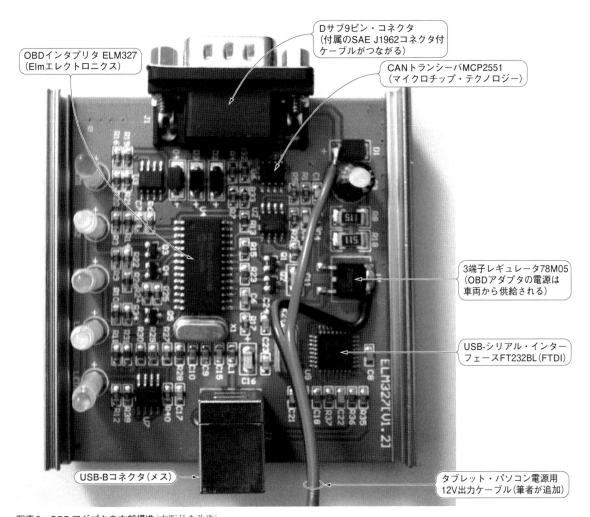

写真3　OBDアダプタの内部構造（市販品を改造）
ELM327のほかに，CANトランシーバICやUSBシリアルICが内蔵されている

OBDインタプリタ ELM327 （Elmエレクトロニクス）

Dサブ9ピン・コネクタ （付属のSAE J1962コネクタ付 ケーブルがつながる）

CANトランシーバMCP2551 （マイクロチップ・テクノロジー）

3端子レギュレータ78M05 （OBDアダプタの電源は 車両から供給される）

USB-シリアル・インター フェースFT232BL（FTDI）

USB-Bコネクタ（メス）

タブレット・パソコン電源用 12V出力ケーブル（筆者が追加）

エンジンの状態丸わかり！　　　141

その時々の1分間当たりの燃料消費量と車両速度から計算した燃費を表示します.

● **平均燃費**

計測開始からの走行距離と燃料消費量の総和から,計測開始からの平均燃費を計算して表示します.

● **燃料消費量**

空燃比と吸入空気量から,エンジンに供給されている1分間当たりのガソリンの体積を計算して表示します.

● **エンジン出力**

エンジンの出力軸に発生している出力をエンジン負

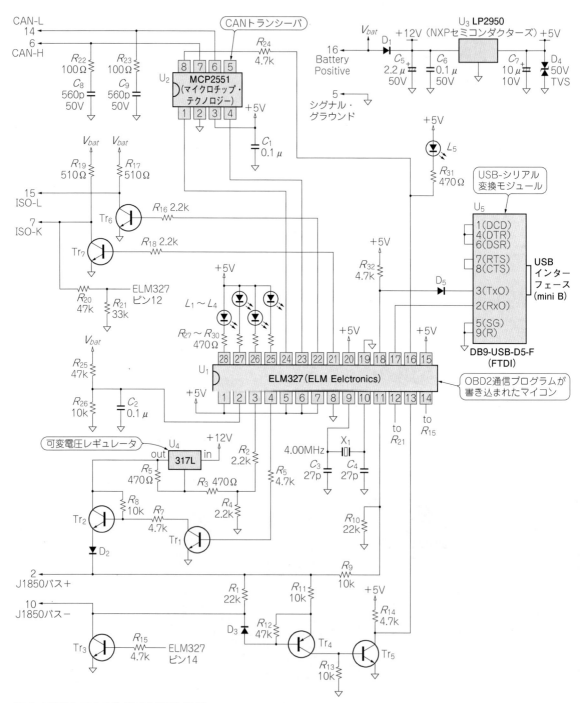

図13　写真2のOBDアダプタの内部回路(推測)

データシートに記載の応用回路例. 使用されている部品から写真2のアダプタも同じような構成だと推測する

荷率とエンジン回転数，およびカタログから読み取ったエンジン出力特性から計算して表示します．

▶エンジンの暖気状態を知る項目

● 点火時期

　ガソリン・エンジンでは，ガソリンと空気の混合ガスである「混合気」をエンジンに吸い込み，点火プラグから放電火花を飛ばして混合気に着火・燃焼させます．点火プラグで放電火花を飛ばすタイミングを点火時期といいます．

　乗用車に搭載される一般的なガソリン・エンジンは，図14に示すように燃焼ガスの圧力を機械的な動力に変えるためのピストンがシリンダ内を往復する構造です．通常は，圧縮工程の終わりのピストンが上に上りきる位置（圧縮上死点という）のちょっと手前で点火し

ます．これは，混合気に点火して燃焼ガスが膨張するには時間的に遅れを伴うので，遅れをみこんで早めに点火（進角）することでエンジン出力を向上させようという工夫です．

　点火時期はエンジンの運転状況に応じてECUがきめ細かく調整しています．点火時期は圧縮上死点を0度としてクランク軸の回転角度で表し，進角側をプラスで表します．

　現在の乗用車用ガソリン・エンジンでは，燃費と排気ガス特性の観点から，エンジンの暖気時間を短くするためにさまざまな工夫をしています．

　エンジンそのものや後述する触媒コンバータを短時間で暖気するために，点火時期を圧縮上死点後に遅らせています（遅角）．こうすることで空燃比を理論空燃

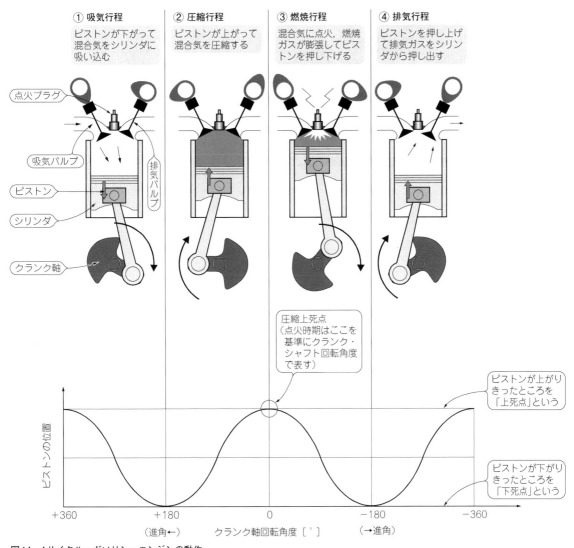

図14　4サイクル・ガソリン・エンジンの動作
四つの行程の繰り返しで動作するため4サイクル・エンジンと呼ぶ．現在の乗用車用のガソリン・エンジンに使われている

（a）車両側OBDコネクタの場所の例（2010年ホンダ・インサイト）

（b）車両側OBDコネクタ（SAE J1962メス）

（c）車両側コネクタにOBDアダプタ付属のケーブルを接続したところ

写真4　OBDアダプタを車両に接続する
運転席周辺にあるOBDコネクタに，OBDアダプタのJ1962コネクタ付ケーブルを接続する

比に保ったままエンジンでの発生熱量や排気ガス温度を上昇させることができます[7].

　エンジンが冷えている状態から始動直後の点火時期を観察すると，点火時期がマイナス側に触れているようすが観察できます．点火時期は，暖気中かそうでないかの目安にもなります．

● 空燃比・触媒コンバータ温度

　空燃比や触媒コンバータの温度を知ることで有害な排気ガスを撒き散らしていないかや，触媒コンバータを含めたエンジン・システムの暖気状態を知ることができます．

　空燃比は，混合気に占める空気とガソリンの質量比です．ガソリンを1としたときの空気の量で表します．

　空燃比は排気ガスの特性と密接な関係があります．ガソリンの割合が多い（混合気が濃い）と，排気ガス中の炭化水素や一酸化炭素の濃度が上がり，ガソリンの割合が少ない（混合気が薄い）と窒素酸化物の濃度が上がります．これらの物質はどれも大気汚染の原因物質

であり，その放出量は法で規制されています．

　大気汚染物質を含む排気ガスは，排気管の途中に設けた触媒コンバータ内で，炭化水素は水と二酸化炭素に，一酸化炭素は二酸化炭素に，窒素酸化物は窒素に，それぞれ酸化・還元して大気中に放出します．

　大気汚染物質を浄化する触媒コンバータの性質を次に示します．

> （1）理論空燃比付近の排気ガスでないと酸化・還元性能が極端に悪化する
> （2）触媒コンバータが動作するには数百度の動作温度を要する

　大気汚染物質の排出量を抑えるには，混合気を理論空燃比に保つこと，暖気時には短い時間で触媒温度を動作温度まで加熱すること，触媒温度を管理することが求められます．

　普段は排気ガス特性の関係で空燃比は理論空燃比に保たれます．空燃比をモニタしていると全開加速時など特に高いエンジン出力が求められるときの，一時的に理論空燃比よりも濃い混合気を送るようす（こうしたほうがパワーは出る）も，観察できます．

● エンジン冷却水の温度

　エンジン内では混合気を燃焼させているので，何らかの手段でエンジンそのものを冷却する必要があります．現在の乗用車用エンジンはほぼすべてが水冷方式をとっています．この冷却水がエンジン冷却水です．以前は計器盤に水温計を設けたクルマが多かったものですが，最近は水温計を装備したクルマが少なくなった印象です．

　エンジン冷却水はエンジンの冷却だけでなく，車室暖房の熱源としても利用されています．このため，広く採用されるようになったフルオート・エアコンでは，エンジン冷却水温度が一定以上になるまで車室の暖房が始まらないものがあります．マニュアル・エアコンでもエンジン始動直後は冷たい空気しか出てきません．

寒い朝，暖房が始まるまでの時間をエンジン冷却水温度を観察しながら過ごすと，心なしか暖房開始までの時間が短くなったように筆者は感じます．

◆参考文献◆

(1) 藤沢 英也，小林 久徳，小川 王幸，棚橋 敏雄；新電子制御ガソリン噴射，株式会社山海堂，1993

(2) Kevin Sullivan；Position Sensors with questions，Autoshop 101，http://www.autoshop101.com/

(3) Bosch in Australia；Piezoresistive absolute‐pressure sensors in thick‐film technology，http://www.bosch.com.au/car_parts/en/downloads/Map_Sensor_Technical_Specification.pdf

(4) Bosch in Australia；"Lambda" oxygen sensors，Type LSM 11，http://www.bosch.com.au/car_parts/en/downloads/sensors_oxygenlsm11.pdf

(5) ルネサス エレクトロニクス；SH7256グループユーザーズマニュアル ハードウェア編，http://documentation.renesas.com/doc/products/mpumcu/doc/superh/r01uh0344jj0300_sh7256.pdf

(6) Elm Electronics；ELM327 OBD to RS232 Interpreter データシート，http://elmelectronics.com/DSheets/ELM327DS.pdf

(7) 上野 将樹，赤崎 修介，安井 裕司，岩城 喜久；吸入空気量と点火時期の適応制御による始動後急速暖機システム，Honda R & D Technical Review Vol.11 No.1，㈱本田技術研究所，https://www.hondarandd.jp/point.php?pid = 794 & lang = jp

第17章

愛車の燃費やエンジン出力をモニタする
OBDⅡ通信アダプタで
車載CPUと交信！
リアルタイムで燃費を確認

宮村 智也
Tomoya Miyamura

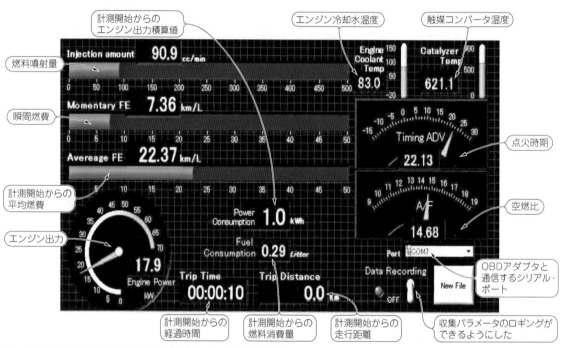

計測開始からの
エンジン出力積算値

エンジン冷却水温度

触媒コンバータ温度

燃料噴射量

瞬間燃費

計測開始からの
平均燃費

エンジン出力

点火時期

空燃比

OBDアダプタと
通信するシリアル・
ポート

計測開始からの
経過時間

計測開始からの
燃料消費量

計測開始からの
走行距離

収集パラメータのロギングが
できるようにした

図1 製作したOBDⅡ直付けアダプタのアプリケーションの実行画面
ナショナル・インスツルメンツ社のLabVIEWを用いてプログラムし，Windowsタブレット PC で実行した

現代の市販車用ガソリン・エンジンは，電子制御化されているおかげで，燃費に関するパラメータやエンジン出力などの各種データを比較的簡単に取り出すことができます．第16章では制御システムの概要と，エンジン制御パラメータを取り出すために市販されているOBDアダプタを紹介しました．

本章では，**写真1**に示す市販OBDアダプタの具体的な使い方を紹介しながら，燃費やエンジン出力などが観察できるマルチ・メータ（**図1**）を製作します．

製作STEP①：OBDアダプタと
パソコンを接続する

● 車両とOBDアダプタの接続

図2にOBDアダプタと車両との接続図を示します．OBDアダプタは，運転席の周辺にあるOBDコネクタに接続します．OBDコネクタの位置は車両によって異なりますが，おおむね運転席周辺の目立たないところに設置してあります．OBDコネクタの形状やピン配置は規格（ISO15031‑3/SAE J1962）で決まっていて，自動車のメーカや車種の違いで接続できないということはありません．正しく接続できると，エンジンの停止/運転にかかわらず，OBDアダプタの電源ランプが点灯します．

特に米国では，2008年以降に発売する乗用車にCAN

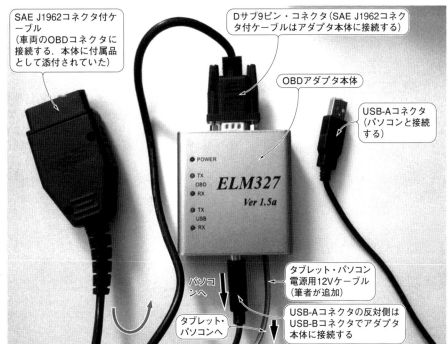

SAE J1962コネクタ付ケーブル
（車両のOBDコネクタに接続する．本体に付属品として添付されていた）

Dサブ9ピン・コネクタ（SAE J1962コネクタ付ケーブルはアダプタ本体に接続する）

OBDアダプタ本体

USB-Aコネクタ（パソコンと接続する）

ELM327
Ver 1.5a

POWER
TX
OBD
RX
TX
USB
RX

写真1　車載マイコンとの通信を司るOBDアダプタ
OBD用インタプリタIC ELM 327(Elm Electoronics 製）を搭載したOBDアダプタを使用した

パソコンへ

タブレット・パソコンへ

タブレット・パソコン電源用12Vケーブル（筆者が追加）

USB-Aコネクタの反対側はUSB-Bコネクタでアダプタ本体に接続する

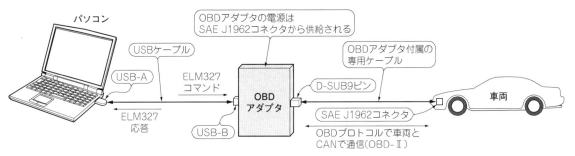

パソコン

USBケーブル

USB-A

ELM327
コマンド

ELM327
応答

USB-B

OBDアダプタの電源はSAE J1962コネクタから供給される

OBDアダプタ付属の専用ケーブル

OBD
アダプタ

D-SUB9ピン

SAE J1962コネクタ

OBDプロトコルで車両とCANで通信（OBD-Ⅱ）

車両

図2　OBDアダプタと車両の接続
USBケーブルとSAE J1962コネクタ付きケーブルはOBDアダプタの付属品

を使用したOBDⅡの装着を義務化したため，米国で収益をあげる国内自動車メーカ各社は，日本市場向けの車種にもOBDⅡを実装します[1]．今回使用したOBDアダプタも，当然のことながらOBDⅡをサポートしています．

● パソコン側の準備…USBシリアル・ドライバの設定

使用したOBDアダプタは，外部機器とUSBを介して非同期のシリアル通信を行います．今回は外部機器にWindowsパソコンを使用しました．このため，パソコンがUSBを介してシリアル通信できるよう，USBシリアルのドライバをインストールする必要があります．

OBDアダプタのUSBインターフェースにはFT232 BL(FTDI社)が使われているので，次に示すFTDIのウェブ・サイトからVCP(Virtual COM Port)ドライバを入手し，OBDアダプタをパソコンに接続する前

にインストールしておきます．

http://www.ftdichip.com/Drivers/VCP.htm

VCPドライバのインストールが完了したら，OBDアダプタを車両に接続した後にUSBコネクタをパソコンに接続します．VCPドライバのインストールが正常に行われ，パソコンがOBDアダプタを正常に認

私の環境ではCOM13のシリアル・ポートとして認識されている

図3　パソコン側からはOBDアダプタがUSBシリアル・ポートとして見える
OBDアダプタが認識されているかどうかは，Windowsでは「デバイスマネージャ」から確認できる

製作ステップ①：OBDアダプタとパソコンを接続する

識していれば，Windowsではデバイスマネージャから図3に示すようにUSBシリアル・ポートとして認識されたことが確認できます．私の環境ではCOM13のシリアル・ポートとして認識されました．

製作STEP②：OBDアダプタとパソコン間の通信を確認する

● ハイパーターミナルまたはTeraTermを立ち上げて初期設定

パソコンとOBDアダプタの間で通信ができるか確認してみます．まず，OBDアダプタをいったん車両から取り外します．このとき，OBDアダプタはパソコンのUSBポートへつなげたままにしておきます．

この状態で，ハイパーターミナルやTeraTermなどの通信ソフトウェアを表1のように設定した後，パソコンとOBDアダプタを通信状態にします．この状態で，次に示す手順で通信が行われることを確認します．

▶手順①：アイドリングしてOBDアダプタを車に接続

車両のエンジンを始動してアイドリング状態にし，パソコンの通信ソフトウェアをアクティブにします．この状態でOBDアダプタを車両に接続すると，OBDアダプタは車両から電源の供給を受けて起動し，パソコンに対して図4に示すように "ELM327 v1.5a" とメッセージを送ってきます．初期状態ではライン・フィード（改行）がOFFになっているため，図4ではOBDアダプタから送られたリクエスト待ちプロンプトの

"＞" が，最初のメッセージに上書きされて "＞LM327 v1.5a" と見えています．

▶手順②：ライン・フィードをONにする

ELM327は，ELM327自体の各種設定を行うため，"AT" で始まる各種コマンドが用意されています．OBDアダプタ起動時は，OBDアダプタが返す値にライン・フィードが付加されない（ライン・フィードがOFF）状態にあるので，手動で動作を確認する際は通信ソフトウェア上で返り値の確認がしにくいです．

このため，パソコンのキーボードからライン・フィードをONにするコマンド "AT L1" を入力して送信します．図4に示すように，送信直後はライン・フィードがかからず，"OK" のメッセージが手順2で入力したコマンドに上書きされておかしなことになっていますが，リクエスト待ちプロンプトが今度は改行されて表示されるので，ライン・フィードがONになったことが確認できます．

▶手順③：車両のOBDプロトコルを確認する

OBDアダプタが車両と正常に通信するには，OBDアダプタが車両のOBDプロトコルを認識している必要があります．OBDプロトコルは表2に示すようにいくつも種類がありますので，通信相手の車両がどのOBDプロトコルを使っているのかを手作業で調べるのは大変です．

ELM327は，表2で示すように複数存在するOBDプロトコルを自動で判別する機能をもっており，デフォルトでは，この自動判別機能がONになっています．

表1 使用したOBDアダプタとパソコンのシリアル通信条件
紹介したOBDアダプタのデフォルト設定．通信速度はELM327のATコマンドで変更できる

項　目	値
通信速度	9600 bps
データ長	8ビット
パリティ	なし
ストップ・ビット	1

表2 使用したOBDアダプタ（ELM327）が対応するOBDプロトコル
車両によって使用しているOBDプロトコルが異なるが，ELM327はこれを自動判別できる

ELM327がサポートするOBDプロトコル
SAE J1850 PWM/41.6 kbps
SAE J1850 VPW/10.4 kbps
ISO　9141 - 2/5 bps - 10.4 kbps
ISO　14230 - 4 KWP/5 bps - 10.4 kbps
ISO　14230 - 4 KWP/10.4 kbps
ISO　15765 - 4 CAN/11ビットID/500 kbps
ISO　15765 - 4 CAN/29ビットID/500 kbps
ISO　15765 - 4 CAN/11ビットID/250 kbps
ISO　15765 - 4 CAN/29ビットID/250 kbps
SAE J1939 CAN/29ビットID/250 kbps

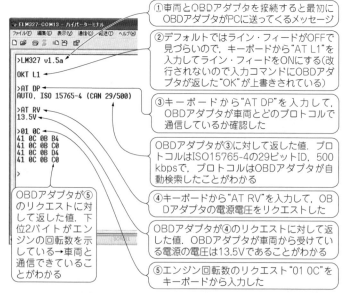

① 車両とOBDアダプタを接続すると最初にOBDアダプタがPCに送ってくるメッセージ

② デフォルトではライン・フィードがOFFで見づらいので，キーボードから"AT L1"を入力してライン・フィードをONにする（改行されないので入力コマンドにOBDアダプタが返した"OK"が上書きされている）

③ キーボードから"AT DP"を入力して，OBDアダプタが車両とどのプロトコルで通信しているか確認した

OBDアダプタが③に対して返した値．プロトコルはISO15765-4の29ビットID，500 kbpsで，プロトコルはOBDアダプタが自動検索したことがわかる

④ キーボードから"AT RV"を入力して，OBDアダプタの電源電圧をリクエストした

OBDアダプタが④のリクエストに対して返した値．OBDアダプタが車両から受けている電源の電圧は13.5Vであることがわかる

⑤ エンジン回転数のリクエスト"01 0C"をキーボードから入力した

OBDアダプタが⑤のリクエストに対して返した値．下位2バイトがエンジンの回転数を示している→車両と通信できていることがわかる

図4　パソコンから手動で通信しOBDアダプタが自分の車のOBDプロトコルに対応しているか調べる
ハイパーターミナルから手打ちでOBDアダプタと通信して，OBDアダプタの動作チェックを行った

したがって，OBDアダプタがOBDプロトコルをちゃんと認識しているかを確認します．これを確認するコマンドは"AT DP"です．

図4に示した例では，"AT DP"に対する返り値が"AUTO, ISO15765-4(CAN29/500)"となっています．プロトコルの自動判別機能がONで，車両との通信はISO15765-4の29ビットID，通信速度500 kbpsで行われることがわかります．

▶手順④：OBDアダプタに正しく電源が供給しているかチェック

OBDアダプタは，自身の電源をOBDコネクタを通じて車両から得ています．"AT RV"コマンドは，OBDアダプタに供給されている電源電圧の値を要求するコマンドです．このコマンドをパソコンから送信すると，図4に示すように"13.5 V"と返してきました．ここまでで電源がOBDアダプタに正常に供給され，OBDアダプタとパソコンの間で正常に通信できていることが確認できました．

▶手順⑤：車両と通信できることの確認

最後に車両から目的のデータが取得できるかを確認します．パソコンのキーボードから，車両のエンジン回転数を取得するコマンド"01 0C"を入力して送信します．図4に示す例では，このコマンドに対して"41 0C"の2バイトで始まる計4バイトの値を4回返してきました．

返り値の下位2バイト（例えば0B C0）がエンジン回転数を示しています．この2バイトが示す返り値を，表3に示す計算式を使って計算すると，エンジン回転数は752 rpmです．返り値がインパネのタコメータ（エンジン回転計）指示値と一致していれば，車両と正しく通信できています．

＊

以上の手順で，パソコンがOBDアダプタを介して車両のECUと通信できていることを確認できました．キーボードからコマンドを手打ちすることでも車両から必要なデータを取得できることがわかります．

同様に，"01"で始まり表3のパラメータIDを続けたコマンドをパソコンから送信すれば，OBDアダプタから対応する返り値が得られます．この返り値を表3の計算式にしたがって，実際の値に直して表示することを自動で繰り返せば，エンジンの出力などが逐次確認できるモニタが構成できます．

製作STEP③：OBDモニタで車両からパラメータをGET！

● エンジン・パラメータの取得方法

図5に，モード01hによるパラメータの取得法と，エンジン回転数（パラメータID：0Ch）を例に示します．

エンジン回転数を取得するには，OBDアダプタに対して，"01 0C"というコマンドを送信します．コマンドの送信は，上述のコマンドにCR（キャリッジ・リターン：0Dh）を続けて送信して完了します．

上位バイトの01hは，OBDアダプタに「モード01hで提供されるデータをよこせ」というコマンドで，下位バイトの0Chは「パラメータIDが0Chのデータ」を指しています．したがって，前述のコマンドは表3より，「モード01hで提供される，パラメータID 0Ch（エンジン回転数）のデータをよこせ」という意味になります．

OBDアダプタは，このコマンドをOBDプロトコルに変換して車両のECUに送ります．車両のECUはこれを受けて，要求された値をOBDアダプタに返します．OBDアダプタは，これを非同期シリアルに変換してパソコンに値を返します．

図5に示す例では，OBDアダプタが"41 0C 0B C0"とパソコンに値を返しています．上位2バイト（410C）は，返り値がモード01h，パラメータIDが0Ch（エ

表3　これらの計算式を使ってOBDアダプタに要求して得たデータからエンジンの回転数などを求める
他にもいろいろな読み出し可能なパラメータが存在する．車種によって読み出し可能なパラメータは異なる

パラメータID（hex）	データのバイト長	内　容	最小値	最大値	単位	計算式	備　考
04	1	エンジン負荷率（計算値）	0	100	％	$A \times 100/255$	吸入空気量から計算した値
05		エンジン冷却水温度	−40	215	℃	$A - 40$	
0C	2	エンジン回転数	0	16,383.75	rpm	$\{(A \times 256) + B\}/4$	－
0D	1	車両の速度		255	km/h	A	
0E	1	点火時間	−64	63.5	deg	$(A - 128)/2$	
10	2	吸入空気量	0	655.35	グラム／秒	$\{(A \times 256) + B\}/100$	吸入空気量は体積ではなく質量で返ってくる
34	4	O₂センサ1_λ値		1.999	なし	$\{(A \times 256) + B\}/32,768$	返ってくるデータ長は4バイトだが，λ値の算出に使うのは上位2バイトだけ
3C	2	3元触媒温度バンク1，センサ1	−40	6,513.5	℃	$\{(A \times 256) + B\}/10 - 40$	－

例）エンジン回転数を読む場合

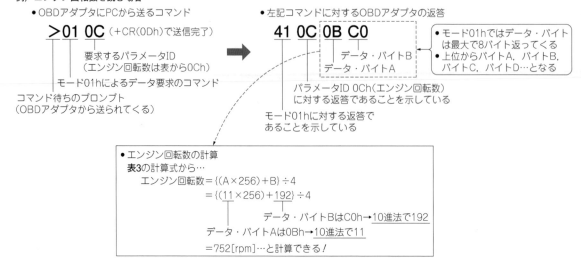

図5 モード01hでのパラメータの読み込みと計算方法
エンジン回転数をOBDアダプタを使ってパソコンへ取得する方法の説明. 他のパラメータも同様に取得できる

ンジン回転数）のデータであることを示しています. 下位2バイト（0B C0）が肝心のエンジン・パラメータで, **図5**に示すように**表3**の計算式を使って人間が理解できる数値に変換します.

他のパラメータについても, 目的とするパラメータIDを指定してOBDアダプタへ同じようにコマンドを送り, その返り値を受信後**表3**に示す計算式を使うと, 必要なパラメータを取得できます.

製作STEP④：メータに表示する パラメータのいろいろと計算式

■ エンジン出力の算出

● エンジン負荷率と回転数から出力を計算する

エンジン出力の単位は馬力やkWですが, OBDプロトコルのモード01hでは馬力やkWで表されるエンジン出力そのものズバリは提供されていません. そのかわり, エンジン負荷率（単位：％, パラメータID 04h）が提供されています.

これはOBDの規格化にあたり, 車種により異なるエンジンの出力を分解能高く, より汎用的に表示するための工夫とみられます.

参照しているエンジン負荷率は, カタログ記載のエンジン最大出力に対する割合の表示ではなく, 任意のエンジン回転数において出しうる本来の最大出力能力に対する割合を, エンジンが吸い込む空気の量からECUが計算した値です.

このため, **図6(a)**で示すように, カタログなどで公開されているエンジン出力特性曲線を読み取って**図6(b)**のようにプロットし直し, エンジン出力をエン

ジン回転数から求める関数$f(x)$（xはエンジン回転数で単位はrpm）を多項式近似で作りました.

エンジン回転数は**表3**からパラメータID 0Ch, エンジン負荷率はパラメータID 04hとして車両から取得できるので, その時々のエンジン出力は,

$$\text{エンジン出力}[\text{kW}] = f(x)[\text{kW}] \times \text{エンジン負荷率}[\%] \div 100 \quad \cdots\cdots (1)$$

として計算／表示することにしました.

図6に示したエンジンの出力特性は車種ごとに異なるので, 使用する車種に応じて前述の関数$f(x)$を作成する必要があります.

■ 燃費の算出

● 車両から燃費データは直接得られない

燃費は, 走行によって消費した燃料の量と, 走行距離がわかれば計算で求められます. 車両から取得できるパラメータに燃費そのものはありませんが, 取得できるパラメータを駆使すれば計算で求めることが可能です.

燃料の消費量を取得可能なデータから算出するには, ガソリン・エンジンに関する知識が少々必要です.

● 計算するにはガソリン・エンジンのしくみの理解が必要

▶混合気のガソリンと空気の比率「空燃比」

ガソリン・エンジンは, 燃料であるガソリンと空気を混合した「混合気」をエンジン本体に吸い込んで燃焼させています. ガソリン・エンジンを効率よく回したり, 排出ガス中の有害物質を減らすためには, 前編

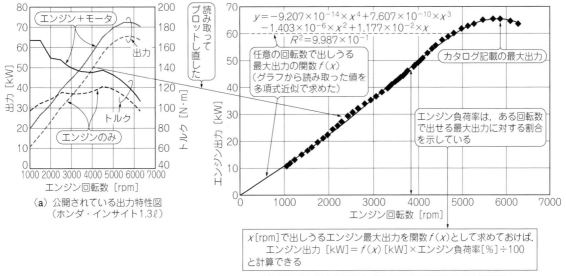

図6　エンジン回転数とエンジン出力の関係を整理する
車両から取得するエンジン負荷率からエンジン出力を計算するため，公開されている出力特性図を読み取って関数を作った

で紹介したように混合気に占めるガソリンと空気の重量比率を管理することが必要です．混合気に占めるガソリンと空気の重量比率のことを「空燃比」といいます．混合気が完全燃焼できる空燃比は，ガソリン1グラムに対して空気14.7グラムで，これを「理論空燃比」といいます．

現在の自動車用ガソリン・エンジンでは，空燃比を状況に応じて適切にコントロールするために，各種センサとECUを使ってエンジンに供給する燃料の量をフィードバック制御しています．このため，現在の自動車用ガソリン・エンジンで採用される電子制御燃料噴射システムは，エンジンが吸い込む空気の量（吸入空気量）と空燃比を，各種センサを通じてECUが常に把握しています（第16章，図2参照）．

● 燃料消費量の計算

空燃比と排出ガス特性には密接な関係があるので，OBDでも空燃比に関する情報を各種提供しています．今回は，燃料消費量の計算に表3に示す吸入空気量（パラメータID 10h）とO₂センサλ（ラムダ）出力（パラメータID 34h）を使用しました．

今回は，空燃比を示す指標としてλを使用しました．λは空気過剰率のことで，理論空燃比に対してどれくらい空気が過剰であるかを示しています．λ＝1で理論空燃比になります．

ガソリン・エンジンの空燃比AFRは，空気過剰率λを使えば式(2)で求められます．

$$AFR = 14.7 \times \lambda \cdots\cdots\cdots\cdots\cdots (2)$$

パラメータID 10hで取得する吸入空気量MAF[g/s]は，1秒間に吸入している空気の質量を表しています．吸入空気量MAFを空燃比AFRで割れば，1秒当たりの燃料消費量（燃料消費率）F_{crm}は式(3)で求められます．

$$F_{crm} = MAF \div AFR \ \ [\text{g/sec}] \cdots\cdots\cdots\cdots (3)$$

式(3)のままだと，1秒当たりの消費ガソリン重量となっていてわかりづらいので，ガソリンの比重0.783 g/mℓを用いて1分間当たりの燃料消費率を体積で表したF_{crv}に変換します．F_{crv}は式(4)で求められます．

$$F_{crv} = F_{crm} \div 0.783 \times 60 \ \ [\text{mℓ/min}] \cdots\cdots\cdots (4)$$

式(4)で求めたF_{crv}から，計測開始からt[sec]後の燃料消費量F_c[ℓ]は，サンプル回数をnとした場合，式(5)で求められます．

$$F_c = \frac{1}{n}\sum_{i=1}^{n} F_{crvi} \times \frac{t}{60 \times 1000} \ \ [\ell] \cdots\cdots\cdots (5)$$

● 走行距離の計算

平均燃費を求めるには，燃料消費量に加えて走行距離が必要です．今回は，走行距離DをパラメータID 0Dhで取得できる車両の速度V（単位：km/h）から式(6)で求められます．

$$D = \frac{1}{n}\sum_{i=1}^{n} V_i \times \frac{t}{3600} \ [\text{km}] \cdots\cdots\cdots\cdots (6)$$

ただし，Dは走行距離[km]，tは経過時間[sec]，nはサンプル回数

● 瞬間燃費と平均燃費の計算

　瞬間燃費は，車両が走行中のある瞬間における燃費を表しており，これを参照するとどんな運転スタイルが燃費の良い運転なのかを把握できます．瞬間燃費 FE_c は燃料消費率 F_{crv}［mℓ/min］と車両の速度 V［km/h］から式(7)で求められます．

$$FE_c = \frac{V}{60} \times \frac{1000}{F_{crv}} \ [km/\ell] \cdots\cdots\cdots\cdots (7)$$

　F_{crv} は吸入空気量(パラメータID 10h)と O_2 センサ λ 出力(パラメータID 34h)を使って式(2)～式(4)で計算し，V は車両の速度(パラメータID 0Dh)を車両から取得して，その都度計算して画面に表示させます．

　平均燃費 FE_a は，計測開始からの燃料消費量 F_c［ℓ］と走行距離 D［km］から計算できるので，式(5)と式(6)から式(8)が求められます．

$$FE_a = D \div F_c \ [km/\ell] \cdots\cdots\cdots\cdots\cdots (8)$$

製作⑤：スマホにメータを表示する

● OBDアダプタにつなぐハードウェアはシリアル通信できればなんでもいい

　前述したように車両と直接通信するのはOBDアダプタです．OBDアダプタ(に内蔵されているELM327)と非同期シリアルで通信できればよいので，作ろうとするマルチ・メータのハードウェアは，シリアルで通信できるものならなんでもOKです．

　ELM327を内蔵したOBDアダプタにはBluetoothで外部機器と通信するタイプも販売されています．これはBluetoothシリアルで外部機器と通信するものとみられます．

　図7にELM327を使用したOBDアダプタをAndroid端末で使用するためのアプリの例を示します．たいがいのマイコン・ボードやスマートフォンなら非同期シリアル通信はできるので，紹介したELM327のコマンドと各種パラメータの計算方法を使えば，好きなターゲット・デバイスに同じ機能のマルチメータを実装できます．

　今回は，LabVIEW(ナショナルインスツルメンツ)を使ってパワー・メータのアプリケーションをプログラムし，これをWindowsのタブレット型パソコンで実行しました．作成したアプリケーションの実行画面を図1に示します．

＊

　今回製作したマルチメータのLabVIEWプログラムは，本誌ウェブ・サイトからダウンロードできます．本プログラムは，次の(1)～(4)を確認しています．この他の環境での動作確認はしていないので，異なる車両と環境では動作しないかもしれません．あらかじめご了承ください．

(1) LabVIEWプログラムは，LabVIEW2010プロフェッショナル開発システム(ナショナルインスツルメンツ)で作成
(2) プログラム作成パソコンのOSはWindows 7
(3) タブレットPCのOSはWindows XP SP3を使用
(4) 2010年式ホンダ・インサイトを使用

　最新版のLabVIEWは，ナショナルインスツルメンツ社の次のウェブ・サイトから最長45日間無料で利用できる評価版をダウンロードできます．

http://www.ni.com/download-labview/ja/

製作⑥：試してみる

● 実際に運転してエンジンが発生している出力を観察してみた

　製作したマルチメータを使って，近所の一般道を走行した際にエンジンが発生した出力をグラフにまとめた例を図8と図9に示します．

　試験車には2010年式のホンダ・インサイトを用いました．排気量1.3ℓのガソリン・エンジンに，最大出力10kWのモータ1個を付加したハイブリッド車です．

　図8は，車両の速度とエンジン出力の時間推移の例です．車両の加速中(車両の速度が増加している局面)に，大きなエンジン出力を要していることがわかります．図9は，エンジン出力を車両の速度を基準にプロ

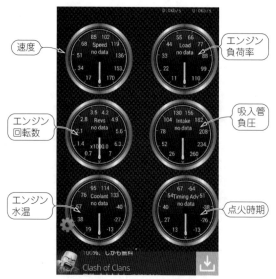

速度
エンジン負荷率
エンジン回転数
吸入管負圧
エンジン水温
点火時期

図7　Android用のOBDモニタ・アプリのスクリーン・ショット
スマートホンでOBDパラメータが読めるアプリが配布されている

コラム　マイカーをEV化したい！ 必要なバッテリ容量はどのくらい？

● 走行に要するエネルギー量がわかればEVに必要なバッテリの量がわかる

あらためていうまでもありませんが，ガソリン車はガソリンを燃焼し，その熱エネルギーを動力，すなわち機械的エネルギーに変換して走行しています．熱エネルギーを機械的エネルギーに変換しているのがガソリン・エンジンです．ガソリン・エンジンが発生する機械的エネルギーの大きさを示しているのが，エンジン出力です．

一方，電気自動車(EV)は，バッテリに蓄えた電気エネルギーを，モータで機械的エネルギーに変換して走行しています．あたりまえですが，車両を直接走行させるのは機械的エネルギーで，これはガソリン車でもEVでも同じことです．

エネルギー量を単位kWhで表示する代表的な部品にバッテリがあります．EVのエネルギー源はバッテリです．ガソリン車の走行に必要な機械的エネルギーの量が単位kWhで表示できれば，そのガソリン車をEVに改造した場合，どれだけのバッテリを搭載すればどれぐらいの距離を走れるのか，数字を見るだけでおよその見当が付けられます．

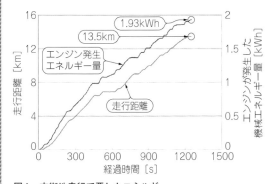

図A　市街地走行で要したエネルギー
市街地を13.5 km走行するのに要したエンジン発生エネルギー量は1.93 kWhだった

● エンジン出力を積算して走行に要したエネルギー量を求める

車両から取得したエンジン回転数とエンジン負荷率，前述した式(1)から走行中のエンジン出力を逐次取得し，これを時間で積算すれば，走行に要した機械的エネルギー(ある距離を走ったときにエンジンが出力した回転エネルギー)をkWh表示で求めることができます．

エンジン出力をE_p [kW]，経過時間をt [sec]，サンプル回数をn [回]とすれば，走行に要した機械的エネルギーE [kWh]は，式(9)で求められます．

$$E = \frac{1}{n}\sum_{i=1}^{n} E_{pi} \times \frac{t}{3600} \quad\cdots\cdots\cdots\cdots\cdots (9)$$

● 実験！エンジンが発生したエネルギーからのバッテリ必要量を算出

図Aに，エンジンが発生した機械的エネルギーの時間推移と，走行距離の推移を示します．先に示した燃費測定と同時にデータを取得しました．

図Aに示すように，一般道を13.5 km走行した際にエンジンが発生した機械的エネルギーの量は1.93 kWhでした．仮に今回の試験車をEVに改造して，同じ走行条件で200 kmの航続距離を得ようと思えば，単純計算では28.6 kWhのバッテリが必要となります．

今回の試験車はハイブリッド車で，走行用のバッテリを搭載していますが，バッテリ電力の源はすべてエンジンが発生したエネルギーといえる(外部から充電したわけではない)ため，試験結果はそのままEV化した際のバッテリ必要量の参考となります．

実際に試験車をEVに改造する際には，前述した方法で求めたバッテリ必要量に加え，モータやインバータなどで発生する損失や，バッテリ搭載による車両重量の増加を考慮して，バッテリの仕様を決定する必要があります．

ットしたものです．図9からは，市街地における車速60 km/h以下の運転では，エンジン出力が20 kW程度あれば十分なことがわかります．

試験車はハイブリッド車のため，実際にはエンジン出力に加えてモータの出力が上乗せされていますが，最大で10 kWのモータ出力が加算されたとしても，試験車をEVに改造した場合，最大で30 kW程度の出力があれば一般道で過不足なく走れそうです．

● 燃費は24.6 km/ℓ，備え付けのメータの表示値との差は2％

図10に，一般道を13.5 km走行したときの平均燃費と燃料消費の計測例を示します．13.5 kmの走行で消費した燃料の量は549 mℓなので，13.5 km走行時の平均燃費は24.6 km/ℓと計算できます．試験車に標準装備されている燃費計の指示値とマルチ・メータの計測値との差は2％でした．今回紹介した方法は十分に

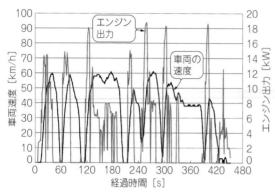

図8　市街地走行でエンジンが発生した出力の計測例
車両は2010年式ホンダ・インサイト．加速時に大きなエンジン出力を
要していることがわかる

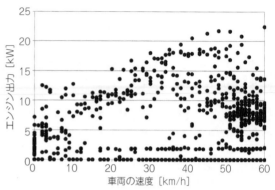

図9　市街地走行でエンジンが発生した出力の計測例
60 km/h以下の市街地走行では，エンジン出力は20 kW，モータ出力
を勘案すれば30 kWもあれば十分といえそう

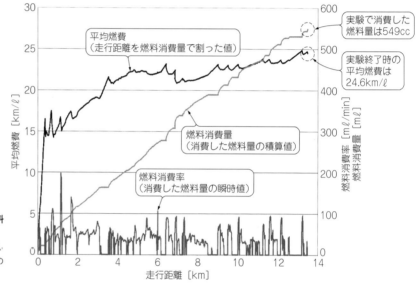

**図10　市街地走行での燃費と燃料
消費量の計測例**
OBDアダプタで取得した値から計算し
た燃費は，車両に装備された燃費計の
指示値と2％の差だった

実用になりそうです．

　燃料の消費量に関する情報は，普段は燃料タンクに
どれくらいの燃料が残っているか大まかにわかる程度
です．このように具体的な消費量が高い分解能で観察
できれば，工夫次第でいろいろなこと（温室効果ガス
の排出量をリアルタイムに表示する，タクシーの料金
メータのようにガソリン代を逐次表示する，など）に
応用できそうです．

◆**参考文献**◆
(1) 小野寺康幸：プリウス＆フィット燃費チェッカの製作，ト
　　ランジスタ技術，2011年8月号，CQ出版社．
(2) 本田技研工業㈱ウェブ・サイト：HYBRID INSIGHT，プレ
　　ス・インフォメーション2009年2月5日，http://www.honda.
　　co.jp/factbook/auto/INSIGHT/200902/07.html
(3) Elm Electronics：ELM327 OBD to RS232 Interpreterデー
　　タシート，http://elmelectronics.com/DSheets/ELM327DS.pdf

第18章

走行抵抗を決める要素と計算法

クルマを前に 進ませるための力学

宮村 智也
Tomoya Miyamura

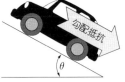

（a）空気抵抗と転がり抵抗　　（b）勾配抵抗

図1　車両が進む際にはさまざまな抵抗が生じる

車両が走行するのを邪魔する力である走行抵抗 [N] とモータの駆動力F_d [N]（モータの回転数×車輪の径）の関係を1枚のグラフに描けば，交点が実際の車両の走行特性となります．横軸には速度をとります．

このグラフが描ければ，目標とする走行性能が実現できるかどうかが直感的にわかります．モータを検討する際には駆動力の線を複数引き，どんなモータとインバータを使用するのが合理的かを検討しておくと手戻りの少ない製作を行うことができます．

本章ではこの走行抵抗/駆動力 - 速度特性図の作り方を紹介します．

走行の邪魔をする三つの抵抗力

● 地面を蹴る力「駆動力」によって車両は走る

車両は動力を路面に伝える車輪（駆動輪）が路面を「蹴る」ことによって前に進んでいます．この路面を「蹴る力」を「駆動力」といいます．駆動力はすなわち車両を前に押す力ですから，これに着目するとモータに求められる運転範囲が明らかになります．

車両が一定速度で走行する際に必要となる駆動力 F_d [N] は，次式で表されます[1]．

$$F_d = \mu_r W_t g + \frac{1}{2} \rho C_d A V^2 + gW_t \sin\theta \,[\text{N}] \cdots (1)$$

ただし，車輪の転がり抵抗係数を μ_r [N/N]，車両重量を W_t [kg]，重力加速度を g [m/s^2]，空気の密度を ρ [kg/m^3]，空気抵抗係数を C_d，前

面投影面積を A [m^2]，車速を V [m/s]，登板勾配を θ [rad]

式(1)の右辺第1項は車輪が転がることによって生じる転がり抵抗，第2項は空気抵抗，第3項は車両が坂を登るときに生じる勾配抵抗です（図1）．

走行の邪魔をする右辺の走行抵抗と駆動力が釣り合っているときに一定速度で走行できます．

● その1：タイヤの摩擦力「転がり抵抗」

転がり抵抗係数 μ_r はタイヤに固有の値で，タイヤの「転がりにくさ」を示す係数です．自転車用のタイヤですと，ロード用で0.004程度，マウンテン・バイク用で0.013程度[2]と用途によって異なります．

また，最近の自動車用低燃費タイヤは0.007から0.012程度の範囲にあるようです[3]．競技用ソーラ・カーや，低燃費を競うエコラン競技に用いられる専用タイヤでは，0.003を下回るものも存在します．転がり抵抗を下げるには μ_r の小さいタイヤを選択することはもちろんですが，式(1)より車両重量と比例の関係にありますから，車両はできる限り軽くしたいところです．

● その2：車体の形状や大きさで決まる走行を妨げる力「空気抵抗」

空気抵抗は空気抵抗係数 C_d と前面投影面積 A で決まります．空気抵抗係数は車両の形状で決まる係数で，一般の乗用車で0.3以上ですが，低燃費をうたい文句にするハイブリッド・カーでは0.3を下回るものも発表されています．前面投影面積とは車両を真正面から見たときの面積をいいます．

空気抵抗は駆動力で見れば速度の2乗，仕事率で見れば3乗に比例して増加します．限られた出力でより速く走りたいと思えば空気抵抗の低減は大変重要となります．

写真1　走行抵抗線図を求めてみた電動2輪車
レース向けに筆者たちが自作したソーラ・バイク「Prominence 5X-3」

● その3：登り坂ではたらく後ろ向きの万有引力「勾配抵抗」

勾配抵抗は，車両が坂を登る際に発生する抵抗です．勾配抵抗も車両重量 W_t に比例しますから，やはり車両は軽いほうが望ましいといえます．

車体の走行特性を求める

● 走行抵抗線図の作成

車両に関するパラメータを式(1)に代入して，車速を横軸に，駆動力を縦軸にとってグラフにしたのが走行抵抗線図です．式(1)を使って描いた電動2輪車(**写真1**)の走行抵抗線図を**図2**に示します．

空気抵抗係数 C_d は一番把握しづらい係数ですが，出力のわかっているモータを使っていれば，最高速度実測値と式 (1) から逆算して求められます．C_d 値が不明の場合は，性能見積もりの段階では似たような乗り物の値を参考にするとよいでしょう．そのほかのパラメータは実測値やカタログ値を使用し，空気の密度 ρ は 1.203 kg/m³ としています．

走行抵抗線図を描くと，任意の勾配を任意の速度で走ろうとするときの必要な駆動力がわかります．**図2**

図2(4)　写真1の電動バイクの走行抵抗-速度特性「走行抵抗線図」
この車体は速度によってどれくらい走行を妨げられるかを表している．空気抵抗に依存する2次関数になる

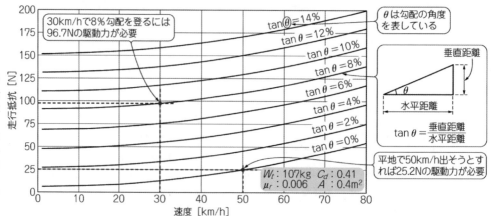

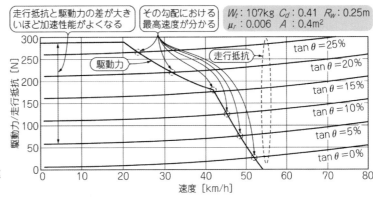

図4　車輪や車体のパラメータから求めた駆動力／走行抵抗-速度特性

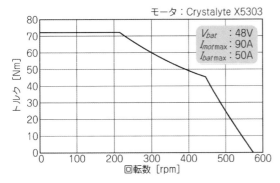

図3　使用したインホイール・モータの回転数-トルク特性

の例でいうと，平地（0%勾配）で50 km/hで巡航するには25.2Nの駆動力が，8 %勾配を30 km/hで登板しようとすれば96.7Nの駆動力が必要ということがわかります．駆動力がわかればモータに求められるトルクが計算できますし，速度がわかればモータに求められる回転数がわかります．

● モータのトルク-回転数特性を，車体の駆動力-速度特性に換算する

　モータの出力をトルクと回転数でプロットしたものを車両の駆動力と速度に直し，これを走行抵抗線図に重ねると，最高速度や登坂性能が把握できます．モータ-駆動輪間の減速比をG_r，駆動輪の半径をr_w [m]，モータ・トルクをT [Nm]とすれば，駆動力F_d [N]は，次のようになります．

$$F_d = \frac{G_r T}{r_w} \quad [\text{N}] \cdots\cdots\cdots\cdots\cdots\cdots\cdots (2)$$

　また，モータの回転数をN_{mot} [rpm]とすれば車速v [km/h]は，

$$v = \frac{2\pi r_w N_{mot}}{G_r} \times \frac{60}{1000} \quad [\text{km/h}] \cdots\cdots\cdots (3)$$

　式(2)と式(3)を用いてモータのトルクと回転数の関係を駆動力と車速の関係に直すことができます．例えば，図3のような特性をもつダイレクト・ドライブの

インホイール・モータを，写真1の電動2輪車に適用すると図4のようになります．

　例としたモータはインホイール・タイプで減速機構をもちませんので，$G_r = 1$，駆動輪半径r_wは0.25 mとしました．

● 駆動力と走行抵抗の交点が車体の走行特性を表す

　図4からはさまざまなことがわかります．駆動力と走行抵抗の交点を見れば，任意の勾配における最高速度がわかります．

　また，任意の速度における走行抵抗と駆動力の差を余裕駆動力といいます．これはすべて車両を加速する力として使えるため，余裕駆動力が大きいほど車両の加速性能が高くなります．余裕駆動力をF_r [N]，車両重量をW_t [kg]とすれば，やや大ざっぱですが車両の加速度a[m/s^2]は，以下のように表せます．

$$a = \frac{F_r}{W_t} \quad [\text{m/s}^2] \cdots\cdots\cdots\cdots\cdots\cdots\cdots\cdots (4)$$

　式(4)をやや大ざっぱとしたのは，この式では回転する部品の慣性重量を考慮していないためですが，車両全体の重量に対して回転する部品の慣性重量は十分小さいのが普通なので，仕様を検討する段階では式(4)で間に合います．

◆参考文献◆

(1) いすゞ自動車のウェブ・サイト：省燃費運転マニュアル基礎知識編2．車両の走行抵抗
　http://www.isuzu.co.jp/cv/cost/manual/knowledge_2.html

(2) John S. Lamancusa：Bicycle Power Calculator，19 August 2005.
　http://www.mne.psu.edu/lamancusa/ProdDiss/Bicycle/bikecalc1.htm

(3) 日本タイヤ工業会：ラベリング（表示方法）制度について
　http://www.jatma.or.jp/labeling/outline.html

(4) Team Prominence宇都宮研究所；ソーラーバイク，こんなことを考えながら作りました～パワートレーン編，2009年11月．
　http://blog.livedoor.jp/team_prominence/archives/52466597.html

車体の走行特性を求める　　　　157

第19章

小さな力もちのギア付き？　それとも
静かで壊れにくいダイレクト・ドライブ？

EV用モータの基礎知識①
DCブラシレス・モータ編

宮村 智也
Tomoya Miyamura

ケース
（ロータの回転
数が減速され
て回転する）

減速機構

モータ本体

タイヤ

リム

ロータ
（内側に永久磁石が
貼り付けてある）

ステータ巻き線

（a）ギアード・ハブ・モータの外観(eZee V2 Front
Hub Motor in 26" Rim with Tube and Tire)

（b）ギアード・ハブ・モータの構造例

写真1[1]　ギアード・ハブ・モータの外観と構造
歯車で構成された減速機構を持つため小型/軽量．ほとんどの場合回生制動はできない

　電動自動車や電動バイク向けとして流通している
モータはそのほとんどが永久磁石式のDCブラシレ
ス・モータです．DCブラシ付モータに比べ機械的
な構造が単純で，永久磁石を用いるため比較的小型
のものが作りやすく，界磁の発生に電力を要しない
ため高効率で，1回の充電で走れる距離が伸びるこ
となどが理由といえます．

EVの自作に向くのは？

● 200〜750 Wのインホイール・タイプがおススメ
　DCブラシレス・モータは，出力が数百〜数kWの
ものが入手しやすく，種類も豊富なので，自作にお勧
めです．
　特に種類が多いのは電動自転車用です．多くは輸出
用で，海外の電動自転車法規に合わせられており，定
格出力は200〜750 Wです．このタイプは，車輪にモ

ータが組み入れられており，ハブ・モータ(hub
motor)，またはインホイール・モータと呼ばれてい
ます．

● 2種類ある
　電動自転車用として販売されているDCブラシレス
型のハブ・モータは，大きく分けて次の2種類あります．

(1) ギアード型：歯車でできた減速機構を内蔵している
(2) ダイレクト型：回転子(ロータ)で直接車輪を回す

手作りするなら！
DCブラシレス・モータ3種

1　小さくても力もち！
ギアード・ハブ・モータ

● 外観と構造
　写真1にギアード・ハブ・モータの製品例と，その

構造を示します．おもな仕様を**表1**に示します．同出力／同トルクのダイレクト・ドライブ・モータより小型／軽量なのがメリットです．ものによっては自転車用のハブ内蔵発電機と同じような大きさのものもあります．

おもな構成パーツは次の二つです．

(1) アウタ・ロータ式DCブラシレス・モータ（車輪より高速で回る）
(2) 歯車で構成された減速機構

(2)は，ロータがステータの外側に配置されるアウタ・ロータ式のDCブラシレス・モータに，遊星歯車を用いた減速機構を組み合わせた構造です．減速機構の歯車から少なからず騒音を発すること，歯車が樹脂製で摩耗しがちな点がデメリットです．

モータの大きさと重さは，モータそのものが出せる最大トルクで決まります．小型／軽量なモータでトルクを稼ぐには，モータそのものを高速で回転させた状態で，必要な回転速度まで減速する減速機構が必要です．

● 回生は使えない

自作用として流通しているギアード・ハブ・モータの多くは，減速機構のほかにフリー・ホイール（一方向にしか動力を伝達させないための機構）を内蔵しています．これは，バッテリが切れてモータを回せないときに，ペダルが重くならないようにするための配慮です．

モータを外力で回せないので，モータを発電機として動作させて，エネルギーを再利用する「回生ブレーキ」を利用できません．

2 壊れにくく静か！ダイレクト・ドライブ型

● 減速機がなく構造がシンプル！だから長寿命＆静音

写真2に，ダイレクト・ドライブ・ハブ・モータの

表1[8]　eZee V2ギアード・ハブ・モータの仕様

項　目	仕　様
重量	3.8 kg
設計電圧	36 V（48 Vも可）
定格出力	500 W
定格回転数	250 rpm
定格トルク	25 Nm

製品例を示します．おもな仕様を**表2**に示します．

モータが発生した動力を直接車輪に伝える構造で減速機構がないので，ギアード・ハブ・モータより静かに回ります．歯車の摩耗によるトラブルが原理的にありません．

市販品のほとんどは，アウタ・ロータ式です．ステータ巻き線を車軸側に配置し，永久磁石を配したロータが車輪に動力を直接伝達します．

● 回生ブレーキ！タイヤとともにロータも回って発電

走行中はロータが常に回る構造なので，回生ブレーキを利用できます．

回生ブレーキは，モータを発電機として動作させ，車両の運動エネルギーを電力に換えてバッテリに回収し，再利用する機能です．結果的にEVの航続距離が長くなります．回生ブレーキを利用するためには，回生ブレーキ機能付きのコントローラが必要です．

● 出力のわりに大きくて重いのが難点

ダイレクト・ドライブ方式の欠点は，同出力のモー

表2[2]　Crystalyte H3540ダイレクト・ドライブ・ハブ・モータの仕様

項　目	仕　様
重量	7.2 kg
設計電圧	36 V（～ 72 V程度まで可）
定格出力	500 W
定格回転数	306 rpm
定格トルク	13.4 Nm
最大トルク	60 Nm

(a) 外観（Crystalyte H3540 Front Hub Motor in 26" Wheel, with Hall Sensors）

(b) ばらしたところ

写真2[7]　ダイレクト・ドライブ・ハブ・モータの外観と構造

動力をロータから車輪へ直接伝えるため構造がシンプル．大トルクを要するので大きくなる

温度センサ出力

3相線接続端子

磁極位置センサ
出力コネクタ

出力軸

写真3[9] キロ・ワット級のEV用DCブラシレス・モータの例
ME0913（米国Motenergy社：Kelly Controls取り扱い）

項　目	仕　様
重量	16 kg
設計電圧	96 V
最大連続出力	12 kW
推奨最高回転数	5000 rpm
連続定格電流	125 A
1分間定格電流	420 A

表3[9] ME0913の仕様
（Motenergy社）

タと比べて大型化して重くなることです.

　一般にモータの出力（単位は［W］または［馬力］）は，トルクと回転数の積で表しますが，ダイレクト・ドライブ方式では，

> 車輪の回転数＝モータ回転数………………(1)

なので，1分あたり数百回転と低速でしか回りません.大きな出力が必要であれば，何らかの方法で大きなトルクが必要です.

　モータの大きさと重さは，モータに求められるトルクの最大値で決まるので，トルクの大きいダイレクト・ドライブ型は，出力のわりにサイズが大きく重い傾向があります.ちなみに，ギアード型のモータそのものは，ダイレクト・ドライブ型より一桁速い回転数で回ります.

● 電池が切れるとペダルがグンと重くなる

　ダイレクト・ドライブ型にはもう一つの難点があります.

　それは，モータを動作させない状態では，回転を妨げる方向に「引きずりトルク」が発生してペダルが重くなることです.この引きずりトルクは，ロータに配置された永久磁石がステータ鉄心に作用して発生する損失（ヒステリシス損と渦電流損：合わせて鉄損という）によるもので，原理的に避けようがありません.

**❸ 200 kg超の重いEVに！
　　　kW超DCブラシレス・モータ**

　DCブラシレス・モータは，定格出力が数百Wもあれば100 kg台の電動自転車などに利用できますが，数百kgのEVに取り付けると力不足を感じるでしょう.重量のあるEVには定格出力がkW級のモータが必要です.

　定格出力がkWオーダのDCブラシレス・モータは，一般産業用のように出力軸から動力を取り出すスピン

ドル・モータが主流です.

　写真3に示すのは，出力の大きいDCブラシレス・モータの例です.おもな仕様を**表3**に示します.これらのモータで常用する回転数は，1分間に数千回転です.車輪を駆動するには何らかの減速機構が別途必要です.

モータが回転するメカニズム

● DCブラシレス・モータの基本構成

　DCブラシレス・モータ（ここでは永久磁石同期モータと同様に扱う）は，その名の通りブラシ（整流子）がありません.このため，直流を加えるだけでは回り出しません.モータ内部に回転磁界を発生させるため，外部に3相の交流電源（インバータ）が必要です.**図1**に動作原理を示します.

　インバータは6個のスイッチ（実際はMOSFETなどの半導体スイッチング素子）で構成され，これらをON/OFFしてモータに電流を供給します.DCブラシレス・モータは一般に，三つのコイルを1組としてステータ（固定子）を構成しています.

● インバータのスイッチを切り替えてロータを回す
磁界を生成する

　図1で示すように，①～⑥の順番で各スイッチをON/OFFすると，ステータの各コイルに電流が供給され，コイルに磁束が発生します.**図1**では常に二つのコイルに通電され，これに伴って磁束が発生するようすを示しています.全体としては二つのコイルに生じた磁束の和がステータに発生します.

　このステータ磁束がロータ（回転子）に作用して回転力（トルク）が発生します.**図1**では①～⑥の順番でインバータ部のスイッチを切り替えることにより，ステータに右回りの回転磁界が発生するようすを示しています.

▶回転方向はスイッチの切り替え順序で決まる

　図1において，⑥～①の順序で行えば，モータに発生する回転磁界は左回転となります.DCブラシレス・モータではスイッチング順序を切り替えて回転方向を切り替えます.モータに回転磁界を発生させるよう電流を切り替えていくことを「転流」と呼びます.

160

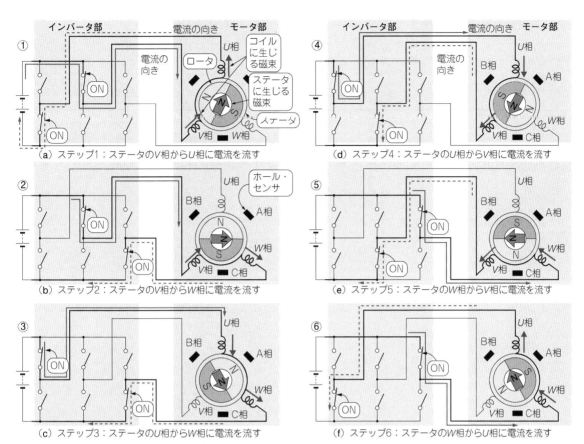

図1　U, V, W相のコイル電流をコントロールしてDCブラシレス・モータを右回転させているようす

● **ロータの磁束と直交する磁束を生成すれば最大トルクを得られる**

ロータは永久磁石です．ステータに流す電流あたりの発生トルクを最大化するには，**図2**のようにロータの磁束とステータが発生する磁束が直交するようステータに通電する必要があります．

▶誘起電圧と同相のモータ電流を流す

ここでロータを外力によって回転させたときの，コイルの両端に発生する電圧（誘起電圧）について考えてみます．

コイルに鎖交するロータ磁束をϕ，コイルの巻き数をn，ロータの角速度をω，時間をtとすれば，時間tでコイルに発生する誘起電圧V_{emf}は以下の通りです．

$$V_{emf} = n\frac{d}{dt}\phi\sin\omega t = n\omega\phi\cos\omega t \quad \cdots\cdots\cdots (1)$$

式(1)より，コイルに発生する誘起電圧V_{emf}は，ロータ磁束ϕより90° 位相が進むことが分かります．したがって誘起電圧と同位相の電流をコイルに流せば，ステータ磁束とロータ磁束は常に直交することになります．

● **インバータはロータ位置センサの出力を基準にスイッチを切り替える**

多くのDCブラシレス・モータでは，上述の誘起電圧と位相が同期した方形波を出力する「ロータ位置センサ」が設けられています．インバータはロータ位置センサの出力を基準にしてモータ電流が誘起電圧と同位相となるように転流を行います．

センサにはホール素子を用いてロータの磁極を直接

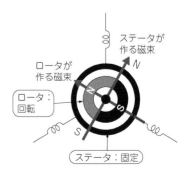

図2　ステータ磁束とロータ磁束が直交するときにモータのトルクが最大となる

モータが回転するメカニズム　　161

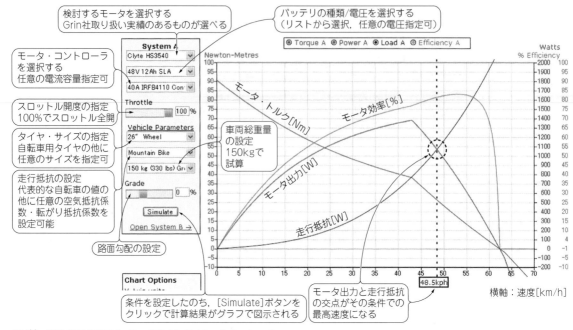

図4(4)　電動自転車用ハブ・モータのオンライン・シミュレータ
Grin Technologiesがオンラインで無償提供．Grin社取り扱いのモータしかシミュレーションできない

（図4内の注釈）

検討するモータを選択する
Grin社取り扱い実績のあるものが選べる

バッテリの種類/電圧を選択する
（リストから選択，任意の電圧指定可）

モータ・コントローラ
を選択する
任意の電流容量指定可

スロットル開度の指定
100%でスロットル全開

タイヤ・サイズの指定
自転車用タイヤの他に
任意のサイズを指定可

走行抵抗の設定
代表的な自転車の値の
他に任意の空気抵抗係
数・転がり抵抗係数を
設定可能

路面勾配の設定

車両総重量
の設定
150kgで
試算

条件を設定したのち，[Simulate]ボタンを
クリックで計算結果がグラフで図示される

モータ出力と走行抵抗
の交点がその条件での
最高速度になる

横軸：速度[km/h]

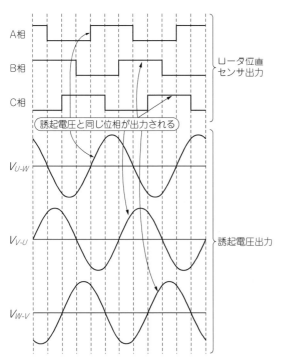

図3　ロータ位置センサの出力に同期したモータ電流を流せば，
モータがトルク最大で回転する

（図3内のラベル）
A相　B相　C相　ロータ位置センサ出力
誘起電圧と同じ位相が出力される
V_{U-W}　V_{V-U}　V_{W-V}　誘起電圧出力

読むタイプが一般的です．図3に代表的なホール素子
式ロータ位置センサ出力と誘起電圧の位相関係を示し
ます．

▶インバータは出力調整や無駄な動力のリサイクルも
行う

DCブラシレス・モータのインバータの役割は転流
機能だけではありません．以下の二つの機能をイン
バータ内の半導体スイッチをうまく使うことで実現し
ています．

- モータに流す電流をインバータによる転流とPWM
スイッチングで調整する
- 誘起電圧と逆相のモータ電流を流すことでモータ
を発電機として動作させ，エネルギーを回生（動
力を電力へ変換して電源に戻す）する

動かさなくてもわかる！
モータの走行性能を推測する方法

■ シミュレーションも
スペック・シートもいまいち

● シミュレータはモータが変わると使えない

モータのデータシートなどに記載のある特性グラフ
から，実際の走行性能を予測する方法を紹介します．

予測には図4に示すようなシミュレータが有効です
が，解析できる対象モータがシミュレータ提供メーカ
の取り扱い実績のあるものに限定されていることが多
いのが難点です．それ以外のモータでは，車両の仕様

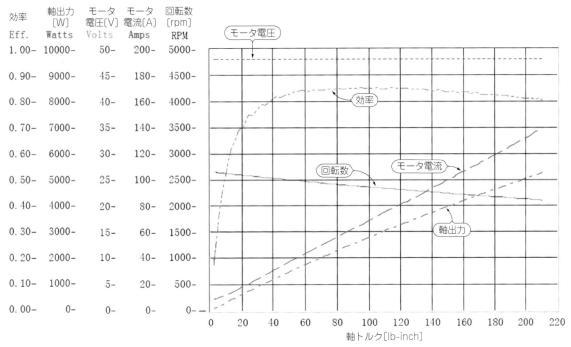

図5[(5)]　**メーカが提供しているモータ性能を表すグラフ**
図に示した形態の性能グラフを製品説明に用いる例が多い．この図はME0913のグラフ

選定に必要なデータが不足している物が多くあります．

● スペック・シートには特定条件の特性しか書かれていない

図5に示すのは，メーカが提供しているDCブラシレス・モータME0913の特性グラフです．横軸はトルク，縦軸は回転数やモータ電流です．

この特性グラフは，産業用モータのように回転数が一定か，回転数の変化幅が狭い用途のモータでは便利なグラフですが，車両の走行用モータのように回転数の変化幅の広い用途ではあまり便利ではありません．

理由は，**図5**を**図6**のように描きなおすとわかります．これは**図5**のグラフを横軸回転数，縦軸トルクで描き直したグラフです．EV用のモータ検討では，停止状態から最高回転数までのトルク特性が必要ですが，2000〜2600 rpmと狭いレンジのトルク特性しか示されていないことが**図3**よりわかります．

表3では，ME0913モータは最高で5000 rpmまで利用できることになっていますが，**図6**より回転数範囲のわずか10％程度しかデータが提供されていません．

■ 回転数0〜最高のトルク特性を推定する

EVのモータ選定では，回転数0から最高回転数まで広い範囲のトルク特性が必要です．この限られたデータからEVの仕様検討に必要なデータを作図的に推定してみます．

トルク特性を回転数の広い範囲で推定するには，次の三つがポイントです（**図8**）[(3)]．

【**ステップ1**】指定の前に…等価回路で性質を理解する

図7において，V_{bat}, I_{bat}はそれぞれ電源（バッテリ）の電圧と電流，V_{mot}はインバータの出力電圧，I_{mot}はモータ電流，L_{mot}はモータ巻き線のインダクタンス，R_{mot}はモータ・コイルの直流抵抗分，V_{emf}はロータが回ることによって発生する誘起電圧を示しています．

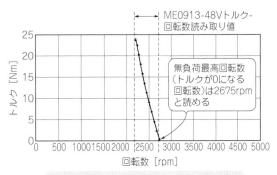

図6　**メーカ提供の性能グラフが示しているのはごく一部**
図2を回転数とトルクの関係に書き直した．ごく限られた回転数範囲のデータであることがわかる

インバータの電圧降下を考慮するとモデルが複雑化するので，簡単のため，インバータは直流電力を交流電力に，損失ゼロで変換するものとして考えます．DCブラシレス・モータは，モータの電流を誘起電圧 V_{emf} と同相に流すことでトルクが最大になるため，この等価回路でも I_{mot} と V_{emf} は常に同相であるとして考えることにします．また，力行時に V_{mot} は V_{bat} を越えないものとします．

【ステップ2】回転数範囲を決める定数「K」をチェック

モータの機械的出力 P_{out} は，式(1)で求まります．

$$P_{out} = V_{emf} \, I_{mot} \; [\mathrm{W}] \dotfill (1)$$

モータは誘起電圧とモータ電流の積を機械的な仕事として出力します．V_{emf} は，ロータが回転し，ロータに配置された永久磁石から発せられる磁束がステータ巻き線に作用し，フレミングの右手の法則で発生する電圧です．

V_{emf} の大きさは，ロータの角速度 ω（回転数と同じ意味）に比例します．V_{emf} の ω に対する比例定数を K とおけば V_{emf} は，式(2)のように表せます．

$$V_{emf} = \omega K \; [\mathrm{V}] \dotfill (2)$$

K はモータごとに固有の値を取り，これを「誘起電圧定数」とか「逆起電力定数」と呼びます．単位は [V/(rad/sec)] です．

図7の等価回路に式(2)を当てはめると，ロータの角速度が増して V_{emf} が V_{bat} に等しくなって $I_{mot} = 0$ A となり，式(1)よりモータの機械的出力はゼロになります．この $V_{emf} = V_{bat}$ となるロータ角速度（回転数）がモータの無負荷最高回転数になります．このことから，誘起電圧定数 K は，電源電圧を V_{bat} [V]，無負荷最高回転数を N_{max} [rpm] とすれば，式(3)で計算できます．

$$K = \frac{V_{bat}}{N_{max}\dfrac{2\pi}{60}}[\mathrm{V/(rad/sec)}] \dotfill (3)$$

誘起電圧定数 K はメーカが提供する**図5**に示すようなグラフや実機による実測値から求まります．

実際のモータでは等価回路で表現していない損失（ロータ軸受で発生する摩擦損失やロータの空気抵抗に起因する風損など）のため，実際の無負荷最高回転数は等価回路で考える無負荷最高回転数と若干の差が生じますが，大まかに出力を検討するには問題はありません．

【ステップ3】「K」はトルクの出かたを決める定数としても使える

誘起電圧定数 K は，見方を変えるとモータのトルクを表す指標にもなります．一般に回転機械の出力 P_m はロータ角速度を ω [rad/sec]，出力トルクを T [Nm] とすると，式(4)のように表せます．

$$P_m = \omega T \; [\mathrm{W}] \dotfill (4)$$

これに式(2)と式(4)を適用してまとめると式(5)のようになります．

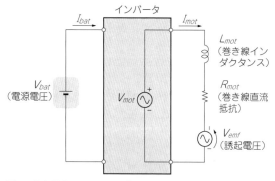

図7 出力推定のためのDCブラシレス・モータ・システムの簡易等価回路
矩形波通電の場合．モータそのものは永久磁石式DCブラシ付きモータと同じように扱える

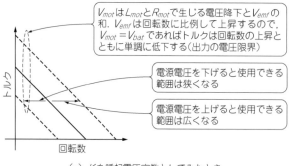

V_{mot} は L_{mot} と R_{mot} で生じる電圧降下と V_{emf} の和．V_{emf} は回転数に比例して上昇するので，$V_{mot} = V_{bat}$ であればトルクは回転数の上昇とともに単調に低下する（出力の電圧限界）

電源電圧を下げると使用できる範囲は狭くなる

電源電圧を上げると使用できる範囲は広くなる

（a）K を誘起電圧定数としてみたとき

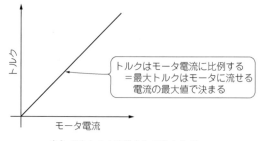

トルクはモータ電流に比例する＝最大トルクはモータに流せる電流の最大値で決まる

（b）K をトルク定数としてみたとき

図8 DCブラシレス・モータの基本的な特性
電源電圧で回転数範囲が決まり，トルクはモータ電流に比例する．この2点がポイント

$$\omega T = \omega K I_{mot}$$
$$T = K I_{mot} \ [\text{Nm}] \cdots\cdots\cdots(5)$$

式(5)をKについてまとめると，式(6)のようになります．

$$K = \frac{T}{I_{mot}} \ [\text{Nm/A}] \cdots\cdots\cdots(6)$$

式(5)から，モータのトルクはモータ電流I_{mot}に比例し，Kはその比例定数となります．

Kは誘起電圧定数そのものです．式(6)より，見方を変えると，モータ電流あたりの出力トルクを表す定数である「トルク定数」としても利用できます．Kをトルク定数として利用する際は，式(6)より単位は$[\text{Nm/A}]$です．

誘起電圧定数でもありトルク定数でもあるKは，永久磁石式モータにとって重要な定数で，出力検討や必要なモータ電流を求める際の強力な武器となります．

● Kに注目してモータの性質をまとめる

図5に示すように，モータに固有の定数「K」についてDCブラシレス・モータの特性をまとめると，次の二つのポイントが読み解けます．

▶ その1：無負荷最高回転数は電源電圧に比例

Kを「誘起電圧定数」としてとらえれば，モータの無負荷最高回転数は電源電圧に比例します．つまり，電源電圧でモータの利用できる範囲が決まります．この性質はさまざまな電源電圧で，モータの運転可能範囲を知るうえで重要な性質です．

▶ その2：トルクはモータ電流に比例

Kを「トルク定数」としてとらえれば，モータのトルクはモータ電流に比例します．この性質を使えば任意の動作点で，必要となるモータ電流を計算できます．この性質は，モータと組み合わせるモータ・コントローラの電流容量の見積りなどで重要な性質です．

■ 実際に出力範囲を推定してみる

図9に示すDCブラシレス・モータの性質を利用して，写真3で示したモータ（ME0913）の出力範囲を以下の三つの手順で求めてみます．

● ME0913モータの出力範囲を求める三つの手順

▶ ① トルクの電圧限界を求める

図8(a)に示す性質を利用して，電源電圧で制限されるトルクを求めてみます．

トルクの電圧限界は，電源電圧と同じ電圧をモータに加えたときに，任意の回転数で出せるトルクの最大値です．

元となる図5のデータについてモータ電圧に注目すると，トルクによらずモータ電圧が一定です．このグラフは，モータ電圧48Vでの電圧限界を示しています．図5のデータは，インバータでの電圧降下を考慮しなければ，電源電圧48Vの矩形波通電でPWMデューティ100％になっています．つまりインバータは転流だけを行っている状態で得られたデータと解釈でき，書き直した図6のグラフは電源電圧48Vにおける電圧限界のトルク特性であるといえます．このモータの設計電圧は表3より96Vなので，96Vにおけるトルクの電圧限界値を求めます．

図8(a)に示した性質から，48Vの電圧限界値が96Vでは高回転側に移動します．48Vの無負荷最高回転数は図5から2675 rpmと読めるので，96Vでの無負荷最高回転数は，式(2)より2倍の5350 rpmになります．図9のように48Vの電圧限界値の線を無負

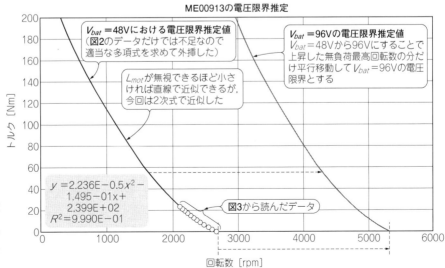

ME00913の電圧限界推定

V_{bat}＝48Vにおける電圧限界推定値
（図2のデータだけでは不足なので適当な多項式を求めて外挿した）

V_{bat}＝96Vの電圧限界推定値
V_{bat}＝48Vから96Vにすることで上昇した無負荷最高回転数の分だけ平行移動してV_{bat}＝96Vの電圧限界とする

L_{mot}が無視できるほど小さければ直線で近似できるが，今回は2次式で近似した

$y = 2.236E-0.5x^2 - 1.495E-01x + 2.399E+02$
$R^2 = 9.990E-01$

図3から読んだデータ

トルク [Nm]　回転数 [rpm]

図9　電源電圧96Vの電圧限界を簡易的に求める
元になる48Vの電圧限界データを平行移動して，96Vの電圧限界とする

荷最高回転数の上昇分だけ平行移動して，〜96 Vの電圧限界値とします．

▶ ② トルクの電流限界を求める

モータに流す電流の最大値に制限がなければ，理屈上は図9で求めたトルクが出せますが，実際はモータの温度上昇の程度やモータ・コントローラの電流容量の制限を受けて，モータに流せる電流の最大値は制限されます．表3より，このモータでは連続定格電流と1分間定格電流が示されているので，このモータ電流から出せるトルクを計算してみます．

式(7)より，ME013のKの値を求めます．

$$K = \frac{V_{bat}}{N_{max}\dfrac{2\pi}{60}} \cdots\cdots\cdots\cdots\cdots\cdots(7)$$

図3から，$V_{bat} = 48$ V，$N_{max} = 2675$ rpmとすれば，式(8)のように計算できます．

$$K = \frac{48}{2675\dfrac{2\pi}{60}} \cdots\cdots\cdots\cdots\cdots\cdots(8)$$
$$0.171 \text{ Nm/A}$$

表3からモータの1分間定格電流(420 A)を電流限界としたときのトルクは式(5)を用いて，式(9)のように計算できます．

$$
\begin{aligned}
T &= KI_{mot} \\
&= 0.171 \text{ Nm/A} \times 420 \text{ A} \\
&= 71.8 \text{ Nm} \\
&= 0.171 \text{ Nm/A} \times 420 \text{ A} = 71.8 \text{ Nm}
\end{aligned}
\cdots\cdots(9)
$$

この結果を，図10で示すようにグラフの横軸と平行な直線でプロットすると，モータの運転可能な領域がわかります．

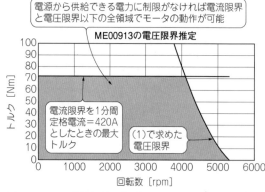

電源から供給できる電力に制限がなければ電流限界と電圧限界以下の全領域でモータの動作が可能

ME00913の電圧限界推定

電流限界を1分間定格電流＝420Aとしたときの最大トルク

(1)で求めた電圧限界

図10　トルクの電流限界を書き加えてモータの動作可能範囲を求める
電流限界と電圧限界と座標軸が囲む範囲がモータ動作可能な領域となる

▶ ③ グラフに等出力線を書き加えてみると出せる出力が見えてくる

作図したグラフは，縦軸にトルク，横軸に回転数をとって任意の回転数で出せるトルクの上限を示しています．縦軸にトルクをとっていますので，車両の駆動力見積には大変便利ですが，馬力やワットといった仕事率(出力)はわかりにくいグラフになっています．これに等出力線を書き加えて，このモータはどれだけの出力が出せるのか検討してみましょう．

モータをはじめとする回転機械の出力P [W] は式(4)で表されますが，角速度ωを1分あたりの回転数N [rpm] に直して書き直すと，式(10)のように表せます．

$$
\begin{aligned}
P &= \omega T \\
&= NT\frac{2\pi}{60} \text{[W]}
\end{aligned}
\cdots\cdots\cdots\cdots\cdots(10)
$$

式(10)をトルクTについて解くと，式(11)のようになります．

$$T = \frac{P}{N}\cdot\frac{60}{2\pi} \text{ [Nm]} \cdots\cdots\cdots\cdots\cdots(11)$$

式(11)を用いると，任意の回転数で任意の出力を出したときのトルクを求められます．

ME0913のメーカ・サイトによれば，このモータは連続で12 kW，瞬時最大で30 kWの出力が可能としているため，12 kWと30 kWの等出力線を計算して図10に書き加えた結果を図11に示します．

図11では，12 kWと30 kWの等出力線に加えて，運転可能領域を連続して使用できる領域と，短時間であれば反復的に運転可能な領域(連続使用ではオーバーヒートする)を塗り分けています．

多くの場合，モータの運転時間はモータの温度上昇で決まります．これはモータに流す電流でほぼ決まります．したがって，連続定格電流(ME013では125 A)以下であれば，安心して連続運転が可能です．

表3では連続最大出力を12 kWとしていますが，連続で12 kW出力できるのは4800 rpm付近のごく限られた領域になりそうなことが図11より想像できます．また，瞬時最大で30 kWの出力が可能とメーカのデータシートに表記されていますが，30 kW出力ができるのは4100 rpmあたりのごく限られた領域で，ごく短い時間出力可能であることも想像できます．

● 自力で特性を推定して自作EVにマッチするモータをゲットしよう！

実際に1個から入手できるEV用モータについて購入前に知りうる情報は，かなり限定的なのが実情です．紹介した手法は簡易版でかなり大雑把ではありますが，

モータの購入前には，まず紹介したような手法でグラフを書いてみて，製作しようとする車両にマッチするかどうかを確認しておくと，手戻りが少なく経済的なEV製作ができると思います.

特性の推定が済んだら
見合うモータ・コントローラを選ぶ

作ろうとするEVのモータが決まり，モータが必要とする電源電圧やモータ電流の大きさが出力推定の結果から判明したら，必要な電圧/電流を供給できるモータ・コントローラを選びます.

電動自転車程度の小さなものから，普通乗用車が動かせるような大型のものまでさまざまな製品が，インターネット通販で入手可能です.

● 出力側の電流容量が明示されているものがお勧め

DCブラシレス・モータ用コントローラの選定では，コントローラ出力側の電流容量が明示されているものを選ぶとよいです. コントローラの入力電流（バッテリ電流）とコントローラの出力電流（モータ電流）は必ずしも同じにはならないからです. **図12**にその理由を示します.

▶常に入力電流＝出力電流とはならない

DCブラシレス・モータの端子電圧は，モータに流れる電流とモータの回転数で決まります. なぜモータの回転数が関係するかというと，ロータが回ると式(2)で示す誘起電圧 V_{emf} が発生するからです. このため，モータの回転数はモータの端子電圧を決定する大きな要因になります.

モータ・コントローラは一種の電力変換器ですから，モータの回転数が低く，

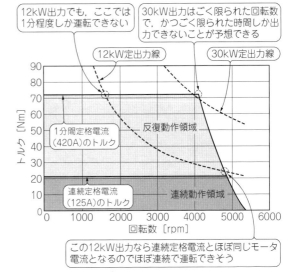

図11 等出力線を書き加えて出力のイメージをつかむ
定出力線に加えて連続動作領域と反復動作領域を塗り分けた

モータ端子電圧＜バッテリ電圧

であるとき，

モータ電流＞バッテリ電流

になります.

降圧型のDC-DCコンバータで，電源電流よりも負荷電流を大きくとれるのと理屈は同じです.

具体的には，バッテリ電流＝モータ電流となるのは**図3**で求めたような電圧限界でモータを運転しているときだけ，つまりPWMデューティ100%で運転しているときだけで，そのほかの場合は常に，

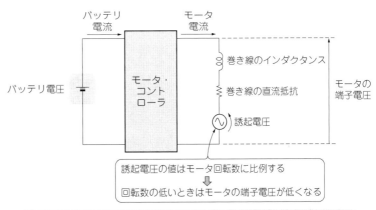

図12 バッテリ電流＜モータ電流となる理由
モータの端子電圧は誘起電圧が大きく影響し，低回転ではモータ端子電圧＜バッテリ電圧となって，モータ電流＞バッテリ電流となる

（a）KBSシリーズ（電動自転車向け）　　　（b）KBLシリーズ（小〜中型車向け）　　　（c）KHBシリーズ（中〜大型車向け）

写真4[(6)]　DCブラシレス・モータ用コントローラの例
米国Kelly Controls社の製品．小容量のものから大容量のものまで種類が豊富

バッテリ電圧＞モータ端子電圧

になり，ほぼすべての場合で，

バッテリ電流＜モータ電流

になります．

▶電流容量の表記が入力／出力どっちを指しているか不明なものが多い

　通信販売で入手できるDCブラシレス・モータ用コントローラには，電流容量の表記が必ずあります．これが入力電流の容量を指しているのか，出力電流の容量を指しているのかが不明なものも多く存在します．

　DCブラシレス・モータ用のコントローラは，ほぼ間違いなく6石の3相インバータで構成されているといえます．したがって，電流容量の表記が入力側か出力側か明らかでないものは，出力電流が表記の電流しかとれないと考えるのが無難です．このため，**図11**のような出力見積もりの結果からモータ・コントローラを選定する際は，出力電流（モータ電流）の電流容量が明記されたものを選ぶのがよいでしょう．

　この点で，Kelly Controls社の製品は，出力側の電流容量を明記しているだけでなく，入力電流と出力電流のリミット値をそれぞれ独立に変更可能と高機能です．**写真4**にKelly Controls製のDCブラシレス・モータ用コントローラの例を，**表4〜表6**に同社の製品ラインナップを示します．

表4[(6)]　電動自転車用KBSシリーズの製品ラインナップ
電源電圧12〜72 V，出力電流50〜130 Aの範囲で選べる

型　名	最大出力電流 [A] (10秒定格)	最大出力電流 [A] (連続定格)	電源電圧 [V]	回生機能	参考価格 [$]
KBS24051L	50	20	12〜24		79
KBS24051X	60	25	12〜24		79
KBS24101L	100	40	12〜24		119
KBS24101X	110	45	12〜24		119
KBS24121L	120	48	12〜24		149
KBS24121X	130	53	12〜24		149
KBS36051L	50	20	24〜36		59
KBS36051X	60	25	24〜36		59
KBS36101L	100	40	24〜36		99
KBS36101X	110	45	24〜36		99
KBS48051EL	50	20	24〜48		99
KBS48051L	50	20	24〜48	あり	79
KBS48051X	60	25	24〜48		79
KBS48101L	100	40	24〜48		119
KBS48101X	110	45	24〜48		119
KBS48121L	120	48	24〜48		149
KBS48121X	130	53	24〜48		149
KBS72051L	50	20	24〜72		99
KBS72051X	60	25	24〜72		99
KBS72101L	100	40	24〜72		149
KBS72101X	110	45	24〜72		149
KBS72121L	120	48	24〜72		179
KBS72121X	130	53	24〜72		179

表6[(6)]　中〜大型車用KHBシリーズの製品ラインナップ
電源電圧24〜144 V，出力電流150〜1000 Aの範囲で選べる

型　名	最大出力電流 [A] (1分定格)	最大出力電流 [A] (連続定格)	電源電圧 [V]	回生機能	参考価格 [$]
KHB12201	200	100	24〜120		549
KHB14201	200	100	24〜144		699
KHB14601	600	250	24〜144		2499
KHB12101	1000	500	24〜120		2499
KHB12801	800	400	24〜120		1699
KHB14601	600	250	24〜144		1699
KHB12601	600	300	24〜120		1299
KHB14301	300	150	24〜144		999
KHB14401	400	200	24〜144	あり	1299
KHB72101	1000	500	24〜72		1499
KHB72701	700	350	24〜72		999
KHB12251	250	125	24〜120		649
KHB12301	300	150	24〜120		749
KHB12401	400	200	24〜120		899
KHB72601	600	300	24〜72		899
KHB12151	150	75	24〜120		449

表5[6] 小～中型車用KBLシリーズの製品ラインナップ
電源電圧12～96 V，出力電流150～550 Aの範囲で選べる

型　名	最大出力電流 [A]（10秒定格）	最大出力電流 [A]（1分定格）	最大出力電流 [A]（連続定格）	電源電圧 [V]	回生機能	参考価格 [$]
KBL24101X	150	100	60	12 ～ 24		219
KBL24151X	200	150	80	12 ～ 24		269
KBL24221X	280	220	112	12 ～ 24		319
KBL24301X	350	300	140	12 ～ 24		399
KBL36101X	150	100	60	24 ～ 36		169
KBL36151X	200	150	80	24 ～ 36		219
KBL36221X	280	220	112	24 ～ 36		269
KBL36301X	350	300	140	24 ～ 36		359
KBL48101X	150	100	60	24 ～ 48		199
KBL48151X	200	150	80	24 ～ 48		249
KBL48221X	280	220	112	24 ～ 48	あり	299
KBL48301X	350	300	140	24 ～ 48		399
KBL48401E	450	400	160	24 ～ 48		499
KBL48501E	550	500	200	24 ～ 48		589
KBL72101X	150	100	60	24 ～ 72		269
KBL72151X	220	150	88	24 ～ 72		339
KBL72221X	280	220	112	24 ～ 72		399
KBL72301X	350	300	140	24 ～ 72		499
KBL72401E	450	400	160	24 ～ 72		599
KBL72501E	550	500	200	24 ～ 72		699
KBL96151	−	150	75	24 ～ 96		369
KBL96201	−	200	100	24 ～ 96		459
KBL96251	−	250	125	24 ～ 96		499
KBL96351E	−	350	140	24 ～ 96		699

◆引用文献◆

(1) Grin Technologies ウェブ・サイト，http://www.ebikes.ca/
(2) eZee Kinetics Technology Co. Ltd ウェブ・サイト，http://ezeebike.com/
(3) Crystalyte ウェブ・サイト，http://www.crystalyte.com/
(4) Grin Technologies ウェブ・サイト：eBike Simulator，http://www.ebikes.ca/tools/simulator.html
(5) Motenergy, Inc. ウェブ・サイト，http://www.motenergy.com/
(6) Kelly Controls LLC ウェブ・サイト，http://kellycontroller.com/

Appendix

市販EVに適用されているモータ・テクノロジ

永久磁石が隙間なくビッシリ配置されている

アウタ・ロータ型

（a）自作向けのロータ（Crystalyte HS3540）
第1部で紹介した「爆走！ トラ技号」のモータ

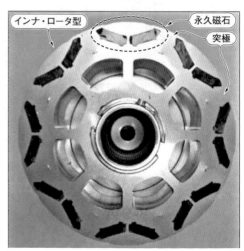

インナ・ロータ型

永久磁石

突極

（b）ハイブリッド車用モータ（2010年型プリウス）のロータ[1]

写真1　自作用とハイブリッド車用ではモータの永久磁石の配置が違う
ハイブリッド車用は磁石と磁石の間に鉄芯（突極）が設けられている

　自作に向くモータやモータ・コントロールは，永久磁石式のブラシレス・モータを，ごく基本的な原理にそってドライブするよう設計されています．
　一方，大手自動車メーカが市販する電気自動車（EV）やハイブリッド車のモータ・システムでは，さらなる性能向上と低コスト化のために，自作向け部品にはみられないテクノロジが投入されています．本稿では，市販車が採用しているモータのテクノロジをみてみましょう．

プロ仕様はここが違う！

● その1…モータに流す電流波形が正弦波

　市販の電気自動車やハイブリッド車で使用される永久磁石式モータの構成は，自作向け部品としてよく使われるDCブラシレス・モータと同じです．しかし，モータに流す電流は異なり，**現在市販中の車種のすべてが正弦波状**です．
　モータに流す電流が矩形波のDCブラシレス・モータと区別して「**永久磁石式同期電動機**」と呼ぶことがあります．モータ電流を正弦波状にするメリットとデメリットは次のとおりです．

▶メリット1…滑らかに回る
　矩形波電流に比べてモータの回転が滑らかになるので，モータが発する騒音や振動が小さくなります．
▶メリット2…効率を高められる
　モータ電流に高調波を含まないため，モータ鉄芯中で発生する鉄損を抑えることができ，モータの効率が向上します．

＊

　モータに流す電流が矩形波状の場合は，モータの誘起電圧位相を知るための磁極位置センサの角度分解能は電気角で60°が確保できればよく，磁極位置センサにはホール素子を3個使う構成が一般的です．これに対しモータ電流が正弦波状の場合は，角度分解能が高い磁極位置センサが必要です．現在市販の電気自動車やハイブリッド車では，低コストで十分な角度分解能が得られるレゾルバが使われています．

● その2…ロータの磁石配置

　写真1に示すように，電動自転車用DCブラシレス・モータは，ロータに永久磁石が隙間なく並べられています．これに対し，市販車用のモータでは，永久磁石と永久磁石の間に隙間があいています．
　磁石と磁石の間に隙間を設け，この隙間にロータの

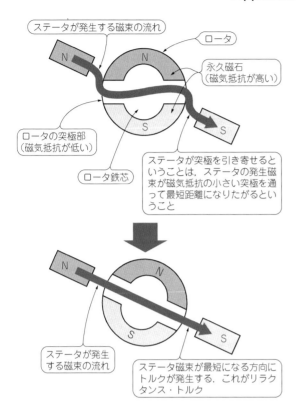

図1　磁石と磁石の間に隙間を空けるだけでトルク・アップできる（リラクタンス・トルクの発生原理）
ステータ間の磁束による力を利用する．ロータに突極を設けると使えるようになる

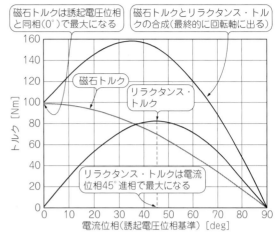

図2[(1)]　電流位相を最適化すればリラクタンス・トルクを生かせる
2010年式プリウス用モータの電流位相-トルク特性．リラクタンス・トルクは磁石トルクと合わせて使うことができる

鉄芯を露出させると，面白い性質が出てきます．一つはリラクタンス・トルクが活用できるようになること，もう一つは界磁弱めによる運転範囲を拡大しやすくなることです．

プロの技その① 「リラクタンス・トルク」も使ってより力強く

■ 使えるトルクはすべて利用する

● 磁石だけでできた普通のロータに生じるのは「磁石トルク」だけ

永久磁石式モータの電流は，永久磁石の発する磁束と，ステータのコイルが発する磁束を直交させるように流すのが基本です．具体的には，誘起電圧の位相と同位相のモータ電流を流します．こうすることで，電流あたりの永久磁石で発生するトルクが最大になります．

● 磁石と磁石の間に隙間を空けるともう一つのトルク「リラクタンス・トルク」が生まれる

ロータに配置する永久磁石の間に隙間を設け，ここにロータ鉄芯を露出させる（この部分を突極という）と，永久磁石で発生する力に加えて，図1に示すようにス

テータが突極を引っ張る力が利用できます．ステータが突極を引き寄せることで発生するトルクを「リラクタンス・トルク」といいます．

リラクタンス・トルクは一般に，誘起電圧の位相に対し，電気角で45°位相の進んだ電流を与えることで最大になります．磁石トルクとリラクタンス・トルクを併用した永久磁石式同期電動機のトルクと電流位相の関係の例を図2に示します．図2からわかるように，モータの電流位相を最適化すれば，リラクタンス・トルクによるトルク・アップが期待できます．

■ トルクアップ以外にもメリット多し

● 低コスト化できる

あらかじめ車両から要求される必要トルクがわかっていれば，リラクタンス・トルクの分を見込んでモータに使用する永久磁石量を減らしコストを抑える，といった設計も可能です．モータの構成部品のなかでも永久磁石は高価なので，主にコスト・ダウンの観点からこうした構造を採用しています．

● 高回転時に磁石が剥がれる心配がない

市販車でよく採用されるモータは，ロータの周囲をステータが取り囲む構造のインナ・ロータ式です．この方式のモータでは，ロータ回転により発生する遠心力で外に飛び出そうとする永久磁石をどう保持するかも考慮する必要があります．ロータ鉄芯に穴を開けてそこに永久磁石を埋め込み，ついでに永久磁石と永久磁石の間にロータ鉄芯を露出させる構造をとれば，安価に磁石を保持する構造と突極を作れます．こうした構造のモータをIPMSM（Interior Permanent Magnet Synchronous Motor，埋込磁石式同期電動機）と呼びます．

プロの技その②
「弱め界磁制御」でより速く

● モータの電流を逆起電圧より位相を進める

　永久磁石式モータの電流は，モータの誘起電圧と同位相で流すのが基本です．意図的にモータ電流位相を誘起電圧位相に対して進相させてやると，基本的な電流の流し方では回すことができなかった高い回転数でモータを運転できます．これを実現するのが「弱め界磁制御」です．

● 電源電圧による回転スピード限界を超える

▶通常は誘起電圧＝電源電圧になる点が速度限界

　永久磁石式モータが回転すると，ステータにはフレミングの右手の法則にしたがって誘起電圧が発生します．誘起電圧が電源電圧以上になると，回転数を上げることは通常はできません．つまり，誘起電圧定数と電源電圧の比でモータの最高回転数は決まってしまいます．

▶永久磁石を弱めればもっと速く回せる

　回転数あたりの誘起電圧を示す比例定数が誘起電圧定数です．誘起電圧定数は，永久磁石が発する磁束の量とステータに巻かれたコイルの巻き数で決まります．したがって，ロータに設けられた永久磁石を何らかの方法で弱めることができれば，誘起電圧定数と電源電圧の比で決まる最高回転数を超えた回転数でモータを回すことができるはずです．

● メカニズム

▶誘起電圧に対し90°位相が進んだ電流を流すと…永久磁石を弱める方向に磁束が発生する

　永久磁石式モータにおいて誘起電圧位相に対して進み位相の電流を流したとき，モータ内部はどんな状態になっているかを考えてみます．進み位相のモータ電流を，誘起電圧と同位相の電流と，誘起電圧に対し90°位相の進んだ電流に分けて考えます．

　誘起電圧と同位相の電流は，ロータの永久磁石が発する磁束と直交するステータ磁束を生みますから，これは磁石トルクになる電流といえます．一方，誘起電圧に対し90度位相が進んだ電流が生むステータ磁束は，ロータの永久磁石が生む磁束と逆向きの磁束を発生する電流となります．これはすなわち永久磁石を弱めていることと同じです．

● モータの電流の位相を積極的に調節して限界以上で高速回転！

　誘起電圧定数と電源電圧の比で決まる最高回転数以上でモータを回す目的で，モータ電流を誘起電圧位相に対して積極的に進相させる制御方法を「弱め界磁制

御」といいます．

● バッテリ電圧の制約から解き放たれる

　市販の電気自動車やハイブリッド車用のモータは，大きいトルクと広い回転範囲の両立を求められます．そのくせ，モータの回転数範囲を左右する電源電圧は搭載できるバッテリのセル数の制約を受けます．また，発生トルクを左右するモータ電流の最大値はモータに電流を供給するインバータ容量の制約を受けます．

　このため，市販の電気自動車やハイブリッド車用モータはトルク定数（誘起電圧定数）を電源電圧に比べて高い設計として必要トルクを稼ぎ，基本的な通電制御では運転できない回転領域では弱め界磁制御を適用します．このようにして，高トルク・高回転のドライブ・システムを構成するのが普通です．

プロの技その③「ベクトル制御」で①と②の効果を100％ GET

● リラクタンス・トルクと弱め界磁の効果を出すにはモータ電流の正確な位相制御が必要

　リラクタンス・トルクを有効活用したり，弱め界磁制御を適切に行うためには，モータの運転状況に応じて狙った振幅と位相の電流をモータに供給することが必要です．このため，市販車のモータ・システムではいわゆるベクトル制御が用いられます．

　モータに流れる電流の振幅と位相は，モータに加える電圧の振幅と位相で決まります．そのため，流したい電流の位相と振幅からモータに加えるべき電圧をリアルタイムで演算・決定する必要があります．与えられた電源電圧・モータ回転数で出したい出力が決まれば，モータの諸定数よりモータに加えるべき電圧がわかります．

● 誘起＜電源のときはリラクタンス・トルク，誘起＞電源のときは弱め界磁を利用

　ベクトル制御では，モータに加えるべき電圧を，

- ●誘起電圧と同相のトルク軸（q軸）
- ●誘起電圧より90°位相の進んだ界磁軸（d軸）

で定義する平面で演算します．モータに加える電圧をd軸電流とq軸電流およびモータ諸定数からベクトル的に算出するため，ベクトル制御と呼ばれます．ベクトル制御における制御ブロックの代表例を図3に示します．

　ベクトル制御では，指令値としてd軸電流とq軸電流をモータの動作状況に応じて与えます．

　誘起電圧が電源電圧より低い領域ではリラクタンス・トルクをうまく引き出すように指令値を与えます．誘起電圧が電源電圧を超えるような場面ではd軸電流

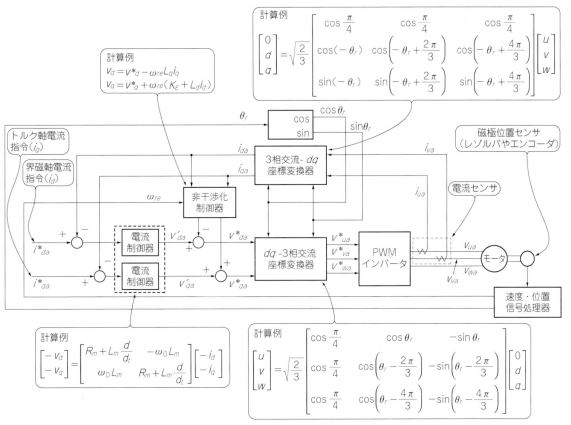

図3　ベクトル制御の制御ブロック図
ベクトル制御ではDCブラシレス・モータの3相交流を2軸の直流座標に変換して扱いやすくしている[2][3]

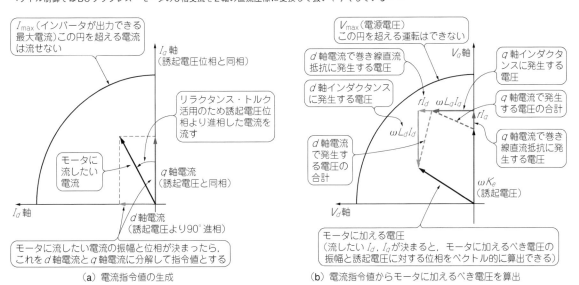

（a）電流指令値の生成　　　　　（b）電流指令値からモータに加えるべき電圧を算出

図4　トルク軸電流と界磁軸電流の指令を与えればモータに加えるべき電圧を算出できる

を増やして弱め界磁を行い，必要な出力が確保できるように制御します．

　このようなベクトル制御のイメージを**図4**に，弱め界磁制御の原理を**図5**に示します．

プロの技その④「昇圧」で小型軽量化

● バッテリ電圧を昇圧コンバータでアップ！

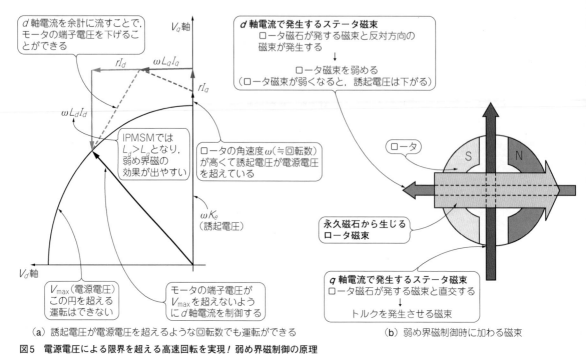

図5 電源電圧による限界を超える高速回転を実現！弱め界磁制御の原理

（a）誘起電圧が電源電圧を超えるような回転数でも運転ができる

（b）弱め界磁制御時に加わる磁束

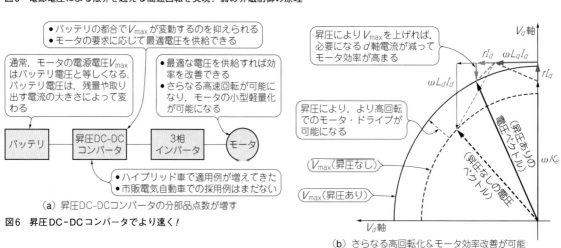

（a）昇圧DC-DCコンバータの分部品点数が増す

図6 昇圧DC-DCコンバータでより速く！

（b）さらなる高回転化＆モータ効率改善が可能

最近は弱め界磁制御に加え，**図6**のようにインバータの前段に昇圧DC-DCコンバータを設けてバッテリ電圧以上の電源電圧を供給することで，システム全体の小型・軽量化と高い動力性能を両立するようにした市販車が複数みられるようになりました．こうすることでバッテリ電圧によるさまざまな制約を緩和することができ，システム全体として広い範囲で最適なモータ・ドライブを可能にしています．

〈宮村 智也〉

◆参考・引用＊文献◆

(1)＊ T. A. Burress, S. L. Campbell, C. L. Coomer, C. W. Ayers, A. A. Wereszczak, J. P.Cunningham, L. D. Marlino, L. E. Seiber, H. T. Lin：EVALUATION OF THE 2010 TOYOTA PRIUS HYBRID SYNERGY DRIVE SYSTEM, Oak Ridge National Laboratory, ORNL/TM - 2010/253, 2011年3月，入手先〈http://info.ornl.gov/sites/publications/files/Pub26762.pdf〉

(2)＊ 高橋 久，服部 知美：3相ACモータをDCモータ風に！ベクトル制御入門，インターフェース2014年4月号，CQ出版社．

(3)＊ 杉山 英彦，小山 正人，玉井 伸三：ACサーボシステムの理論と設計の実際，1990年，総合電子出版社．

(4) 坏 重光，佐藤 博之，宮村 智也，篠木 弘明：燃料電池車用主駆動モータの開発，Honda R&D Technical Review Vol.15 No.2, 2003年10月，㈱本田技術研究所．

第20章

種類とコントローラのしくみ

EV用モータの基礎知識②
ブラシ付きモータ編

宮村 智也
Tomoya Miyamura

　車両重量が100kgくらいまでの小型EVでは，ブラシレスのような永久磁石式の交流モータが主流です．しかし，パワー・エレクトロニクスやマイコンの性能が限られていた時代，EVや電車の動力源はDCモータ（ブラシ付きDCモータ）でした．

　数百kgに達する重量級自作EVでは，直流電源を加えるだけで回りだすDCモータが今も活躍しています．本章では，高出力が得意な手作り向きのDCモータとコントローラを紹介します．

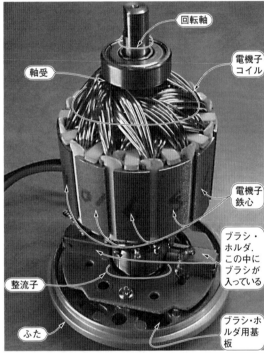

• ブラシと整流子のおかげで，直流電源を接続するだけで回る
• 通電しながらこすれあう部品なので消耗する
→交換できる

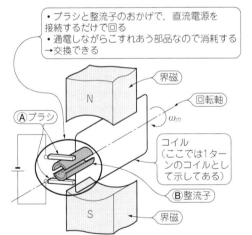

（a）DCモータの構造図

図1[1]　DCモータは制御が単純
EV用DCモータは消耗部品であるブラシは交換可能

DCモータの回し方

■ 直流電圧を加えるだけ！
　　　　制御がとにかく簡単

　DCモータは模型にも使われています．

（b）実際のDCモータの構造例

図1に示すように，回転力の源になる回転磁界を発生させるための仕掛け（ブラシと整流子）を内蔵しているため，そのままでは回転磁界を発生できない直流で回すことができます．

加える直流電圧を調節することで，回転数やトルク（軸を回そうとする力）をコントロールできます．極論ですが，電圧を調整するだけですから，制御装置もシンプルです．

■ DCモータ用コントローラの基礎知識

● 要は出力可変の直流電源

DCモータは，回すだけなら直流電源を接続するだけでOKです．でも，これだけでは回転数やトルクを思うように変化させることはできません．

DCモータの出力を自在に制御したいなら，モータに接続する直流電源の出力電圧を変化させます．DCモータのコントローラは，広い意味では出力可変型の直流電源装置といえます．

● 2種類の制御法

図2にDCモータに加わる電圧を変化させる方法を二つ紹介しましょう．

（1）可変抵抗で電圧を調整するドロッパ方式

図2(a)に示すのは，モータと直列に接続した可変抵抗でモータに加える電圧を変化させる方法です．電力用の半導体素子が実用化される以前に電車などが採用していた方法です．

モータ電流と可変抵抗で発生する電圧降下の積がそのまま電力損失になります．そのため，エネルギー効率が悪く，可変抵抗器の放熱が大きいので装置が大型化します．

電力用半導体が実用化されて以降，モータ駆動の用途でこの方法がとられることはまずありません．

（2）電力損失が小さいPWM方式（現在の主流）

図2(b)は，モータと直列に接続したスイッチを高速でON/OFFすることで，モータに加わる平均電圧を変化させる方法です．

実際には，MOSFETやIGBTなどの電力用半導体素子をスイッチとして使用します．スイッチは一定の周期でON/OFFを繰り返しますが，スイッチがONする時間を変化させることでモータに加わる平均電圧を変化させます．このようにモータにはパルス的に電圧を加え，パルス幅を変える方式をPWM（Pulse Width Modulation）方式と呼んでいます．

この方式は，スイッチ部で発生する電力損失が小さいのでシステムとしてエネルギー効率を高くできます．スイッチ部の発熱も小さいので装置の小型化にもつながるため，現在のDCモータ・コントローラはほとんどがこの方式です．

---

① 高出力DCモータ「直巻モータ」

■ コンバージョンEVの走行用として 今も現役

EV用直巻モータの例を写真1に，仕様を表1に示します．米国のKTA Service社（http://www.kta-ev.com/）から入手できます．

図1は，界磁に永久磁石を用いていますが，高出力モータでは必要な永久磁石の量が増え，コストが上がります．そこで，大型DCモータでは界磁に電磁石を用いるのが一般的です．

界磁の電磁石は，界磁専用のコイル（界磁巻き線という）に直流電流を加えて必要な界磁束を発生させます．電機子と界磁巻き線が直列に接続されているのが直巻モータです．電機子と界磁巻き線の接続方法にはいくつか種類があり，EVや電車用としては，起動トルクが大きくとれる直巻モータがよく用いられています．

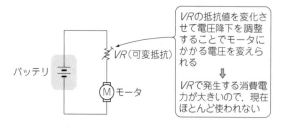

VRの抵抗値を変化させて電圧降下を調整することでモータにかかる電圧を変えられる

VRで発生する消費電力が大きいので，現在ほとんど使われない

（a）制御法①ドロッパ方式

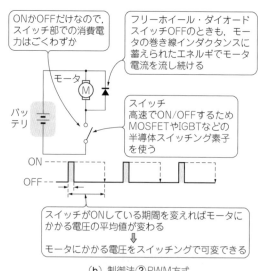

ONかOFFだけなので，スイッチ部での消費電力はごくわずか

フリーホイール・ダイオード
スイッチOFFのときも，モータの巻き線インダクタンスに蓄えられたエネルギでモータ電流を流し続ける

スイッチ
高速でON/OFFするためMOSFETやIGBTなどの半導体スイッチング素子を使う

スイッチがONしている期間を変えればモータにかかる電圧の平均値が変わる

⇩

モータにかかる電圧をスイッチングで可変できる

（b）制御法②PWM方式

図2　DCモータの回転速度の制御法
基本はモータに加える直流電圧を変化させる．現在は消費電力が少ないPWM方式を使用する

現在，EV用として販売されている巻き線界磁の
DCモータも直巻モータが主流です．

■ 回転方向の切り替えはスムーズな減速が肝

直巻モータは，界磁巻き線の極性を反転させて，回
転の向きを切り替えます．このとき電機子の極性は変
えません．

図3に示すように，リバース・コンタクタ，または
チェンジ・オーバ・コンタクタと呼ばれる機械式接点
で，界磁巻き線の極性を切り替えます．

● 急な極性反転は故障の素

モータに電流を流している状態で界磁巻き線の極性
を切り替えると，界磁束の方向が逆になりますが，車
両の慣性によりモータの回転方向は，すぐには反転し
ません．この状態では電機子電圧がモータ電流を増や
す方向に発生します．

直巻モータの界磁巻き線は電機子と直列に接続する
ため，モータ電流が増えることで界磁束が強くなり，
このためさらに電機子電圧が上昇します．その結果，
モータ電流が増大し続けます．この現象は過励磁とな
ってモータが停止するまで続きます．

いったんこの電流増加が始まると，非常に短時間で
現象が進むため，車両の場合では駆動輪がロックして
急停止します．こうした現象は，車両の動力伝達機構
にダメージを与えかねませんし，きわめて短い時間で
回路電流が増大するため，モータ・コントローラやモ
ータが壊れる可能性があります．

▶対策はスムーズな減速

乗用車用途では，モータに電流を供給したまま回転
方向を切り替えるという操作はあまりないかもしれま
せん．しかし，フォークリフトのように頻繁な前進／
後進の切り替えが発生する用途では，モータに通電し
たまま回転方向を切り替える操作が起こります．

直巻モータはフォークリフトでも使用されているた
め，一つから入手可能な直巻モータ用のモータ・コン
トローラは，モータ通電中に回転方向を切り替えても
スムーズに車両を減速し，その後車両の進行方向が反
転するような工夫，プラグ・ブレーキ機能をもちます．

● スムーズな減速を実現するプラグ・ブレーキ回路

プラグ・ブレーキ（図4）は，直巻モータ運転中に界
磁巻き線の極性を切り替えて回転方向と逆向きのトル
クを発生させ，車両を減速させる機能です．モータで
発生した電力はプラグ・ダイオードと電機子巻き線で
消費されるため，バッテリに電力は回生されません．

コントローラ主回路にプラグ・ダイオードを設けて，

表1[2]　EV用直巻モータL91-4003の仕様
回転数レンジや最大トルクが自動車用ガソリン・エン
ジンの仕様に似ている

項　目	仕　様
重量	38.6 kg
最大動作電圧	DC 120 V
連続モータ電流	130 A
瞬時最大モータ電流	500 A
連続定格出力	16HP（11.9 kW）@ 120 V
瞬時最大出力	72HP（53.7 kW）@ 120 V
最高回転数	7500 rpm
最大トルク	108Nm @ 500 A
絶縁クラス	H種絶縁

（a）[2]　瞬時最大72馬力のEV用直巻モータ
L91-4003（Advance Motors & Drives製）

エンジン
の位置に
モータを
搭載

（b）[3]　EV用直巻モータ
L91-4003のコンバージョンEV搭載例

写真1　EV用直巻モータと搭載例
ガソリン車を改造して作るコンバージョンEVでは今も採用例が多い

電機子電流をバイパスし，かつプラグ・ダイオードの電圧を監視してプラグ・ブレーキ発生を検知して，PWMデューティ比とPWMキャリア周波数を落としてモータ電流を制限すれば，主回路の電流上昇が防止され，スムーズに車両を減速させます．

■ おすすめのコントローラ

直巻モータを逆転させない用途では，プラグ・ブレ

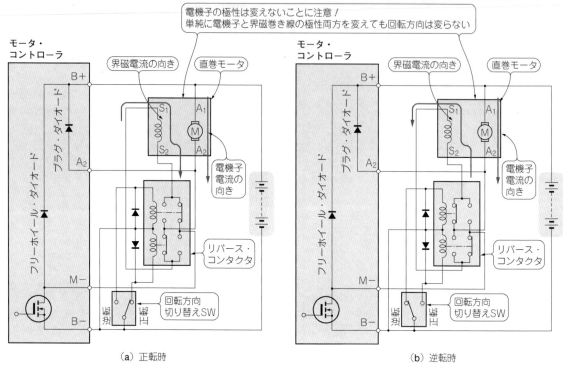

図3　直巻モータの回転方向とコントローラの状態
リバース・コンタクタを使用して界磁巻き線の極性を切り替える．電機子の極性は変えないことに注意

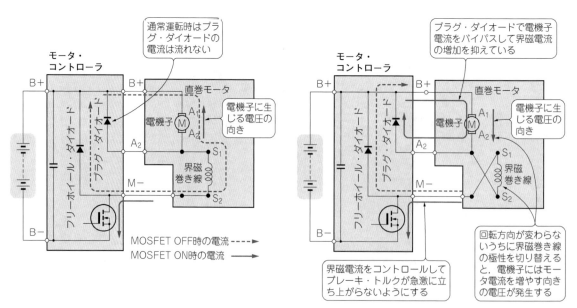

（a）通常運転時　　　　　　　　　　　（b）プラグ・ブレーキ時

図4　直巻モータのプラグ・ブレーキ動作
通電中に界磁巻き線の極性を切り替えても，界磁電流が急上昇しないようにプラグ・ダイオードを付ける

ーキ機能は必要ありません．しかし，リバース・コンタクタを用いて直巻モータを逆転させる用途では，フール・プルーフと装置保護の観点から，プラグ・ブレーキ機能をもつコントローラが望ましいです．

プラグ・ブレーキ機能をもつコントローラを**写真2**と**表2**に示します．**写真1(b)**のコンバートEVでも使用されており，米国のKTA Service（http://www.kta-ev.com/）で購入できます．

② 小型軽量／高トルクで回生ブレーキもOK！「永久磁石界磁DCモータ」

● 200km/h超の超高速EVバイク

オートバイのレースとして有名な「マン島TTレース」に，2009年からEVバイクのクラスが設けられました．出場するEVオートバイは，最高速度が200km/hを越えるほど本格的です．

DCモータを採用するチームが複数あり，このなかで，**図5**に示すマサチューセッツ工科大学チームのオートバイは，界磁に永久磁石を用いたDCモータを2011年参戦のモデルに採用しており，同様のモータは個人が一つから買えます．

● 小型軽量なのに大トルク！アキシャル・ギャップ式のDCモータ

「MIT eSuperbike」には英国Lynch Motor Company社のアキシャル・ギャップ式の永久磁石界磁DCモータが2個採用されています．

MITの公開データから推測すると，このオートバイは同社のLEM-200-D135RAGS型とほぼ同じモータを採用しているようです．これは市販品で，先の直

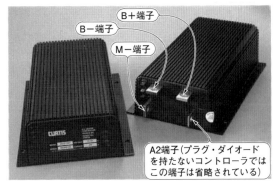

写真2[9]　直巻モータ用コントローラの例
Curtis Instruments社製1221C-7401．プラグ・ブレーキ機能付きで直巻モータの正逆転にも安心して適用できる

表2[9]　Curtis Instruments社製1221C-7401の仕様

項　目	仕　様
スイッチング周波数	15kHz
推奨バッテリ電圧範囲	DC 72～120V
動作停止電圧	45V
2分間定格電流	400A
5分間定格電流	250A
1時間定格電流	150A

巻モータと同様に，KTA Service（http://www.kta-ev.com/）で取り扱いがありました．Lynch Motor Company社のモータ外観と断面図を**図6**に示します．

通常のモータは円筒形で，界磁用の永久磁石やコイルは円筒の周方向に配置されますが，アキシャル・ギャップ式は界磁が軸方向に配置され，回転子は円盤状です．こうすることで，磁極の面積が大きく取れるた

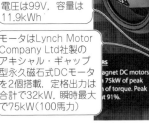

(a)[4]　MITのレース用オートバイ"MIT eSuperbike"　　　(b)[5]　MIT eSuperbikeの使用部品

図5　マサチューセッツ工科大学の超本格派レース用EVオートバイ
永久磁石界磁のDCモータを2基搭載．このモータは市販品なのでだれでも購入できる

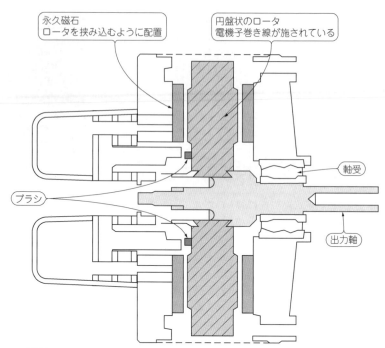

（a）[6] LEM-200-D135RAGS
Lynch Motor Company Ltd製で，KTA
Service（http://www.kta-ev.com/）
から購入可能

永久磁石
ロータを挟み込むように配置

円盤状のロータ
電機子巻き線が施されている

軸受

ブラシ

出力軸

（b）[7] Lynch Motor Company Ltd製アキシャル・ギャップ型DCモータの断面図
円盤状のロータに電機子巻き線が巻かれていて，ステータがロータを挟み込む構造として
磁極面積を大きくとっている→サイズの割りに大トルク化できる

図6　MIT eSUPERBIKE が採用しているモータ（推定）
MITが公開しているデータから使用モータはLEM-200-D135RAGSとみられる

め，サイズの割りに大きなトルクを得やすくなります．界磁が円周方向に配置されるラジアル・ギャップ式のモータに比べて扁平な外形となるため，こうしたモータを「パン・ケーキ型」と呼ぶこともあります．LEM-200-D135RAGSの仕様を**表3**に示します．

● 回生ブレーキOK

　界磁束の方向が常に一定な巻き線界磁のDCモータ（他励モータや分巻モータ）や永久磁石界磁のDCモータでは，車両の運動エネルギーを電力に変換し，バッテリに回生しながら車両を減速させる回生ブレーキ機能を利用できます．回生ブレーキ可能なDCモータ・コントローラの原理を**図7**に示します．

　モータを力行だけで利用するなら**図2(b)**に示す構成でOKですが，回生ブレーキを行うためには，**図7(a)**に示すようにモータと並列にスイッチング素子Tr_Aを追加します．回生ブレーキ時には**図7(a)**のTr_Bはスイッチングをやめ，代わりにTr_Aをスイッチング動作させます．Tr_AがONのとき，モータの誘起電圧V_{emf}の作用により，モータの巻き線インダクタンスL_{mot}に電流iが流れてL_{mot}にエネルギーを貯め込みます．この後，**図7(b)**に示すようにTr_Aを開くと，V_{emf}に巻き線インダクタンスの電圧$L_{mot}di/dt$分の電圧が上乗せされ，これがバッテリ電圧V_bを上回ればバッテ

リに電流が逆流します．このとき，モータには力行時と逆向きの電流が流れますのでモータには回転方向と逆向きのトルクが発生し，車両はモータによって減速されます．

● 回生ブレーキ機能搭載コントローラ

　回生ブレーキが可能なDCモータ・コントローラの製品例を**写真3**と**表4**に示します．

　紹介したコントローラは，MITの公開する情報から**図2**で示したeSuperbikeで採用されたものと同じとみられます．

　このタイプのコントローラは，単体ではモータの極性切り換えはできません．回転方向を切り換えるときは，リバース・コンタクタを使って，モータに加える電圧の極性を変える必要があります．

　表4に示すように，紹介したコントローラは容量が大きく値段も高いのですが，Kelly Controls社では回生ブレーキ機能つきDCモータ・コントローラを各種用意しています．

　表5にKelly Controls社の回生ブレーキ機能つきDCモータ・コントローラのラインナップを示します．

　このタイプのモータ・コントローラは直巻モータにも使用できますが，運転中にリバース・コンタクタで界磁巻き線の極性が切り換わらないようにする必要が

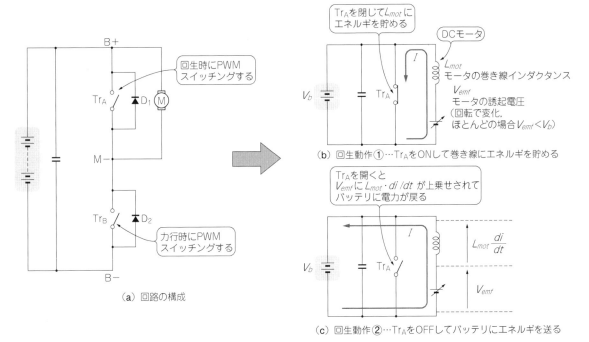

図7 DCモータの回生ブレーキ原理
モータに並列にスイッチング素子(Tr_A)を設けてスイッチングすることで回生ブレーキが可能になる

あります.

　直巻モータでは電機子電流の方向と界磁電流の方向が同じで，回生動作させようと電機子電流の方向を変えると界磁束の方向も変わるため，紹介したコントローラを使用しても回生ブレーキは使えません.

● **単体で回転方向を切り換えられる4Qコントローラ**

　これまで紹介したコントローラは1石か2石の構成で，モータに加える電圧の向きを積極的に変えることができません.回転方向を切り替えるには，コントローラとは別にリバース・コンタクタが必要です.

　4Qコントローラは，**図8**に示すように主回路をH

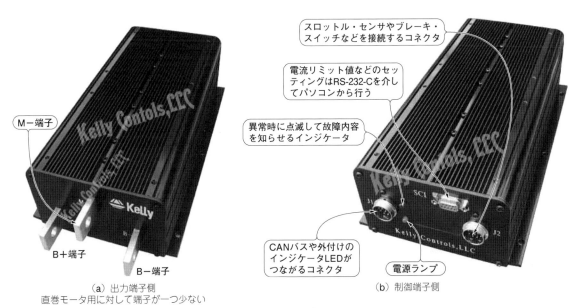

写真3[8] 回生制動ができるDCモータ・コントローラKDH14121Eの外観
Kelly Controls社製KDH14121E

表3[6] アキシャル・ギャップ式永久磁石界磁DCモータLEM-200-D135RAGSの仕様

MIT eSuperbikeではこれを2台搭載しているので出力は2倍になる

項　目	仕　様
重量	11 kg
定格電圧	DC 110 V
連続モータ電流	200 A
瞬時最大モータ電流	400 A
連続定格出力	24.2HP（18 kW）
瞬時最大出力	48.4HP（36 kW）
定格回転数	4400 rpm
最大トルク	84Nm＠400 A

表4[8] DCモータ・コントローラKDH14121Eの仕様

MITが公開しているデータからこのコントローラがeSuperBikeにも採用されているとみられる

項　目	仕　様	備　考
スイッチング周波数	16.6 kHz	－
動作電圧範囲	DC 18 ～ 180 V	－
標準スロットル信号電圧範囲	DC 0 ～ 5V（3線抵抗式のとき）	力行指令信号の入力範囲
アナログ・ブレーキ信号電圧範囲	400 A	回生指令信号の入力範囲
フル出力時温度範囲	0 ～ 50℃	ケース温度基準
動作温度範囲	－ 30 ～ 90℃	ケース温度100℃で出力停止
1分間定格電流	1200 A	－
連続定格電流	540 A	－

表5　Kelly Controls社の回生機能付きDCモータ・コントローラのラインナップ

動作電圧範囲／電流容量のなかから最適なものが選べる

型　名	1分間定格電流 [A]	連続定格電流 [A]	動作電圧 [V]	参考価格 [$]
KDZ24201	200	80	12 ～ 24	199.00
KDZ48201	200	80	24 ～ 48	199.00
KDZ72201	200	80	24 ～ 72	239.00
KDZ24301	300	120	12 ～ 24	239.00
KDZ48301	300	120	24 ～ 48	239.00
KDZ24401	400	160	12 ～ 24	299.00
KDZ48401	400	160	24 ～ 48	299.00
KDZ64401	400	160	24 ～ 64	319.00
KDZ48551	550	220	24 ～ 48	359.00
KDZ72401	400	160	24 ～ 72	379.00
KDZ48651	650	260	24 ～ 48	449.00
KDZ72551	550	220	24 ～ 72	459.00
KDZ12401	400	160	24 ～ 120	479.00
KDZ72651	650	260	24 ～ 72	559.00

（a）小～中型車向け（KDZシリーズ）

型　名	1分間定格電流 [A]	連続定格電流 [A]	動作電圧 [V]	参考価格 [$]
KDH12401E	400	180	24 ～ 120	569.00
KDH14401E	400	180	24 ～ 144	699.00
KDH72801E	800	360	24 ～ 72	699.00
KDH12601E	600	300	24 ～ 120	799.00
KDH14601E	600	270	24 ～ 144	949.00
KDH12801E	800	360	24 ～ 120	999.00
KDH72121E	1200	540	24 ～ 72	1,099.00
KDH14801E	800	360	24 ～ 144	1,199.00
KDH12101E	1000	450	24 ～ 120	1,269.00
KDH14101E	1000	450	24 ～ 144	1,499.00
KDH14121E	1200	540	24 ～ 144	1,899.00
KDH12151E	1500	675	24 ～ 120	2,099.00

（b）中型車向け（KDHシリーズ）

ブリッジの構成としています．このため，コントローラだけで回転方向の切り換えが可能です．

回転方向に応じて各スイッチを図8に示すようにPWMスイッチングすることで回生動作も可能なので，力行正転／力行逆転／逆転力行／逆転回生の4象限で運転可能です．このタイプのコントローラは4Q（4象限）コントローラと呼ばれます．

EV向け4Qコントローラも，Kelly Controlsから入手できます．写真4と表6にKelly社の4Qコントローラを示します．

◆参考文献◆

(1) 森本 雅之；特集　トコトン実験！モータ制御入門，トランジスタ技術2013年1月号，イントロダクションA/B，CQ出版社．
(2) KTA Serviceウェブサイト：AMD Motor, L91-4003, 13HP, http://www.kta-ev.com/AMD_Motor_L91_4003_13HP_p/amd-l91-4003.htm
(3) 浅井 伸治；特集　手作り電気自動車＆バイクの世界，トランジスタ技術2011年8月号，第2章　市販ガソリン車を電動に改造！ コンバートEV，CQ出版社．
(4) Lynch Motor Companyウェブサイト：2011 Isle of Man TT Zero Race Result, http://www.lmcltd.net/index.php?mact = News,cntnt01,detail,0&cntnt01articleid = 9&cntnt01returnid = 59
(5) マサチューセッツ工科大学ウェブサイト：MIT eSuperbike - Isle of Man, http://web.mit.edu/evt/MIT_eSuperBike_Isle_Of_Man.pdf
(6) Lynch Motor Companyウェブサイト：LEM-200 specification document, http://www.lmcltd.net/uploads/documents/LEM-200_Brochure.pdf
(7) Lynch Motor Companyウェブサイト：Operation and Maintenance Manual for the Lynch range of DC Motors, http://www.lmcltd.net/uploads/O%20and%20M%20Manuel.docx
(8) Kelly Controlsウェブサイト：Racing Controller KDH14121E,24-144V,1200A PM with Regen, http://

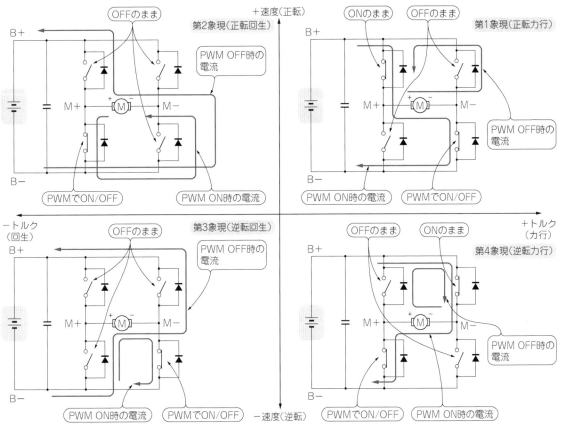

図8　4Q(4象限)コントローラの原理
主回路をHブリッジの構成として，正転力行，正転回生，逆転力行，逆転回生の4象限運転を可能としている

写真4[8]　DCモータ用4Qコントローラ
PM72401B(Kelly Controls社製，4Qコントローラはモータ＋端子がB＋端子から独立している)

表6　Kelly Controls社の4Qコントローラのラインナップ
動作電圧範囲，電流容量のなかから最適なものが選べる

型　名	1分間定格電流[A]	連続定格電流[A]	動作電圧[V]	参考価格[$]
PM24101	100	40	12 ～ 24	169.00
PM36101	100	40	24 ～ 36	169.00
PM48101	100	40	24 ～ 48	169.00
PM72101	100	40	24 ～ 72	199.00
PM24201	200	80	12 ～ 24	259.00
PM48201	200	80	24 ～ 48	259.00
PM12101H	100	40	24 ～ 120	299.00
PM72201	200	80	24 ～ 72	299.00
PM24301	300	120	12 ～ 24	349.00
PM48301	300	120	24 ～ 48	349.00
PM72301	300	120	24 ～ 72	399.00
PM48401B	400	160	24 ～ 48	429.00
PM48501B	500	200	24 ～ 48	499.00
PM72401B	400	160	24 ～ 72	499.00
PM72501B	500	200	24 ～ 72	599.00

kellycontroller.com/racing‐controller‐kdh14121e24‐144v1200a‐pm‐with‐regen‐p‐748.html
(9)　KTA Service ウェブサイト：Curtis 1221C‐7401 Controller.

http://www.kta‐ev.com/Curtis_PMC_1221C_7401_Controller_p/cur‐15033c7401.htm

②　小型軽量／高トルクで回生ブレーキもOK！「永久磁石界磁DCモータ」　　　183

第21章

蓄電池の種類と性質

バッテリの基礎知識

宮村　智也
Tomoya Miyamura

充電タイプの電池が
使いやすい時代に！

● 充電タイプの電池の使用量が増えている！

　図1は，国内における主な充電タイプの電池（以下，蓄電池）の推計販売電池容量［MWh］です．販売額をその時々の電池コストで割り算して，蓄電池の販売量を推計したものです．

　リチウム・イオン蓄電池とニッケル水素蓄電池が登場してから，国内で使われる蓄電池の量が増加し，容量ベースで見ると，この20年で使用量は2.3倍になっています．

　蓄電池の小型・軽量化が用途を拡大し，電子機器のモバイル化とその普及に貢献しているといえます．長い歴史のある鉛蓄電池も，その実績と低価格から根強い需要があります．

　電池の得手・不得手に合わせて，それぞれが適材適所で使われています．

　2012年に国内で販売された蓄電池全てに電気をためて使うと，日本全国の電力需要を9.2分まかなえる計算になります．毎年多くの蓄電池が販売されています．

● 理由1：小型で軽くなった

　図2に蓄電池の進化の歴史を示します．

　蓄電池の性能指標としてよく用いられるものにエネルギー密度があります．図2では1kgの蓄電池が出し入れできる電力量（重量エネルギー密度［Wh/kg］）で性能を示しており，値が大きいほど軽い電池となります．

▶鉛

　鉛蓄電池は，19世紀後半に誕生し，初めて本格的に実用化された蓄電池です．世紀を超えて現在でもさまざまな分野で活躍しています．

▶ニカド

　鉛蓄電池よりも小型・軽量なニッケル・カドミウム蓄電池が一般消費者向けに普及を始めたのは1960年代以降です．可搬型の電子機器の電源として活躍しました．

▶ニッケル水素

　90年代初頭，高性能蓄電池の代表格であるニッケル水素蓄電池とリチウム・イオン蓄電池が市場に相次いで登場します．

　ニッケル水素蓄電池は，ニッケル・カドミウム蓄電

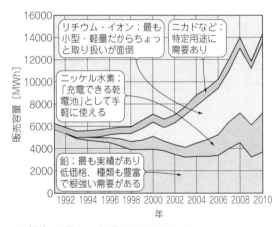

図1[(1) (2)]　充電タイプの電池の使用量が増えている！
販売額の推移と容量当たり単価の推移から推定した

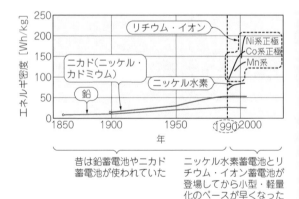

図2[(2)]　理由1：エネルギー密度が大きくなって小型＆軽量に！

リチウム・イオン並み！ 大規模な系統の安定化などに使われるNaS電池

　リチウム・イオン蓄電池と同等のエネルギー密度をもつナトリウム-硫黄（NaS）蓄電池があります．

　この電池は活物質であるナトリウムや硫黄が溶けた状態でないと動作しません．電池を約300℃に維持する必要があり，ヒータなどで常に保温しなくてはいけません．このため，大容量化して，太陽光発電や風力発電の安定化，系統電力のピーク・シフトなどに用いられています．

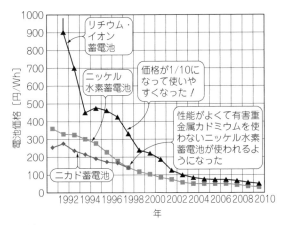

図3(2)　理由2：安くなった

池と同様の使い勝手（起電力が同じ）でありながら高容量で，かつ材料に人体に有害とされるカドミウムを使用しないことから，ニカド蓄電池はニッケル水素蓄電池にほぼ取って代わられました．

▶リチウム・イオン

　リチウム・イオン蓄電池の特徴は，他の蓄電池が電解液に酸やアルカリの水溶液を使用しているのに対し，電解液に有機溶媒を使用したことです．これにより起電力をそれまでの電池の2倍から3倍にでき，それまでにない高いエネルギー密度を実現しました．

　リチウム・イオン蓄電池の性能向上は急激で，登場から10年あまりでエネルギー密度が約2倍になっています．

● 理由2：安くなった

　図3は蓄電池の価格の推移を示しています．

　リチウム・イオン蓄電池は，登場した当初は，容量あたりの価格がたいへん高い電池でした．しかし，小型・軽量・高容量なことから，ビデオ・カメラやノート・パソコン，ケータイなどのモバイル機器に使われるようになりました．生産量が増えて，研究開発も進み，登場からわずか20年ほどで容量あたりのコストが約1/10になりました．今後もますます用途を広げていくと思います．

　ニッケル水素蓄電池のコストも，登場からわずか数年でそれまでの小型蓄電池の代表格であったニッケル・カドミウム（ニカド）蓄電池に追いつきました．ニッケル水素蓄電池はリチウム・イオン蓄電池に比べて取り扱いが容易で安全性が高いため，一般家庭で利用できる「充電できる乾電池」として普及しています．

電池の性格丸わかり！
放電曲線の読み方

● 放電曲線ってなに？

　放電曲線とは，電池を一定電流で放電したときの電池電圧の変化を示すグラフです．縦軸には電池の端子電圧を，横軸には放電時間をとります．横軸に放電容量［Ah］をとる場合もありますが，放電容量を放電電流で割り算すればそれは放電時間になるので意味は同様です．

　図4にリチウム・イオン，ニッケル水素，鉛の各蓄電池を，現在の技術で単3形電池として製造したときに得られるであろう放電曲線を示します．

　放電曲線を見ると，電池の種類によって電圧の変化の傾向や出し入れできるエネルギーの量を知ることができ，電池駆動の機器設計に必要となる情報が得られます．

● 放電曲線からわかることその1：放電できる時間

　図4は，それぞれの電池を同じ電流（300 mA）で定電流放電したときの電池電圧の変化をプロットしたものです．放電を止めるべき電圧を「放電終止電圧」と呼び，放電中に電池電圧がこの電圧に達したら電池は「からっぽ」であるとします．図4ではニッケル水素が一番長い時間放電できる結果になっています．

● 放電曲線からわかることその2：電池から取り出せる電力量

　図4は3種類の電池を単3形電池として作った場合の放電曲線ですが，放電できる時間はニッケル水素がリチウム・イオンより長くなっています．同じサイズであればリチウム・イオンが最も容量が大きいはずですが，これはいったいどういうことでしょう．

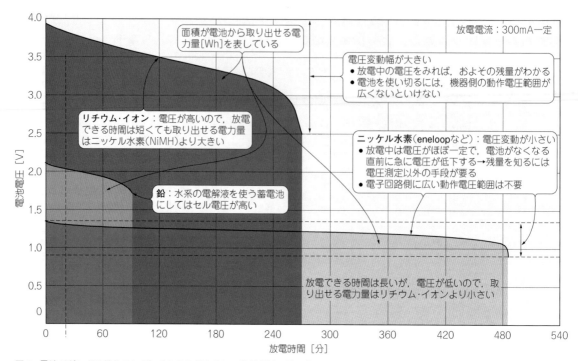

放電電流：300mA一定

面積が電池から取り出せる電力量[Wh]を表している

電圧変動幅が大きい
● 放電中の電圧をみれば，およその残量がわかる
● 電池を使い切るには，機器側の動作電圧範囲が広くないといけない

リチウム・イオン：電圧が高いので，放電できる時間は短くても取り出せる電力量はニッケル水素(NiMH)より大きい

ニッケル水素(eneloopなど)：電圧変動が小さい
● 放電中は電圧がほぼ一定で，電池がなくなる直前に急に電圧が低下する→残量を知るには電圧測定以外の手段が要る
● 電子回路側に広い動作電圧範囲は不要

鉛：水系の電解液を使う蓄電池にしてはセル電圧が高い

放電できる時間は長いが，電圧が低いので，取り出せる電力量はリチウム・イオンより小さい

図4　電池がどれだけ使えるかを知るための超キホン！放電特性の読み方
リチウム・イオン，ニッケル水素(NiMH)，鉛の3大蓄電池を，仮に単3形として作ったとしたときの標準的な放電曲線を並べた．蓄電池の種類によって変化の仕方が異なる

　蓄電池は，電気エネルギーを「ためて使う」ための装置です．ですから，その容量はエネルギーで考える必要があり，放電電流と放電時間に加えて放電時の電圧を考慮する必要があります．電力量［Wh］は電圧と電流と時間の積ですから，プロットした曲線と座標軸で囲む面積が電池から取り出せる（あるいはためておける）電力量になります．

　リチウム・イオンはニッケル水素の約3倍の電圧で動作するので，みかけ放電時間が短くても大きな電力量を出し入れできる電池といえます．

● **放電曲線からわかることその3：電子回路に求められる動作電圧範囲**

　蓄電池を電源にして電子回路を動かすときに気をつけたいのは，動作電圧範囲です．電子回路が動作すべき電圧範囲が蓄電池の種類により異なることが図4からわかります．

　一般に，放電の進行と同時に電池電圧は低下しますが，その傾向は電池の種類によって異なります．図4より，リチウム・イオンはニッケル水素や鉛に比べ電池電圧の変動幅が大きいことがわかります．

　コバルト酸系や三元系のリチウム・イオンでは，電池電圧が満充電時で約4V，放電終止電圧は約2.5Vですが，電池の容量を目いっぱい活用しようと思えば，図5のように電池電圧が2.5Vまで動作しつづけるよ

うな機器構成にする必要があります．単セルですと変動幅は1.5Vですが，機器に必要な電圧を稼ぐために電池セルを直列につなぐと，電圧変動幅も直列数の分（＝セル電圧の変動幅×直列数）増します．放電を開始してから電池がなくなるまでに4割弱も電圧が変動するわけですから，特にリチウム・イオン蓄電池で動作させる電子回路では動作電圧範囲に気をつける必要があります．

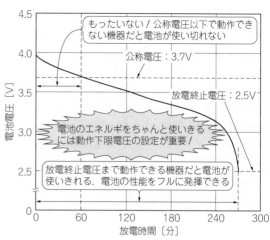

もったいない！公称電圧以下で動作できない機器だと電池が使い切れない

公称電圧：3.7V

放電終止電圧：2.5V

電池のエネルギをちゃんと使いきるには動作下限電圧の設定が重要！

放電終止電圧まで動作できる機器だと電池が使いきれる．電池の性能をフルに発揮できる

図5　リチウム・イオン蓄電池を使い切るためには回路の動作電圧範囲が広くないといけない

● 放電曲線からわかることその4：残量

電池の残量が少なくなってくると電池電圧が降下することは皆さん経験があるかもしれません．電池の残量は直接目で見て確認できないので，できるだけ簡単な方法で電池の残量を知りたくなります．

リチウム・イオン蓄電池を電源としてみたときは，前述のとおり電圧変動幅が大きいことはあまり歓迎できない特徴です．

これは別の側面から見た場合は歓迎すべき特徴になります．電池の残量と電池電圧に相関があるうえ，その変動幅も他の電池に比べて大きいことは，他の電池に比べて電池電圧から残量を推定しやすい，と見ることができます．実際，ある精度までならば電圧の測定だけでリチウム・イオン蓄電池の残量を推定できます．

これに比べて，ニッケル水素は図4で示すとおり放電中の長い期間，電池電圧があまり変動しません．電圧が下がったなぁ，と思ったときは電池がほぼ「からっぽ」の状態です．電源としては電圧変動が小さく優秀ですが，電池電圧を残量推定の手段にするのはあまり現実的ではありません．したがって，ニッケル水素で使用中の残量を知るためには，電圧測定以外の手段を検討する必要があります．

● 電池は生き物！　放電特性を頭から信じてはイケない

放電曲線からわかる情報について説明しましたが，実はこれで電池の性格がすべてわかるわけではありません．

▶理由1：電流や温度などの条件で特性が変わる

放電曲線には必ず放電電流の大きさや使用温度などの試験条件が付記されています．放電電流が大きかったり，使用時の電池温度が低かったりすると期待した容量は得られません．

▶理由2：使い方で特性が大きく変わる

放電曲線は電池が新品のときの特性と見るべきです．充放電の回数を重ねていくと容量は徐々に減少していきます．充放電現象は電池内部の電気化学反応によるものなので，使用条件や使用履歴で特性が変化するわけです．これが「電池は生き物である」といわれるゆえんで，最後は実物で期待の性能が得られるか確認する必要があります．

EV用蓄電池①
実績バツグン！
安心で使いやすい鉛蓄電池

● メリット：安い！　高い電源電圧も容易に作れる

鉛蓄電池は，実用化された蓄電池のうちで最も歴史が長く，今も多くの分野で活躍する蓄電池です．容量あたりの価格が安く，また大小さまざまなタイプが入手可能です．1セルの公称電圧は2Vですが，多くの

鉛蓄電池は6セルを直列に接続し，モジュール化された状態で販売されています．買ってきた鉛蓄電池1個当たりの公称電圧は12Vです．

1個あたりの公称電圧が12Vと高いので，EVに必要な高い電源電圧を少ないモジュールで得ることができます．配線の手間も少なくてすみます（写真1）．

鉛蓄電池の端子は，ボルト-ナットで締結するタイプのものが多く存在するので，配線するに当たって特別な工具や装置を用意しなくても，接触抵抗の低い配線処理が可能です．

● デメリット：重い

欠点は，同一容量で比較するとニッケル水素蓄電池の約2倍，リチウム・イオン蓄電池の3倍以上重い点です．

しかし，自作EV向けの多くの部品の動作電圧が12Vの倍数で表示されているほど，今も自作EVの世界では最もポピュラーです．

EV用蓄電池②
小さいのに高エネルギー
リチウム・イオン蓄電池

● メリット：小さく軽くてハイパワー

リチウム・イオン蓄電池は，数年前までは国内では個人レベルでの入手ルートがほとんどありませんでした．

海外通販ルートでは比較的大容量の単電池が，国内でも秋葉原の部品ショップの店頭や通信販売で，いわゆる18650サイズ（直径18mm×長さ65mmの円筒形でノート・パソコン用で使われている）を中心に単電池を入手できるようになりました．

リチウム・イオン蓄電池は，電解液に有機溶媒を用いて1セルの公称電圧を3V以上と高くできたことで，

隣接するバッテリ端子は，アルミ平角棒で接続

運びやすいように梱包用プラスチック・バンドで持ち手をつけた

アンダーソン・コネクタ

主回路配線

工具などを落としても端子間がショートしないようにテープで絶縁

梱包用プラスチック・バンドで結束

写真1　鉛蓄電池で構成した電動バイク用バッテリの例（爆走！トラ技号）
72V/5Ahのバッテリ・モジュール．数ヶ所の配線で高電圧が簡単に得られる

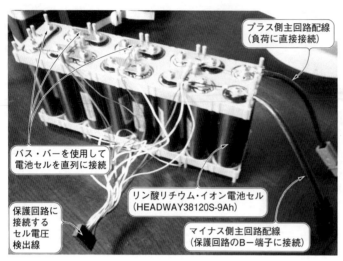

プラス側主回路配線
（負荷に直接接続）

バス・バーを使用して
電池セルを直列に接続

リン酸リチウム・イオン電池セル
（HEADWAY38120S-9Ah）

保護回路に
接続する
セル電圧
検出線

マイナス側主回路配線
（保護回路のB－端子に接続）

（a）バッテリ・モジュール内部

（b）完成したバッテリ・モジュール（絶縁のためプラダン板で包装した）

写真2　電動バイク用の自作リチウム・イオン・バッテリ・モジュールの例（51.2 V/9 Ah）
9 Ahのリン酸鉄リチウム・イオン蓄電池を16個直列に接続して構成．保護回路に接続するセル電圧検出線が接続してある

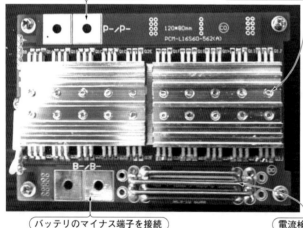

負荷のマイナス端子を接続

異常時に主回路を遮断するMOSFETアレイ

バッテリのマイナス端子を接続

電流検出抵抗

セル電圧を監視するために，
各セルの端子を接続する

（a）主回路端子

（b）セル電圧監視用コネクタ

写真3　実際のリチウム・イオン蓄電池も保護回路がばっちり！
リン酸鉄リチウム・イオン蓄電池用の保護回路基板が販売されている．写真は16セル用の16S LIFEPO4 BMS－BATTERY MANAGEMENT SYSTEM 50-100A（EcityPower製）

実用化された蓄電池では最も高いエネルギー密度となりました（**写真2**）．

● **デメリット：いったん燃え出すと止まらない！保護回路は必須**

有機溶媒は石油に似た，とても燃えやすい液体です．取り扱いを誤ると電池そのものが発煙・発火する恐れがあります．

鉛蓄電池やニッケル水素蓄電池は，電解液に酸やアルカリの水溶液を使っており，可燃性の材料は使われていません．誤った取り扱いでガスが発生して最悪破裂の恐れはあるものの，電池自体が燃えることはまずありません．

▶**過充電と過放電を防ぐ保護回路**

リチウム・イオン蓄電池では電池自体が発火するのを防ぐために，常時各セルの端子電圧を監視しながら，過電流が流れたら充放電を強制的に停止するような保護回路を備えることが必要です．

ほかの蓄電池と比べて過充電にも過放電にもに弱く，発火に至らなくとも簡単に劣化するため，電池保護の

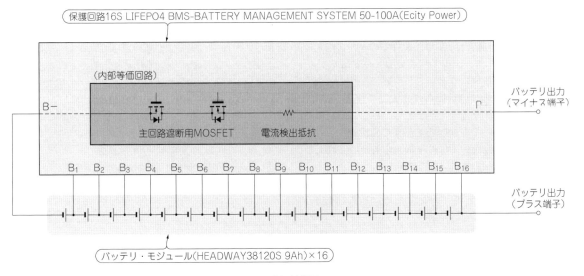

保護回路16S LIFEPO4 BMS-BATTERY MANAGEMENT SYSTEM 50-100A(Ecity Power)

（内部等価回路）

B−

主回路遮断用MOSFET　電流検出抵抗

バッテリ出力
（マイナス端子）

B_1　B_2　B_3　B_4　B_5　B_6　B_7　B_8　B_9　B_{10}　B_{11}　B_{12}　B_{13}　B_{14}　B_{15}　B_{16}

バッテリ出力
（プラス端子）

バッテリ・モジュール(HEADWAY38120S 9Ah)×16

（a）接続図

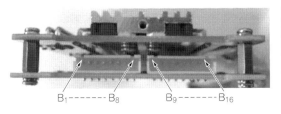

B_1------B_8　　B_9------B_{16}

（b）BMSのセル電圧検出端子

図6　バッテリ・モジュールと保護回路は必ずセットで使用する

観点からも保護回路は必須です．

▶EVならではの保護回路

　EV用のバッテリは，ほかの機器よりも高電圧が求められるため，多数のセルを直列に接続して使うことがほとんどです．そこで多数のセル電圧を監視する必要があります（**写真3**，**図6**）．

　負荷電流も大きくなるため，これを遮断できるスイッチも大形品が必要です．バッテリの火災事故を防ぐためには，保護回路なしでリチウム・イオン蓄電池を使用することは避けなければなりません．

＊

　こうした保護回路が必要なのは，リチウム・イオン蓄電池ならではの特徴です．保護回路のぶんだけバッテリ・モジュールが複雑で管理が難しいことから，自作EV用に手軽とは言いにくい電池です．

EV用蓄電池③ 高性能で入手性もGood！ ニッケル水素蓄電池

● **メリット…コンビニでも買える手軽さ**

　「乾電池の代わりに繰り返し利用できる充電地」としてとても身近で，コンビニでも入手できます（**写真4**）．

単3形のニッケル水素蓄電池を40本直列に接続して48Vを得ている

写真4　EVエコラン・レース車の練習走行用に搭載したニッケル水素蓄電池
多数の単電池を低抵抗で接続する必要があり，高圧化／大容量化は大変

　現在市販されているハイブリッド車の走行用バッテリにも採用されています．1セルの公称電圧は1.2Vです．一般に市販されているニッケル水素蓄電池は，単1／単2／単3／単4サイズの単電池がほとんどです．個人が気軽に1個から買えるニッケル水素蓄電池で，

これより大きなものはあまり目にしません.

● デメリット…高容量/高電圧を作るのがたいへん

入手しやすいニッケル水素蓄電池でEV用バッテリ・モジュールを作ろうとすると,選べるのは,乾電池サイズの単電池にほぼ限られます.これは,EVに必要な容量と電圧を得ることを難しくしています.

▶たくさんつないで容量と電圧を稼ぐ必要あり

バッテリの容量を稼ぐには単電池を並列に,電圧を稼ぐには直列に接続すればOKです.

しかし,単1サイズのニッケル水素蓄電池でも1本あたり6 Ah程度の容量しかないため,**写真1**に示したものとWhベースで同容量のバッテリ・モジュールを作ろうと思えば単1サイズのニッケル水素蓄電池が50本必要な計算になります.また,**写真2**に示すものとWhベースで同容量とするには64本必要です.

ポピュラな単3サイズの1個当たりの容量は約2 Ahなので,ざっとその3倍の単電池を直並列に接続する必要があります.

▶安価ではない

海外製のリチウム・イオン蓄電池の価格が下がってきたことから,割安感が薄くなっています.鉛蓄電池より小型/軽量で,乾電池代わりに使えるほど安全性の高いニッケル水素蓄電池ですが,ニッケル水素蓄電池の使用が義務付けられている競技会向けEVを除いて,自作EVの世界では採用例が少ないのが実情です.

◆参考・引用＊文献◆

(1) 経済産業省機械統計の蓄電池の国内販売額推移.

(2)＊堀江 英明；リチウムイオン電池技術の進歩-現実化する大規模定置利用-, 蓄電池普及及び蓄電社会システム産業の国策的振興を目指す議員連盟講演資料, 2011年11月, 一般社団法人二次電池社会システム研究会.
http://www.nijidenchi.org/2011_11_24horie.pdf

(3) 神田 基, 上野 文雄；電池の用途展開と市場及び技術動向, 東芝レビュー Vol.56 No.2, 2001年.

(4) 暖水 慶孝；二次電池の進化と将来, 年報 NTTファシリティーズ総研レポート No.24, 2013年6月.

(5) 一般社団法人 電池工業会；二次電池販売金額長期推移(経済産業省機械統計).
http://www.baj.or.jp/statistics/07.html

第22章

自作の電気自動車で公道に出ちゃおう！
車検の通しかた

浅井 伸治
Shinji Asai

そもそも「車検」って何？

● クルマの安全性や所有権を認める検査

　車検とは「自動車検査登録制度」を略したものです．国土交通省の行う検査によって安全に使用できる車であることを確認し，その車の所有権を法律的に認めてもらうことがその内容です．

　車は，故障などで操作不能に陥れば，人命に関わり，ある意味危険な乗り物でもあります．従って，車種や用途ごとに一定期間(1～3年)が経過すれば，再び検査・更新が必要となります．

● 車検をパスしていないクルマで公道を走れない

　あまり罪の意識がないかもしれませんが，車検が切れた状態で公道を走ることは，りっぱな道路運送車両法違反です．製作中の電気自動車を公道でテストするなどもってのほかです．公道テストは，自賠責保険に加入して臨時運行許可書(仮ナンバ)を市町村役場にて入手しなければなりません．

● コンバートEVを作るなら構造変更検査が必要

　車検には以下のような種類があります．

- ・新規検査：新たに自動車を所有して使う際に，登録を受ける車検
- ・継続検査：一定期間経過後の再検査・更新
- ・構造変更検査：車検証の記載項目に変更が生じた改造や，安全性に関わる改造を行った場合に受ける検査．別名「公認車検」

　このうち本稿では，第2章で紹介したコンバートEV(ガソリン車を電動に改造した電気自動車)の構造変更検査について，詳しく解説します．

車検が必要な車と不要な車

　車検が必要な車と不要な車が決められています．
　既存のガソリン・エンジン車を電気自動車に改造する場合は車検が必要です．車検が不要な車両を**表1**に示します．軽二輪のカテゴリがモータ出力1000 W以上で上限がなく電動バイクとしておもしろそうですが，任意保険のことを考えると年間10万円ほどかかりま

表1　車検を必要としない電動車両区分

区分(種類)	モータ出力 [W]	法定速度 [km/h]	大きさ [m]	税金 [円/年]	その他
原付き(1種) (原動機付自転車のこと)	600まで	30	長さ：2.5 幅：1.3 高さ：2.0	1,000	排気量50ccに相当する
原付き(2種)	1000まで	50		1,600	－
軽二輪	1000以上，上限なし	なし (ただし，道路の法定速度がある)		2,400	自賠責保険8,620円/年
シニアカー (3輪または4輪)	－	6以下	長さ：1.2 幅：0.7 高さ：1.9	なし (ナンバ不要)	歩行者扱い(歩道を通行)
ミニカー	600まで	60 (普通自動車扱い)	長さ：2.5 幅：1.3 高さ：2.0	2,500	自賠責保険8,620円/年

　本章で紹介する内容は執筆時点(2011年6月)の情報です．今後，法律の改正などで変わる可能性があるので，必ずご確認ください．

す. 一般自動車でもそうですが, 自賠責保険（強制保険）はあくまで対人の保険です. 相手の高級車などを損傷させた場合を考えると, 加入は必要でしょう.

コンバートEVを作ったら 構造変更検査を受けること

● 既に車検に通ったクルマを改造したら車検を受け直す

構造変更検査とは, 車検証の記載項目に変更が生じた改造や, 安全性に関わる改造を行った場合に受ける検査で, 別名「公認車検」と呼ばれています. この検査もいわゆる「車検」で, 基本的な検査内容は普通の「継続検査」と同じです. コンバートEVなどを作るときにも必要となります.

この検査を受けるには, 「改造自動車届」に関する書類一式を入手するため, 最寄りの陸運局事務所を訪れます. 担当者に内容を説明すると, 必要な書類をすべて用意して, 書き方の説明もしてくれます. もちろん無料です. まずは, ここからスタートです.

書類およびそれに関わる資料や解説（形式は自由です）をすべて作成して提出し, 内容の精査を受け, 認められ, 初めて「構造変更検査」を受けることができます. 図1の交付がその証しです.

▶新規の車検は, 車庫証明などが必要

ちなみに「新規検査」とは, 新車または未登録の中古車の一時抹消状態（ナンバがない状態）から, 新たに自動車を所有して使う際に, 登録を受ける車検のことです. 俗に「ナンバを取る」と言われています. 普通の継続検査との大きな違いは, 車庫証明（軽自動車を除く）と自動車税申告書が追加で必要になることです.

構造変更検査で課題となる 4項目プラス1

最近では, 自動車メーカから発売される電気自動車も増え, 個人で電気自動車に改造する人たちも徐々に増えています. その状況を踏まえて, 国土交通省から「ガソリン・エンジン自動車を電気自動車に改造するときの留意点[1]」なるものが発表されました. このうち対処が難しいと思われる4項目を以下に紹介します.

● 項目1：アクセル・ペダルを押し戻すスプリングは2重にする

アクセル・ポッドのレバーは, 引っ張れば（ペダルを踏めば）戻るように適切なリターン・スプリングが内蔵されています（第2章 写真7）.

しかし破損時には, アクセルが踏み込まれたまま戻らなくなってたいへん危険な状態に陥ります. そこで安全のため, もう一つリターン・スプリングを加えることが義務化されました.

● 項目2：ブレーキの力を強めるためにポンプを追加する必要ある

ブレーキの制動倍力装置（ブレーキ・ブースタ）はエンジンの負圧を利用しています. ということは, エンジンがなくなれば負圧も取り出せません.

対策は, モータを追加してポンプを回し, 発生した負圧を既存の制動倍力装置に配管します. 部品はアメリカの通販サイトから調達できます.

20年以上前の古い車の中にはこの倍力装置が装着されていないこともあり, その場合は追加する必要はありません. 第13章のベース車両ミニ1000も元々倍力装置がなかったので, 追加は不要でした.

そうでない場合はまず使われているので, ポンプの追加が必要です.

● 項目3：発生する電波が無線設備の機能に障害を与えないこと

いわゆるノイズ対策です. 確かにDCモータ・ドライバであるPWMコントローラはノイズ発生源です. 提出書類を作成するときや, 陸運局担当者に問われたときは, それが金属ケースでシールドされ, 外部には漏れないことを説明します. さらに, そのコントローラは放熱性も考えてエンジン・ルームに設置してあります. エンジン・ルームは, ほぼ金属ボディで覆われているので, シールド効果があることを説明に加えます.

● 項目4：前面ガラスに生じた曇りを速やかに取る機能（デフロスタ装置）を有すること

ほとんどのエンジン車は, 冷却に水を使っています. その水は常に90℃前後に保たれています. 曇り取り装置や暖房には, その温水が使われていますが, エンジンがなくなれば熱源もなくなります.

しかし, 安全上, この装置の機能は義務化され, 「構造変更検査」の検査対象となります. 対策事例は後述します.

● 項目5：安全のためのインターロック*

1999年7月以降に新車で販売されるマニュアル・トランスミッション車（以降, MT車）には, 「クラッチ・スタート・システム」と呼ばれる, クラッチを踏んでいなければエンジンがかからないようにする安全装置の装着が義務化されています. コンバートEVにおい

---

* : インターロック：ある条件を満たさなければ, 次の状態に移れないようにする仕組みや仕掛けのこと. 安全装置や工作機械や産業用ロボットの周辺装置に多数使われている. 前述の「クラッチ・スタート・システム」もりっぱなインターロック.

第2号様式

自中部第 ■■■■ 号
平成２１年　４月　３日

自動車検査独立行政法人　中部検査部長
改造概要等説明書（改造自動車審査結果通知書）

〔指示事項〕
・改造部位について、保安基準適合の確認を受けること。
・検査時には、本書と添付資料を提示すること。
・本改造自動車審査結果通知書は、車台番号 ■■■■■■ の壱両に限る。

（燃料の種類は電気！）
（総排気量は32kW）
（車両重量が90kg増えて、定員が4人→2人に）

主要諸元比較表

項　目		標準車	改造車	基準	項　目		標準車	改造車	基準
車　　　　名		ミニ	←	---	乗車定員 人		4	2	---
型　　　　式		不明	←	---	最大積載量 kg		—	—	---
自動車の種別		小型	←		車両総重量 kg	前前軸重	520	475	≦10t
用　　　途		乗用	←	---		前後軸重	—		≦10t
車体の形状		箱型	←	---		後前軸重	—		≦10t
燃料の種類		ガソリン	電気	---		後後軸重	380	405	≦10t
原動機型式		神[42]神	←			計	900	880	≦20t
総排気量 l		0.99	32 (kw)	---	最大安定傾斜角度°	右	52	←	≧30°
長　　さ m		3.05	←	≦12m		左	52	←	
幅　　　m		1.44	←	≦2.5m	タイヤサイズ	前前軸	145/70SR12	←	580kg
高　　さ m		1.33	←	≦3.8m		前後軸	—		---
軸　　距 m		2.03	←	---		後前軸	—		---
輪距 m	前軸	1.23	←	---		後後軸	145/70SR12	←	580kg
	後軸	1.20	←	---	積車時タイヤ荷重割合 %	前前軸	89.7	81.9	---
室内又は荷台の内側の寸法 m	長さ	1.78	1.20	---		前後軸	—		---
	幅	1.16	←	---		後前軸	—		---
	高さ	1.12	←	---		後後軸	65.6	69.9	---
車両重量 kg	前前軸重	430	410	---	積車時前輪荷重割合%		57.7	53.9	≧20%
	前後軸重	—	—	---	リヤ・オーバーハング m		0.50	←	≦2/3L
	後前軸重	—	—	---					
	後後軸重	250	360	---	荷台オフセット m		—	—	---
	計	680	770	---	最小回転半径 m		4.6	←	≦12m

能力強度等検討書

制動能力	踏力 — N　　km/h　　　　m			車枠強度	σB/σ	/	=	>1.6
				車軸強度	σB/σ	/	=	>1.6
	空気圧　　　　kpa			操縦装置強度	σB/σ	/	=	>1.6
				緩衝装置強度	σB/σ	/	=	>1.6
推進軸	回転数 Nc/N	11851 / 6500 = 1.8 >1.3		制動装置強度	σB/σ	/	=	>1.6
	強度 σB/τ	42 / 1.6 = 26 >1.6		連結装置強度	σB/σ	/	=	>1.6

注1. 能力検討欄は、該当しないものは—、省略したものは×を記入すること。

図1　コンバートEVを作るときに必要な「改造概要等説明書」

ても，下記のように安全装置を装着しなければなりません．

① MT車ベースのコンバートEVの場合は，アクセル・ペダルを踏んでいるとき，IG（イグニッション）がONの状態，すなわち，モータへのメイン電源が供給される状態にならないようにする．
→第13章，図2，コンバートEVの回路中，アクセル・ポッドに装着されているマイクロスイッチ（MS）のB接点をIG ONの条件に入れることにより対応
② 充電中は，IG ONの状態にならないようにする．
→第13章「電気自動車ならではの安全装置が必要」の「●その3（108ページ）」にて対応
③ シフト・レバーの位置がリバース（後退）にあるとき，ブザーなどで運転者に知らせるものであること．
→第13章「その他の安全装置と便利な機能」の「●リバース中をメロディで警告！（113ページ）」にて対応

● プラス1：ヘッド・ランプの光度

　参考文献（1）のコンバートEVを作るときの留意点には記述がありませんが，車検ではヘッド・ランプの光度（明るさ）と光軸の検査が待ち受けています．問題は光度の下限をクリアできるかということです（上限

はありません）．規定は15000 cd（カンデラ）です．

　検査中，一般ガソリン・エンジン車両はアイドリングで800 rpm近辺を保っています．当然，発電機（オルタネータ）も回転して電気を供給しています．そのときの電圧は13.5〜14 V くらいです．

　ところが，サブバッテリを搭載した電気自動車のバッテリ電圧は高くて13 V弱でした（第13章のコンバートEVの場合）．旧車ベースの電気自動車では注意しなければなりません．

▶光度対策は実証済み

　ヘッドライトの配線にリレーを用いて，サブバッテリから直接，太く（2 sq：電線の導体断面積2 mm²）短く結線します．マイナス側もバッテリから取り出して直結（アース・チューンと呼ばれる）します[注1]．

　第13章のベース車両である旧車ミニ1000のヘッド・ランプは，シールド・ビーム・ランプにもかかわらず18000 cdをたたき出しました．事前に民間検査場，いわゆるテスタ屋さんで測定・調整します．

構造変更検査を乗り切るために！ 窓ガラスの曇り取り装置の自作

　電気自動車を製作し始めるといくつか試練がありますが，私の場合，曇り取り装置（デフロスタ）が最後のちょっとしたハードルになりました．廃物を利用して費用0円の簡易曇り取り装置（デフロスタ）を製作したので紹介します．

● 利用したもの…ヘア・ドライヤ

　私は，接着剤などの乾燥用としてガレージで使っていたヘア・ドライヤを使って簡易デフロスタを自作することにしました．回路を図2に示します．

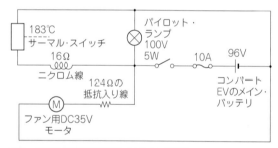

図2　簡易曇り取り装置（デフロスタ）の回路

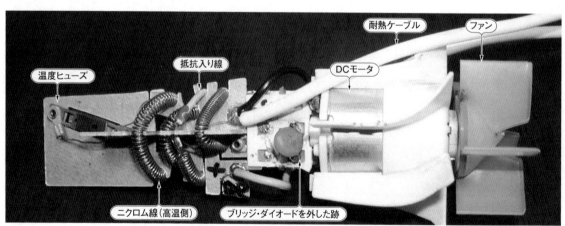

写真1　デフロスタ（曇り止め）の内部
ヘア・ドライヤを改造

注1：一般に車のバッテリのマイナス側は金属ボディに接続されているが，ヘッド・ライトとバッテリのマイナス側を直接2 sq（導線断面積2 mm²）ていどのケーブルで直結してやると，金属ボディによる電圧降下が減らせて電圧が0.2〜0.5 V上昇し，光度が改善する．

「くるくるドライヤ」(松下電工，1993年製)
出力700W
温度ヒューズ付き(183℃バイメタル式B接点)

ヘア・ドライヤをバラしてみると，幸いなことにファン用モータはDCモータが使われていました(**写真1**)．モータの電源はブリッジ・ダイオードS1WBにより，脈流を得て供給されていました．入力には，抵抗線を介してAC35Vがかけられていました．

● **間違ってはいけない！　細心の注意で配線**

抵抗線回路は生かして，ブリッジ・ダイオードを外し，モータにはDC35Vが供給されるように配線しました．また，メイン・バッテリのDC96Vを1次電源として供給するので，セラミック・コンデンサ0.1μFは，そのままモータのノイズ防止として残しました．

装置の内部には高温部もありますので，配線はシリコン被覆の耐熱ケーブル(2sq)を使います．

結線状況を正しく確認し，自動車の振動を考慮して，確実な配線作業が要求されます．

● **実験！　連続5分運転しても問題なし**

走行モータ用のメイン・バッテリからDC96Vを供給し，AC100Vでドライヤとして使っていたのと同じような熱風と風量が確認できました．連続で5分運転しても，温度ヒューズが切れることなく使えたので問題なしとしました．実際の窓の曇りも，スイッチONの直後からすぐ取れ始めました．十分に機能し，構造検査にもパスできました．

● **ダッシュボードに組み込む**

昔ながらの旧車はシンプルで空間も広く，作業性は大変よいです．T型ジョイント(水道配管用)は，左右の温風吹き出し口に分けるために使っています(**写真2**)．運転席側に，より多くの温風が行く接続にしてあります．

非常停止ボタンとは，電気自動車本体の電源用メイン・コンタクタ(第2章　図2参照)のインターロックとして使っている安全装置です．

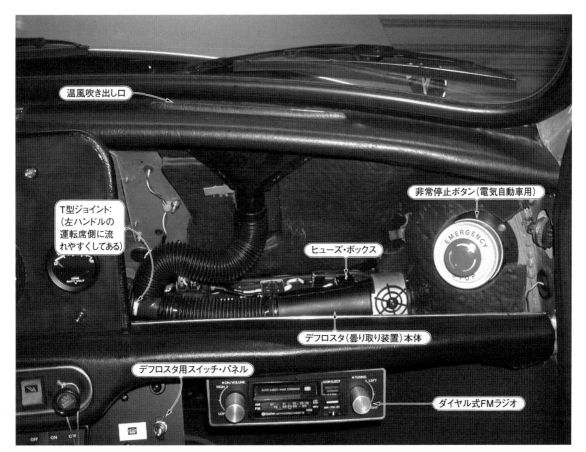

写真2　ダッシュボードに組み込まれたデフロスタ(曇り止め)装置と非常停止ボタン

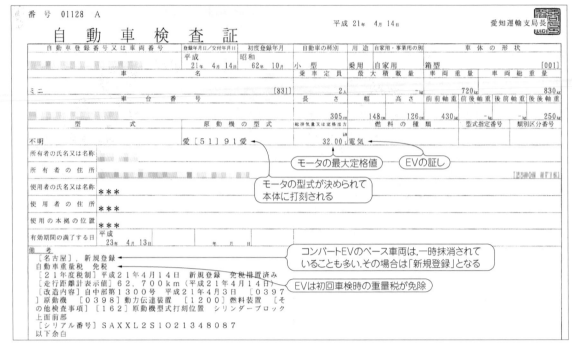

図3 自動車検査証

陸運局に何度か通って改造自動車審査にパスした

電気自動車を作るとうれしいこと

● 電気自動車には減税の特典がある

電気自動車(EV)は地球にやさしいエコカーですから，初回車検時の重量税(車体重量により納める税金)が免除されます(図3)．2回目の車検からは，50％減税です．これもうれしいです．

さらにもう一つ，旧車ファンには厳しい制度ですが，

新車から13年を経過すると(早くエコカーに替えなさいと)自動車税が10％増しになります．しかし，電気自動車は排気ガスがゼロですから，その対象にはなりません．

◆参考文献◆
(1) 関東運輸局のウェブ・サイト「電気自動車の改造に当たっての留意点」
(2) 電気自動車普及協会：コンバージョンEVのガイドライン www.apev.jp/guide/pdf/guideeline20110427.pdf

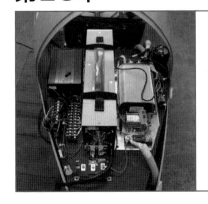

第23章

クルマはこうやって進化してきた
自動車の歴史と電気自動車

宮村 智也
Tomoya Miyamura

自動車を動かすパワーの源…
原動機の進化

● 18世紀中ごろ…自動車の原動機の原点「蒸気機関」

　自動車の歴史は，18世紀中ごろから走り始めた**写真1**に示す「蒸気自動車」に端を発します．蒸気自動車は，ワットが発明した蒸気機関を原動機とする自動車で，乗合自動車などとして活躍しました．蒸気エンジンは，お湯を沸かして蒸気を発生させる必要があったので，走り出すまでに長い準備時間が必要なこと，水の補給が頻繁に必要なことなどから徐々に姿を消していきました．

● 19世紀…二つの原動機が出現「ガソリン・エンジンと電気モータ」

　19世紀になると，今日でも大活躍の代表的な二つの原動機が出現しました．一つはドイツの発明家ニコラウス・アウグスト・オットー（以下，オットー）が発明したガソリン・エンジンなどの内燃機関，もう一つ

はイギリスの化学者マイケル・ファラデー（以下，ファラデー）が発明した電気モータ（以下，モータ）です．

　この二つの原動機も，出現とともに自動車への応用研究が始まりました．1876年にガソリンを燃料とする内燃機関をオットーが発表し，その9年後の1885年にはドイツの技術者ゴットリーブ・ヴィルヘルム・ダイムラー（以下，ダイムラー）がガソリン自動車の特許を出願しました．一方1821年にはモータが発明され，諸説ありますが，1840年代には電池とモータを搭載した電動の乗り物がスコットランドで登場したとされています．

● 取り扱いやすく乗り心地が良い電気自動車が人気

　19世紀末から20世紀初頭の自動車れいめい期には，電気自動車のほうが人気があったようです．**写真2(a)**に示すT型フォードの大量生産で有名な，アメリカの自動車会社フォード・モーターの創設者ヘンリー・フォードの妻は，**写真2(b)**に示すデトロイト・エレクトリック社製の電気自動車を愛用していたといわれて

写真1　自動車の始祖（出典：トヨタ博物館）
フランス製の蒸気自動車「キュニョーの砲車」の模型

（a）T型フォード（出典：トヨタ博物館）

（b）1916年式 デトロイト・エレクトリック（出典：GSユアサ）

写真2　T型フォードとデトロイト・エレクトリックの電気自動車
「自動車王」ヘンリー・フォードの妻はデトロイト・エレクトリック製の電気自動車を愛用していたという

図1　れいめい期のエンジン始動
エンジン始動にはコツと体力が必要だったが，電気自動車はスイッチ
ONですぐ走れた

います．

　当時のエンジン車は，エンジンの始動が難しかった
ようです．**図1**に示すようにエンジンの始動はエンジ
ンのクランク・シャフトを手で回して行っていたうえ，
燃料の供給方式も原始的であったこと，燃料の質もよ
くなかったことから，エンジンの始動には技術と体力
を要しました．

　走り出したら走り出したで排気ガスのにおいがする
うえ，振動や騒音も大きかったのです．そこへいくと
電気自動車はスイッチONですぐ走り出せて，エンジ
ン車に比べて静かで振動が少なく，排気ガスのにおい
もなかったことから，取り扱いが容易で快適な乗り物
として喜ばれたのです[1]．

● 燃料「石油」の安定供給とエンジンの性能向上で
エンジン車に人気が移る

　自動車のれいめい期には始動が簡単，静かで快適と
喜ばれた電気自動車でしたが，エンジン車も日進月歩

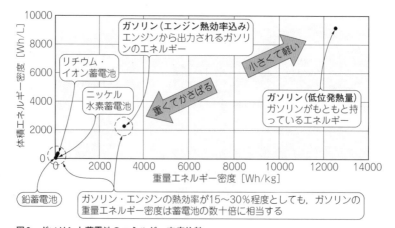

図2　ガソリンと蓄電池のエネルギー密度比較
同一体積・重量で比べるとガソリンの方が蓄電池よりエネルギー量が2けたも大きい

(a) OS電氣自動車（小型乗用）

(b) 神銅電気自動車（乗り合い）

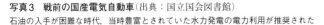

写真3　戦前の国産電気自動車（出典：国立国会図書館）
石油の入手が困難な時代，当時豊富とされていた水力発電の電力利用が推奨された

の発展をとげました.

ベルト・コンベアを使った近代的な生産方式で史上初めて量産されたエンジン車であるT型フォードの登場は1908年ですが，開発当初はエタノールを燃料にすることを計画していました.

しかし，アメリカで原油の機械掘りがはじまり石油が安定供給されるようになって石油を燃料としたことと，エンジンの始動を手動式から現在のようなモータで始動する方式を後に取り入れたことなどから，エンジンの始動が簡単になりました. すると，取り扱いの容易さが電気自動車に追いついてきて，エンジン車の人気も電気自動車に追いついてきます. また，**図2**に示すように石油などの液体燃料は，単位体積・単位重量当たりのエネルギー量を示すエネルギー密度が電池よりも二けたほど大きく「より遠くへ走っていける」という性質をエンジン車はもっているので，次第に電気自動車の市場はエンジン車に奪われていきました.

こうして，始動性と快適さがうりものであった電気自動車は，徐々にその割合を減らしていきました.

戦前～戦後…日本の自動車事情

● 戦前…日本でも電気自動車が活用されていた

日本では，1917年にアメリカ製の電気自動車が初めて輸入されました. この当時は，電気自動車がアメリカで乗り合いバスやタクシとして活躍した時代なので，日本でも電気自動車の商業利用が相当調査研究されていました[2]. また，国内でも**写真3**に示すような電気自動車が製作されるようになりました.

年号が大正から昭和になり，世界情勢の変化とともに国内のエネルギー情勢が変化していきました. 特に，日中戦争が始まって以降，国内では石油の入手が難しくなるばかりで，民間の自動車では石油に代わる代替燃料の適用研究が盛んに行われるようになりました.

当時の日本の自動車は乗合自動車やトラックがほとんどですが，代替燃料として薪・木炭・天然ガス，そして電気をその研究対象としていたようです[3]. 電動の乗り合いバスやトラックの製作については，当時の電気協会から設計基準が発行されています[4]. この当時の文献には(a)～(d)などの記述がみられます.

> (a) 電気自動車用の車体や電動機，蓄電池などの標準化が検討されていた.
> (b) 電気自動車には夜間の余剰電力を活用することが推奨されていた.
> (c) モータなどの構成装置の配置の自由度を生かした意匠設計が取り入れられていた（例：**写真4**）.
> (d) 走行用電池の交換システムが欧米で運用されていた[2]

現代の電気自動車でも同じことが言われています.

● 戦後…一度電気自動車は消えた

1945年に終戦を迎え，混乱期にあった日本ではガソリンなどの石油製品が依然統制物資として扱われていたため，終戦後数年は国産の電気自動車が生産・販売されていました[1]. しかし，原油の輸入が再開され，国内のエネルギー事情が改善してガソリンなどの石油製品が安定供給されるようになると，電気自動車をはじめ，薪や木炭で走るバスやトラックもガソリン車やディーゼル車にとって変わりました. その理由は次に示す(1)～(3)の通りです.

> (1) 電気自動車は，大量の蓄電池を搭載するわりには短い距離しか走れず充電に時間がかかる.
> (2) 薪や木炭で走る自動車は燃料が固形物であり取り扱いが不便.
> (3) ガソリン車やディーゼル車に比べてパワー不足.

エンジン車は，当時の技術ではエンジンの大きさや冷却などの問題から搭載場所に制約があった

電気自動車はエンジン車に比べ電動機や電池の配置に自由度があり，現代に通じるようなデザインだった

主要コンポーネントの配置の自由度は現在でも電気自動車のメリットと言われている

（a）内燃機関（エンジン）車の乗合自動車の例　　（b）電動の乗合自動車の例

写真4　戦前のエンジン車と電気自動車のデザイン（出典：国立国会図書館）
電気自動車の利点を生かした設計が既にされていた

復活！ 電気自動車…
パワー半導体や電動機，電池が改良

　戦後一度姿を消した電気自動車ですが，1970年代あたりから電気自動車の研究開発が再開されます．理由は，2度にわたるオイル・ショックで石油の供給不安が問題になったこと，もう一つは当時深刻だった大気汚染への対応です．

　日本でも1971年から76年にかけて，通商産業省（現在の経済産業省）の大型プロジェクトとして電気自動車開発が進められました．

　戦前の電気自動車は，直流直巻きモータの界磁巻き線を複数用意して，直列接続と並列接続を切り替えたり，電機子への直列抵抗の挿入を接点で切り替えてモータの出力を制御していました．

● パワー・デバイスの進化

　70年代の電気自動車では，**図3(a)**のようにサイリスタを使うなど，電動機の出力制御にパワー半導体を

適用することで，現在のような無段変速が行われるようになりました．しかし，電気自動車が一般に市販されるには至りませんでした．

　90年代に入ると，大気汚染に悩むアメリカのカリフォルニア州でZEV（ゼロ・エミッション・ヴィークル規制）法が施行され，再び電気自動車の研究開発が盛んになります．ZEV法とは，自動車メーカが販売する車両のうちある一定比率をZEV（Zero Emission Vehicle，無排出車）としなければならないとするカリフォルニア州の規制です．

　アメリカでは，大気汚染に関するカリフォルニア州の規制を他の州が後を追うようにとり入れる傾向があるため，自動車の巨大市場であるアメリカで自動車メーカが商売を続けるには，排気ガスが出ない電気自動車をある程度作って販売する必要があったのです．

　このころにはパワー半導体に大容量のバイポーラ・トランジスタやMOSFET，さらにはIGBTが出現していました．これらにマイコンを組み合わせることで**図3(b)**に示すように，誘導モータや永久磁石式の同

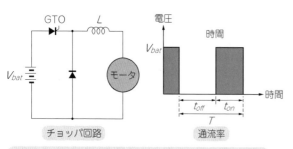

GTO（Gate Turn Off）サイリスタを使った直流機用チョッパ回路．直流機をPWM制御できるようになって，無段階で出力制御が可能

（a）70年代〜

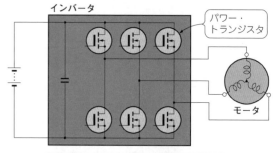

電力用MOSFETやIGBTの出現とマイコンの発達で3相インバータが作れるようになった
→交流機の可変速ドライブが可能

（b）80年代末から90年代以降

図3　大電力を扱える半導体素子の発達につれて回路方式が変遷していった

（a）1995年式 トヨタ RAV4 EV（出典：トヨタ博物館）

（b）ホンダ EV プラス（出典：ツインリンクもてぎ）

写真5　90年代の電気自動車
カリフォルニア州のZEV規制対応で一般消費者に届けられた代表的なEV．どちらも交流モータとニッケル水素蓄電池を採用していた

期モータといった交流モータが電気自動車に適用されるようになりました．

● 蓄電池の進化

　90年代の電気自動車の蓄電池には，それまで主流だった鉛蓄電池にかわり，より小型軽量なニッケル水素蓄電池が搭載されるようになりました．自動車用の交流モータやそのインバータの開発に，自動車メーカが本格的に取り組むようになったのは，このころからといえます．GM，フォード，クライスラーといったアメリカの自動車メーカ・ビッグ3や，写真5に示す日本のトヨタ，ホンダが作った電気自動車は，実際にアメリカの一般消費者の元に届けられました．しかし，価格や走行できる距離の問題からごく限られた生産台数に留まりました．いまでもたまに，アメリカでトヨタが当時販売した電気自動車が走っているのを目撃することがあります．

● 電気自動車向けパワエレ技術の見通し

　今も昔も変わらず求められる自動車向けの技術の一つに，小型・軽量化が挙げられます．これは電気自動車やハイブリッド車も例外ではありません．

　自動車向けのパワエレ技術では，パワー半導体の材料を現在のシリコン（Si）から炭化シリコン（SiC）や窒化ガリウム（GaN）へ置き換えることで損失低減と装置全体の小型・軽量化が期待されています．また電池技術では，現状のリチウム・イオン蓄電池のエネルギー密度を一けた上回ることを目標に，リチウム空気蓄電池（コラム参照）などが実用化に向け研究されています．

今世紀…クルマの電動化が本格化

● ハイブリッド車

　90年代の電気自動車開発で本格的に自動車メーカが取り組んだインバータ技術やモータ技術は，ハイブリッド車向けの電気駆動システムとして花開きます．1997年にはトヨタが，1999年にはホンダが一般向けにハイブリッド車の市販を開始しました．

　ハイブリッド車は，エンジンの燃料消費量が大きい領域は積極的にモータを使用することで燃費の改善を図ります．ハイブリッド車は，それまでのエンジン車と比べ燃料消費率を約半分にできたうえ，エンジン車

酸素で発電！「リチウム空気蓄電池」
エネルギー密度がリチウム・イオンのナント10倍！

　リチウム空気蓄電池は，次世代の蓄電池です．まだ，実用化されていませんが，通常の蓄電池と同じように使えるように研究が進められています．

　これまでの蓄電池と決定的に違うのはその構造です．蓄電池の充放電は，二つの物質間の酸化還元反応で行います．既存の蓄電池は，活物質と呼ばれる酸化還元を行う2種類の物質を両方とも蓄電池に内蔵します．これが重く大きくなる原因の一つです．

　リチウム空気蓄電池は，活物質にリチウムと空気中の酸素を用います．内蔵する活物質はリチウムだけで，もう一つの活物質は，外気からほぼ無限に供給される酸素です．これにより劇的な小型・軽量化が期待でき，既存のリチウム・イオン蓄電池の10倍以上のエネルギー密度が得られるものと期待されています．

(a) 日産 LEAF

(b) 三菱自動車 i-MiEV（出典：三菱自動車）

写真6　現代の電気自動車
エネルギ源の多様化，気候変動問題へのソリューションとして再び脚光を浴びている

（a）自作電気自動車の例（プロミネンスP.C.D.）

写真7　自作電気自動車と高圧電装部品
インターネット通販で，自宅にいながら電気自動車の自作に必要な部品が世界中から買える

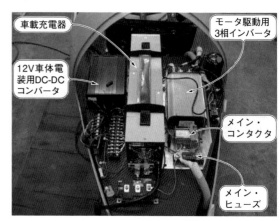

（b）P.C.D.の高圧電装部品

と変わらない使い勝手を両立できたことから，現在の日本の新車販売におけるハイブリッド車比率が約3割に達するなど，もはやあたりまえの自動車技術になりました．

● **電気自動車**

　2009年に三菱自動車から，2010年には日産からリチウム・イオン蓄電池を搭載した電気自動車が本格量産され一般消費者が購入できるようになりました（**写真6**）．一般消費者向け電気自動車の本格量産は，自動車の歴史上大きなトピックと言えます．

> ## 部品の入手性が向上…個人でも電気自動車の製作を試せる時代がきた

　電力用半導体やマイコンなどの高機能化と低価格化，インターネットによる商業活動の活発化で，個人が世界中から**写真7**に示すような電気自動車の製作に必要な部品を自宅で購入できるようになり，その気になれ

ば自分で電気自動車を製作できる時代になりました．これも，今世紀ならではの変化といえるでしょう．

　電気自動車にかけられる期待，また**図2**に示すような蓄電池のエネルギー密度が液体燃料より劣る点などの問題点は，歴史を紐解くと今も昔もあまり変わっていない気がします．現在は，自動車メーカでなくとも電気自動車を試すことができる時代になりました．今後読者から革新的な電気自動車が生み出されることを期待してやみません．

◆**参考文献**◆

(1) 御堀　直嗣：興味深い電気自動車の歴史とこれからのEV，JAMAGAZINE 2011年8月号 2011年8月号，日本自動車工業会．
(2) 東京市電気局調査課；電気自動車に関する調査，調査資料 第7巻 第4号，1926年10月．
(3) 日本乗合自動車協会；代用燃料車の総括的研究　代用燃料車研究講習会速記録，1939年7月．
(4) 電気協会；電気自動車設計基準，1940年12月．

第24章

人を移動させるためのエネルギーについて
持続可能な乗り物を考える
うえで知っておきたいこと

宮村 智也
Tomoya Miyamura

エネルギー問題と地球温暖化問題の根っこは同じ

● 普段使いの乗用車が消費するエネルギーを考える

近年，地球温暖化問題とエネルギー・セキュリティの両面から自家用乗用車に対する社会の目が厳しくなってきています．この問題に対する回答のひとつとして，モーダル・シフト（自家用車の代わりに鉄道やバスを利用する動き）があります．

なぜ，自家用乗用車に対する社会の目が厳しくなりつつあるのでしょう．1人の人間を1km移動させるのに必要なエネルギーで考えると，その理由が見えてきます．

図1に示すグラフは，人間1人を1km移動させるのに要するエネルギーを，主要な交通機関で比較した環境省が公開している数値です．このグラフから，私たちが普段何気なく移動のために使っている自家用乗用車のエネルギー消費率が意外に高く，バスの3倍，鉄道の10倍以上のエネルギーを消費していることに気

が付きます．

● 大量のエネルギーを消費するから温室効果ガスの排出量も大きい

現在のところ，旅客鉄道を除く主要な交通機関のエネルギー源（燃料）は，ほぼ100％が石油です．このためエネルギー消費率の大小はそのまま温室効果ガス排出率の大小につながります．

図2に国土交通省による交通機関別の温室効果ガス排出原単位を示します．

自家用乗用車と旅客航空，それにバスでは使用する燃料が異なるので，エネルギー消費原単位と温室効果ガス排出原単位が必ずしも比例の関係にはありません．しかし，石油を燃やせば温室効果ガスが発生しますから，乗り物の温室効果ガス排出の問題は結局のところエネルギー問題である，と言えます．自家用乗用車はエネルギー消費率が他の交通機関より高いため，温室効果ガス排出量も高い傾向にあります．

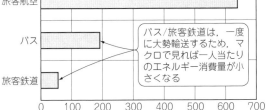

図1[(1)] 交通機関別のエネルギー消費原単位（2009年度）

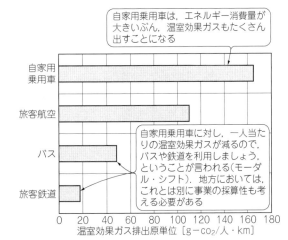

図2[(2)] 交通機関別の温室効果ガス排出原単位（2009年度）

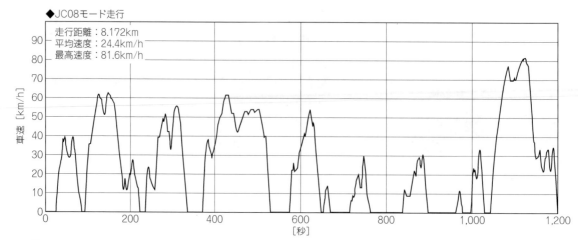

図3[(3)]　自動車のエネルギー消費率を測るときの走行パターン（JC08モード）
もともとは自動車の排出ガス中の有害物質の量を測るためのパターンだが，燃費/電費計測にも使用される

電気で動けば「エコ」なのか？

● 電気で動かせばとりあえずのエネルギー消費量は減る

ガソリン車のいわゆる「燃費」は，1リットルのガソリンで何km走れるかを示していますから，これはガソリン車のエネルギー消費率にほかなりません．単位はkm/リットルです．

一方，電気自動車のエネルギー消費率は，国内では「交流電力量消費率」という指標で表され，走行した距離を充電に要した電力量で除した値で示します．単位はWh/kmです．最近は「電費」といわれることが多くなってきました．

自動車のカタログに記載される燃費や交流電力量消費率は，図3に示す走行パターンを，乗員2名が乗車した状態で試験した結果が記載されています．

ガソリン車と電気自動車では，エネルギー消費率の単位が異なるため，パッと見たところではどちらが多くエネルギーを必要としているのかよくわかりません．このため，軽自動車のガソリン車と電気自動車で単位をそろえて比較した結果を表1に示します．

表1では，電気自動車と，同じ車体をもつガソリン車のカタログ記載値を，Wh/kmで表示しなおしました．ガソリン車のエネルギー消費率は，1リットルのガソリンを燃焼させると8903 Whの熱エネルギーを発生するものとして計算しています．

市販電気自動車のモータ効率が走行試験時の平均値で90％を越えること，およびガソリン・エンジンの熱効率が走行試験時の平均で一般に15 ～ 25％程度と言われていることからすると，表1に示したエネルギー消費率の差は，主に原動機の効率差に起因するもの

といえますので，電動化することで車両そのもののエネルギー消費率は減らせる，といえます．

● 電力はあくまで2次エネルギー…何からどう作るかが問題

電気自動車にすることで，車両そのもののエネルギー消費率は減らせて大変結構なのですが，電力はあくまで他のエネルギー源から作られる「2次エネルギー」です．

どんなエネルギー源から電力をどう作るのかが，エネルギー問題と地球温暖化問題の両面で重要です．

● エネルギー問題は量の安定確保と経済性の問題

わが国の電力供給構造は，戦前は水力発電が主でしたが戦後は火力発電が主となり，1970年代の石油危機までは石油火力が主でした．石油危機以降は経済性と安定供給の両面で天然ガス火力と石炭火力を増強し，石油火力発電所の新設をやめて原子力発電を積極導入するなど，エネルギー源を多様化して電力を経済的かつ安定的に供給する努力が続けられてきました．

2011年の東日本大震災により，東京電力の福島第一原子力発電所が大事故を起こした結果，震災前に約3割の電力供給を担っていた原子力発電は，ついにそ

表1　ガソリン車と電気自動車のエネルギー消費率比較
ガソリン車のカタログ燃費をガソリンの低位発熱量からWh/kmに換算して比較した

車　種	燃費・電費 （JC08）	エネルギー消費率 [Wh/km]
電気自動車 （i-MiEV，三菱自）	110Wh/km[(4)]	110
ガソリン車 （i，三菱自）	19.0km/L[(5)]	469

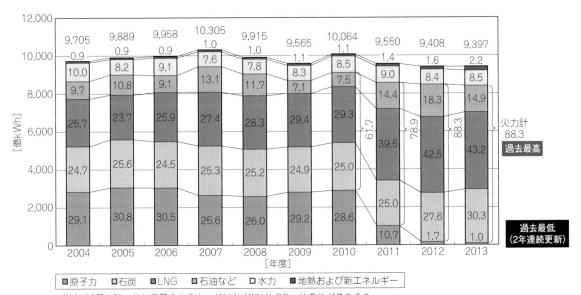

図4[6]　わが国の電源別発電電力量の構成比率
震災後わが国の主要電源は火力発電となり，その依存率はオイル・ショック以前の水準にある

のすべてが運転を停止する事態に至りました．

　結果，現在のわが国の電力供給は天然ガス，石炭，石油の各火力発電を主軸にせざるをえず，電力需要が急増したときのために残しておいた古い火力発電所のフル稼働を余儀なくされ，古い発電所はいつ故障して止まってもおかしくない状況であるなど，経済性と安定供給の両面でしばらくは大変厳しい運用が続くと見られます（図4）．

　また，火力発電用の化石燃料の価格は原油価格に連動して変化し，ほぼすべて輸入していますから，外国為替市況の影響もあって発電用燃料資源調達額が震災以降急増し，図5に示すようにわが国は2011年，31年ぶりに貿易赤字国となり，いまなお貿易赤字を拡大させ続けています．

　市販電気自動車のバッテリ電力は一般家庭の2～3日ぶんの電力需要をまかなえるとも言われていますが，見方を変えればそれだけ大量の電力を使用しても200kmそこそこ走れば御の字です．現在の電気自動車は，他の電化製品と比べれば桁違いの大電力を消費する装置といえます．

　電力の使用で貿易赤字を膨らましている昨今の事情を考えると，既存の自動車をただ電気で動くようにできればよい，というのは消費電力の面からも十分とはいえない，と筆者は思うのです．現在の電力事情を考えれば，電気自動車は既存の自動車とは異なる，より少ないエネルギー（電力）で走行できるような「すがた・かたち・大きさ」を考える必要があるでしょう．

● 電気自動車の地球温暖化問題はどうやって電力を作るかがカギ

　電気自動車は，バッテリの電力でモータを回して前に進みますから，車両そのものからは温室効果ガスやその他の有害ガスは発生しません．ですが，当然のことながら電力を作る発電所からは温室効果ガスが出ます．温室効果ガスの発生元が車両から発電所に移っただけ，ともいえます．図6に発電所別の温室効果ガス

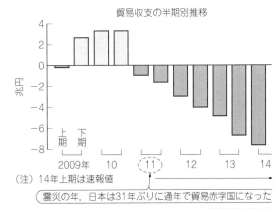

貿易収支の半期別推移

（注）14年上期は速報値

震災の年，日本は31年ぶりに通年で貿易赤字国になった

- 発電用燃料輸入費は，原油高と円安の影響もあって金額は増える傾向
- 円安により期待された輸出の増加が，国内産業構造の変化もあり思ったほど伸びていないのも貿易赤字拡大の要因といわれている

図5[7]　貿易収支の半期別推移
原油はもちろん，天然ガスも一部を除いて国際的な原油価格に連動するので，輸入額は増加の傾向

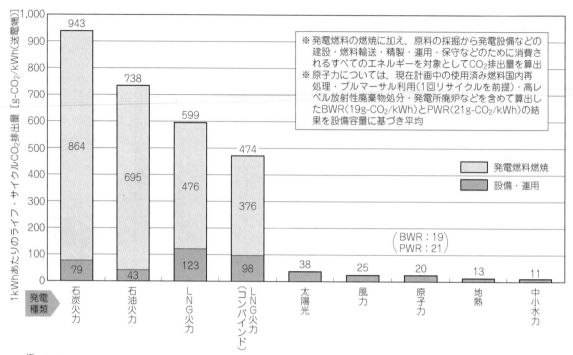

図6[(6)]　発電所の種類による温室効果ガス排出率比較
電力は2次エネルギーなので，その「作りかた」によって温室効果ガスの量が異なる

排出率を示します．

同じ火力発電でも，燃料に何を利用するか，発電所の構造をどうするかで1kWhの電力を作るうえで排出してしまう炭酸ガスの量が変わります．火力発電を電源に電気自動車を走らせたときの温室効果ガス排出量を，**表1**で示した軽自動車タイプの電気自動車で算出

した結果を**図7**に示します．

現在のわが国の主力電源はLNG火力と石炭火力です．**図7**には各火力以外に水力などのその他電源も入った，2012年度の国内平均も追記しました．事実上，日本国内で電気自動車を走らせると，2012年国内平均で示したくらいの温室効果ガスは排出することにな

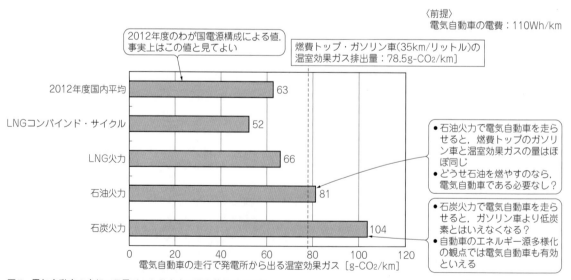

図7　電気自動車の走行で発電所から発生する温室効果ガスの量
電力が何から，どのように作られるかで電気自動車の温室効果ガス排出量は変化する

ります.

　図7で示した値をガソリン車と比べるとどうか？と考えてみます. ガソリン1リットルを燃焼させると2.38 kgの温室効果ガスが発生します. さらに原油採掘からガソリンを精製し, 自動車のタンクに届けるまでに1リットルあたり368 gの温室効果ガスが発生すると言われていますので, 1リットルのガソリン消費で都合2,748 gの温室効果ガスが発生する計算です. **表1**に示した軽自動車の燃費は19.0 km/リットルですから, 1 km走行あたりの温室効果ガスの排出量は, 145〔g-CO_2/km〕程度と計算できます.

　現状, 国内のガソリン車で燃費トップはJC08で37.0 km/リットルですから, この場合ですと温室効果ガス排出量は74.3〔g-CO_2/km〕まで下がります. 電気自動車にしたからといって温室効果ガス排出量が劇的に減るかといわれると, 現状では案外思っていたほどではない, ということになります.

　使用する電力と発電所から出る温室効果ガスは比例しますから, 地球温暖化対策の面からも, これからの電気自動車には既存の自動車とは異なる, 少しの電力量でより遠くまで走行できるような「すがた・かたち・大きさ」が求められることでしょう.

◆参考・引用＊文献◆

(1)＊環境省ウェブ・サイト：平成25年版　環境統計集, 環境省総合環境政策局, http://www.env.go.jp/doc/toukei//contents/pdfdata/h25all.pdf

(2)＊国土交通省ウェブ・サイト：運輸部門における二酸化炭素排出量, 国土交通省総合政策局環境政策課, http://www.mlit.go.jp/sogoseisaku/environment/sosei_environment_tk_000007.html

(3)＊国土交通省ウェブ・サイト：燃費測定モードについて, 国土交通省自動車交通局 技術安全部 環境課 温暖化対策室, http://www.mlit.go.jp/jidosha/sesaku/environment/ondan/fe_mode.pdf

(4)三菱自動車工業ウェブ・サイト：iMiEV主要諸元, 三菱自動車工業株式会社, http://www.mitsubishi-motors.co.jp/i-miev/spec/pdf/i-miev_spec.pdf

(5)価格.comウェブ・サイト：i（アイ）2006年モデルのグレード一覧, 株式会社カカクコム, http://kakaku.com/item/K0000286641/catalog/

(6)＊生駒昌夫：日本のエネルギーの現状と今後の電気学会の果たすべき役割, 電気学会誌, Vol.134, No.7, 一般社団法人電気学会, 2014年7月.

(7)＊時事ドットコムウェブ・サイト：2014年上半期の貿易赤字, 最大の7.6兆円＝燃料輸入が高水準, 【図解・経済】貿易収支の推移（最新）, 2014年7月24日, http://www.jiji.com/jc/graphics?p=ve_eco_trade-balance

あとがき

　筆者が本書を執筆するきっかけとなったのは，第2章で紹介した一人乗り電気自動車を，2010年末に開催された株式会社インフロー主催「電子工作コンテスト」に出品したことでした．「電子工作」というにはいささか場違いな感もありましたが，電気で動くんだからいいじゃねぇか，という軽い気持ちで応募したところ大賞ノミネート作品に選ばれ，決勝のプレゼンテーションの機会を頂戴したのですが，これをご覧になっていたトランジスタ技術編集部の寺前編集長と上村氏がおもしろがってくれて，「トランジスタ技術」誌に件の電気自動車の製作記事執筆の機会を与えてくれました．

　私にしてみれば，件の電気自動車は，モータやコントローラはいうに及ばず，普通はゼロから作ることがほとんどの車体からシャーシまで，基幹部品はすべて買い物部品で済ませるという，ソーラーカーの世界ではいわば"邪道"ともいえる方法で作った車両でした．ですので，製作記事といっても電気関係は極論すれば説明書にしたがってつなぐだけ，こんなので果たして記事になるのかなぁ，と内心は思っていました．

　記事が掲載された「トランジスタ技術」誌の編集後記には，こんなコメントが載っていました．「オーディオやロボットの自作は普通にあることですが，電気自動車を手作りするって…尋常じゃありません」どうやら世間的にはそうらしい，とこのとき初めて気がつきました．

　学生の頃から20年来，ソーラーカーなどの製作を趣味としてきましたので，本人にはいたって普通（？）のことではありますが，一方，「こんな面白いこと，なんであんまりやる人いないのかな？」と思うところもありました．このとき長年の謎が解けたというわけです．

　これがご縁で，2012年には電気バイクの製作記事執筆のため，トラ技編集部に初の「レーシング・チーム」が組織され，残暑厳しい浜松のオートレース場で大笑いしながらレースを楽しませていただいたことは忘れることができない楽しい思い出です．

　何事にも「とっかかり」というのは重要です．本書を通じて「これならオレにもできる！」と思っていただけて，実際に電気自動車の製作に取り組む仲間が一人でも多く生まれると素敵だなぁ，と思います．一人で作っても楽しいですが，気の合う仲間と車両の製作とレースをワイワイ楽しむというのも，さらに楽しいものです．ただし，「ケガと弁当は自分もち」．これがこのホビーの鉄則です．

　最後になりましたが，執筆の機会を与えてくださいました「トランジスタ技術」編集部の寺前編集長と上村氏，電気バイク記事ではいつもうまくまとめてくださいました堀越氏，車両製作にあたりスポンサードくださいました一般財団法人日立環境財団，日本ナショナルインスツルメンツ株式会社，古河電池株式会社の関係各位ほか，改めまして内外の関係各位に心から深く感謝申し上げます．

宮村 智也

INDEX

初出一覧

本章の各記事は「トランジスタ技術」誌に掲載された記事を再編集したものです．初出誌は以下の通りです．

●第2章
トランジスタ技術，2013年2月号，宮村 秀夫，pp.175～181，連載 トラ技式電動バイクの製作，第1回 市販の部品だけで作れる！「爆走！トラ技号」の全貌

●第3章
トランジスタ技術，2013年3月号，宮村 秀夫，pp.162～169，連載 トラ技式電動バイクの製作，第2回 駆動モータとモータ・コントローラの選び方

●第4章
トランジスタ技術，2013年4月号，宮村 秀夫，pp.149～156，連載 トラ技式電動バイクの製作，第3回 パワー回路の構成ポイントと部品の使い方

●第5章
トランジスタ技術，2013年5月号，宮村 秀夫，pp.177～183，連載 トラ技式電動バイクの製作，第4回 バッテリの選定と車両への搭載

●第6章
トランジスタ技術，2013年6月号，宮村 秀夫，pp.209～215，連載 トラ技式電動バイクの製作，第5回 性能を引き出すセッティングの方法

●第7章
トランジスタ技術，2013年7月号，宮村 秀夫，pp.200～216，連載 トラ技式電動バイクの製作，第6回 試運転とありがちなトラブルへの対処法

●第8章
トランジスタ技術，2013年8月号，宮村 秀夫，pp.198～202，連載 トラ技式電動バイクの製作，第7回 計器盤を取り付ける
トランジスタ技術，2013年9月号，宮村 秀夫，pp.198～202，連載 トラ技式電動バイクの製作，第8回 バッテリの残量の推定法

●第9章
トランジスタ技術，2013年10月号，宮村 秀夫，pp.173～179，連載 トラ技式電動バイクの製作，第9回 バッテリ充電の方法と注意点

●第10章
トランジスタ技術，2013年11月号，宮村 秀夫，pp.183～188，連載 トラ技式電動バイクの製作，第10回 実力やいかに！レース参戦

●第11章
トランジスタ技術，2011年8月号，宮村 秀夫，pp.66～76，特集 手作り電動自動車＆バイクの世界，第1章 自作！オリジナル小型電動原チャリ

●第12章
トランジスタ技術，2013年12月号，宮村 秀夫，pp.171～178，連載 トラ技式電動バイクの製作，第11回 リチウム・イオン・バッテリを試す

●第13章
トランジスタ技術，2011年8月号，浅井 伸治，pp.78～90，特集 手作り電動自動車＆バイクの世界，第2章 市販ガソリン車を電動に改造！コンバートEV

●第16章
トランジスタ技術，2014年12月号，宮村 智也，pp.165～177，短期連載 OBD II 通信アダプタで車載 CPU と交信！リアルタイムで燃費を確認．前編 エンジンを司るマイコンにアクセスする

●第17章
トランジスタ技術，2015年1月号，宮村 智也，pp.181～189，短期連載 OBD II 通信アダプタで車載 CPU と交信！リアルタイムで燃費を確認．後編 愛車の燃費やエンジン出力をモニタする

●第18章
トランジスタ技術，2011年8月号，宮村 秀夫，pp.102～104，特集 手作り電動自動車＆バイクの世界，第5章 モータの駆動力と車体の走り難さ

●第19章
トランジスタ技術，2011年8月号，宮村 秀夫，pp.105～107，特集 手作り電動自動車＆バイクの世界，第6章 モータの全回転領域のトルクを求める
トランジスタ技術，2014年11月号，宮村 秀夫，pp.148～157，特集 エレキ満載！俺EV作り，第3部 第1章 手作り向き DC ブラシレス・モータと走りの設計

●第20章
トランジスタ技術，2014年11月号，宮村 秀夫，pp.158～166，特集 エレキ満載！俺EV作り，第3部 第2章 高出力だから4輪もOK！DC モータとコントローラ

● Appendix1
トランジスタ技術，2014年11月号，宮村 秀夫，pp.167～171，特集 エレキ満載！俺EV作り，Appendix1 ホンモノEVに見るモータ制御のテクノロジ

●第21章
トランジスタ技術，2014年1月号，宮村 秀夫，pp.46～49，特集 充電！eneloop/リチウム/鉛電池，Appendix1 充電タイプの電池が使いやすい時代に！

●第22章
トランジスタ技術，2011年8月号，浅井 伸治，pp.91～95，特集 手作り電動自動車＆バイクの世界，第3章 車検の通しかた

●第23章
トランジスタ技術，2013年10月号，宮村 秀夫，pp.45～50，特集 EV時代の電源＆パワエレ技術，第1章 パワー回路の進化と EV 時代の到来

●著者略歴

宮村 智也（みやむら ともや）

1993年　長野工業高等専門学校，電気工学科卒.
　　　　同年より輸送機器メーカ勤務. 在学中の1992年, 石川県で開催のグランド・ソーラーチャレンジでソーラーカー競技に初参戦.
1995年　会社勤務の傍らソーラーカーチーム「プロミネンス」を主宰，以降国内で開催のソーラーカーなどの競技会に参戦する.
2006年　四国EVラリークラス優勝.
2008年・2009年　ソーラーバイクレースin浜松総合優勝.
2009年　ワールドソーラーカーラリークラス優勝.
2012年　ワールド・グリーン・チャレンジクラス優勝・未来賞受賞など.
2012年　JSAEエンジニア（EV・HVシステム）認定.
2014年　エネルギーグローブ賞（オーストリア）受賞.
　　　　自動車技術会正会員. 電気学会正員.

浅井 伸治（あさい しんじ）

1959年　名古屋市生まれ.
1982年　豊田工機株式会社（現 株式会社ジェイテクト）に入社. 産業用ロボットの応用技術から営業技術に従事.
1991年　独立後，車好きが高じて自動車整備士の資格を取得.
1999年　有限会社エーシーシーを立ち上げ現在に至る. 産業用ロボットのティーチングから周辺装置の設計・製作を生業とする.
2001年　工科系大学及び専門学校にて非常勤講師となり現在に至る. オートメーション工学, 品質管理, 電気・電子工学等を担当.

加速スイッチON！ 電気自動車の製作 ［オンデマンド版］

2015年5月15日　初版発行
2021年7月1日　オンデマンド版発行

© 宮村 智也／浅井 伸治 2015
（無断転載を禁じます）

著者　　宮村 智也
　　　　浅井 伸治
発行人　小澤 拓治
発行所　CQ出版株式会社
〒112-8619　東京都文京区千石4-29-14
電話　編集　03-5395-2123
　　　販売　03-5395-2141

ISBN978-4-7898-5288-3
定価は表紙に表示してあります.
乱丁・落丁本はお面倒でも小社宛てにお送りください.
送料小社負担にてお取り替えいたします.

表紙デザイン　ナカヤ デザインスタジオ（柴田 幸男）
DTP　有限会社オフィス安藤

編集担当　堀越 純一
印刷・製本　大日本印刷株式会社
Printed in Japan